Titel:	**Versicherungslösungen für das Baugewerbe**
Untertitel:	**XXL**
Auflage-Nr.:	**1**
Autor & Layout:	**Marc Latza**
Copyright:	**© 2015 Marc Latza**
ISBN:	**978-3-9817613-6-8** **Paperback** **978-3-9817613-7-5** **Hardcover** **978-3-9817613-8-2** **e-Book**
Verlag:	Independent-Verlag Marc Latza

Empfohlen vom

BVSV

Bundesverband der Sachverständigen
für das Versicherungswesen e.V.

Vorwort

Bei diesem Buch handelt es sich um ein Kompendium und somit liegt laut Wikipedia ein kurz gefasstes Lehrbuch bzw. Nachschlagewerk vor.

Dieses Werk ist für die alltägliche Anwendung im Innen- und Außendienst gedacht und soll übersichtlich zusammengestellte Informationen vorhalten.

Daher wurde bei der Erstellung bewusst auf umfangreiche Paragraphen, Gesetzestexte und Bedingungswerke verzichtet.

Erklärtes Ziel des Autoren: Eine Art Arbeitsunterlage zu verfassen, in der die Informationen aus der Praxis für die Praxis enthalten sind.

<u>Dieses Buch hat einen rein informatorischen Zweck und kann daher nicht verbindlich zur Beurteilung von zu versichernden Risiken heran gezogen werden.</u>

Horstmar im September 2015,

Marc Latza

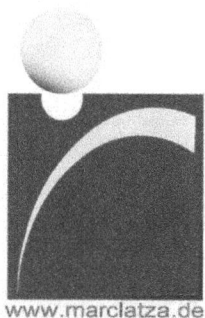

Sachverständigenbüro Marc Latza
Zertifizierter Sachverständiger
für gewerbliche und industrielle
Versicherungen

- Versicherungstechnische Bauberatung
- Brandschutzmanagement
- Risk-Management von Haftpflichtrisiken
- Begutachtung von Versicherungsverträgen

www.marclatza.de

Der Autor

Marc Latza

- geboren 1974

- seit 1994 als gelernter Versicherungskaufmann tätig

- Haftpflicht Underwriter DVA

- Technischer Underwriter DVA

- vom DGSV (Deutscher Gutachter und Sachverständigen Verband e.V.) zertifizierter Sachverständiger für gewerbliche und industrielle Versicherungen

- Fachbuchautor

- Dozent

- Akkreditierter Fachjournalist

Bisher sind erschienen:

- „Handbuch für das Technische Underwriting"

- „1x1 der Architektenhaftpflicht"

- „Versicherungslösungen für das Baugewerbe / Kompakt"

Regelmäßig bietet der Autor zu diversen versicherungstechnischen Themen Seminare an.

Das Seminar zum Thema „1x1 der Architektenhaftpflicht" wurde 2014 inhaltlich von der Architektenkammer NRW geprüft und als Fortbildungsveranstaltung für Architekten und Ingenieure anerkannt !

Inhaltsverzeichnis

Kapitel 1   Technische Versicherungen

Kapitel 2   Betriebsunterbrechung

Kapitel 3   Betriebshaftpflichtversicherung

Kapitel 3   Betriebshaftpflichtversicherung

Kapitel 4   Bohrunternehmen / Brunnenbauer

Kapitel 5   Sprengarbeiten

Kapitel 6   Tunnelbau

Kapitel 7   Wasserbau

Kapitel 8   Umwelthaftpflichtversicherung

Anlage

Jungfraubahn - Bohrarbeiten

Kapitel 1
Technische Versicherungen

Allgemein

Technische Versicherungen sind eine Untergruppe der Sachversicherung, unter der Versicherungen zur Deckung technischer Risiken im wörtlichen Sinn eingeordnet werden.

Im Gegensatz zur allgemeinen Sachversicherung zeichnen sich technische Versicherungen mehrheitlich durch Versicherung spezifisch benannter Sachen gegen alle unvorhergesehenen Sachsubstanzschäden aus, soweit kein expliziter Ausschluss vorliegt (Prinzip der unbenannten Gefahren, Allgefahrenversicherung).

Dazu zählen die Versicherung betriebsbereiter technischer Anlagen gegen Sachschäden und/oder gegen Vermögensschäden, die Versicherung von Bauwerken oder sonstiger technischer Anlagen während der Errichtungsphase gegen Sachschäden, die Versicherung technischer Anlagen gegen Sachschäden aus Herstellungs- oder Ausführungsfehlern sowie während der Garantiezeit.

Technische Versicherungen in Deutschland:

-Montageversicherung   (AMoB)
-Bauleistungsversicherung   (ABN / ABU)
-Maschinengarantieversicherung   (MGar)
-Maschinenversicherung   (AMB)
-Maschinen-Betriebsunterbrechungsversicherung   (AMBUB)
-Baugeräteversicherung   (ABMG)
-Elektronikversicherung   (ABE)

Internationale Technische Versicherungen nach Münchener Rück:

-Montageversicherung   (erection all risk = EAR)
-Montage–Betriebsunterbrechungsversicherung
-Bauleistungsversicherung   (contractor´s all risk = CAR)
-Bauleistung – Betriebsunterbrechungsversicherung
-Comprehensive Project Insurance   (CPI)
-Maschinenversicherung
-Comprehensive Machinery Insurance   (CMI)

Weitere Deckungen:

-Builders Risk (USA)

Deckungsumfang	CAR	EAR	AMoB	Builders Risk
FLEXA Fire, Lightning, Explosion, Aircraft	X	X	X	X
Extended Coverage (EC)	X	X	X	X
Kasko (von außen einwirkend)	X	X	X	X
Bedienungsfehler, menschliches Versagen, Montageschäden	X	X	X	X
Ausführungsfehler (einschl. Planungs-, Materials- und Konstruktionsfehler)		optional	X	optional
Testing		X	X	X
Third party liability (Haftpflichtansprüche)		optional		
Betriebsunterbrechung	optional	optional	optional	optional

Folgende Vertragsformen können bei den Technischen Versicherungen vorkommen:

Einzelvertrag (EV)

Ein VN schließt für eine bestimmte Maschine (o.ä.) einen durchlaufenden Vertrag ab.

Rahmenvertrag (RV)

Mit einem Rahmenvertrag wird die Vertragsform für einzelne Risiken einheitlich festgelegt. Der Versicherungsnehmer (VN) ist nicht zur Anmeldung verpflichtet. Die Vertragsform bietet sich an, wenn eine Vielzahl einzelner Risiken von Fall zu Fall versichert werden sollen. Versicherbare Objekte müssen vor Risikobeginn angemeldet werden.

Generalvertrag (GV)

Wie beim RV wird der Inhalt von Einzelverträgen einheitlich festgelegt. Anders als beim RV ist der VN beim GV zur Anmeldung sämtlicher versicherbaren Objekte verpflichtet. Auch hier erfolgt eine Anmeldung mit entsprechendem Anmeldeformular der versicherten Objekte.

Umsatzvertrag (UV)

Die Berechnungsgrundlage ergibt sich aus dem Umsatz der VN für einen festgelegten Zeitraum. Der UV dient der Vereinfachung bei der Risikoerfassung, wenn die einzelnen versicherbaren Objekte nicht wie beim RV/GV deklariert werden können. Die Zusammensetzung des Umsatzes muss zweifelsfrei definiert sein.

Lohnsummenvertrag (LV)

Anwendung wie beim UV, wenn einzelne versicherbare Objekte nicht deklariert werden können. Berechnungsgrundlage ist jedoch die Lohn- und Gehaltssumme der VN für einen festgelegten Zeitraum. LV zum Beispiel, wenn nur Monteure der VN zu De- und Remontage von Maschinen eingesetzt werden und die Maschine selbst nicht zum Bestand der VN gehört.

Zu beachten:

Da beim UV und LV keine Einzelanmeldung der Risiken erfolgt, ist es üblich, dass die Ersatzleistung für jeden einzelnen Schadenfall begrenzt wird (Haftungslimit).

Bauleistung

Die Bauleistungsversicherung soll das Bauvorhaben gegen unvorhergesehene Schäden an versicherten Bauleistungen absichern.

Hierbei wird zwischen 2 Produkten unterschieden.

Absicherung der **Bauleistung für Auftraggeber (= ABN)** oder **für den Unternehmer (=ABU)**.

In vielen Punkten sind sowohl diese Bedingungswerke als auch die dazu gehörigen Klauseln vergleichbar.

ABN (Allgemeine Bedingungen für die Bauleistungsversicherung durch Auftraggeber)

Mit der Bauleistungsversicherung wird **dem Bauherrn** eine Art Vollkaskoschutz angeboten.

Versichert sind alle Bauleistungen, Baustoffe und Bauteile für Neu- oder Umbaumaßnahmen im allgemeinen Hochbau einschließlich der Einrichtungsgegenstände, soweit sie wesentliche Gebäudebestandteile darstellen, sowie die Außenanlagen.

Ingenieur- und Tiefbauten können analog zu Hochbauten versichert werden. Diese Deckung kann für Auftragnehmer und Auftraggeber unter Einschluss der am Bau Beteiligten (auch ARGE) abgeschlossen werden.

Versichert ist der zu erstellende Gebäudeneubau (bzw. die Ingenieur- oder Tiefbaumaßnahme) während der Bauzeit gegen unvorhergesehene eintretende Schäden oder Zerstörungen wie z.B. durch:

- Höhere Gewalt und Elementarereignisse wie Erdbeben, Erdrutsch, Überschwemmung und Hochwasser

- Ungewöhnliche Witterungseinflüsse durch Sturm, Hagel, Frost

- Ungeschicklichkeit, Fahrlässigkeit sowie Böswilligkeit dritter Personen

- Mutwillige und vorsätzliche Beschädigung und Zerstörung durch unbekannte Personen

- Fehler bei der Bauausführung und mangelnde Bauaufsicht

- Folgeschäden durch Konstruktions- und Materialfehler sowie fehlerhafte statische Berechnungen

Die Versicherungsdauer in der Bauleistungsversicherung erstreckt sich meistens bis zur Bezugsfertigkeit, i.d.R. maximal aber 18 bis 24 Monate.

Ferner ist der Diebstahl von <u>fest verbundenen</u> Bestandteilen versichert.

Ein bereits montierter Heizkörper gilt als versichert, während noch nicht montierte Heizkörper nicht versichert sind.

Aber auch die Bauleistungsversicherung hat ihre Grenzen. Sie leistet keine Entschädigung bei nicht fachgerecht hergestellten Leistungen.

Versicherte Sachen

Alle Bauleistungen, Baustoffe und Bauteile für Neubau- oder Umbaumaßnahmen, einschließlich

- Einrichtungsgegenstände, soweit sie wesentliche Gebäudebestandteile darstellen,

- Außenanlagen mit Ausnahme von Gartenanlagen und Pflanzungen.

Nicht versicherte Sachen

- Maschinelle Einrichtungen für Produktionszwecke

- Einrichtungsgegenstände, die keine wesentlichen Gebäudebestandteile darstellen

- Baugeräte, Kleingeräte und Handwerkzeuge

- Baustelleneinrichtungen sowie Akten, Zeichnungen und Pläne

- Sonstige Sachen, die nach den ABMG versicherbar sind

- Fahrzeuge aller Art

Versicherte Gefahren

Unvorhergesehene Zerstörungen oder Beschädigungen der versicherten Sachen z.B. durch

- ungewöhnliche Witterungseinflüsse

- Einflüsse durch Dritte, kriminelle Akte

- Böswilligkeit, Sabotage

- Ungeschicklichkeit, Fahrlässigkeit

Zusätzlich versicherbare Gefahren und Schäden

Sofern vereinbart (!) leistet der Versicherer Entschädigung für

- Diebstahl nicht eingebauter Teile (was sich aber in der Praxis als durchaus schwierig erweist)

- Brand, Blitzschlag, Explosion (in der Praxis ebenfalls unerwünscht, da hier i.d.R. Abgrenzungsschwierigkeiten zu einer z.B. bestehenden Feuerrohbauversicherung entstehen können).

- Innere Unruhen, Streik, Aussperrung.

Nicht versicherte Gefahren

Nicht versichert sind unter anderem Schäden durch

- mangelhafte Herstellung von Bauleistungen

- normale Witterungseinflüsse

- Krieg, Bürgerkrieg, hoheitliche Eingriffe

Versicherungssumme

Versicherungssumme ist die vertragliche Bausumme aller Bauleistungen.

Dazu zählen auch

- versicherte Außenanlagen

- und der Wert aller Lieferungen von Baustoffen und Bauteilen

- sowie Eigenleistungen und Lieferungen des Auftraggebers.

> **Die Versicherungssumme ist zunächst vorläufig. Die endgültige Festlegung erfolgt nach Ende der Haftung auf Grundlage der tatsächlichen Bausumme.**

Ermittlung Versicherungssumme

Basis ist die vertragliche Bausumme / ggf. ohne Mehrwertsteuer, sofern der VN hierzu die Möglichkeit hat.

Darin müssen enthalten sein der Neuwert:

- der Baustoffe und Bauteile

- der Hilfsbauten und Bauhilfsstoffe

die sowohl vom VN als auch vom Auftraggeber geliefert / erbracht werden.

Geltungsbereich

Ausschließlich die benannte Baustelle gilt als versichert.

Schadensfallleistung

Geleistet wird der Ersatz von notwendigen Kosten, um die Schadenstelle aufzuräumen und einen Zustand wiederherzustellen, der dem unmittelbar vor Eintritt des Schadens technisch gleichwertig ist.

ABU (Allgemeine Bedingungen für die Bauleistungsversicherung von Unternehmerleistungen)

Die Bauleistungsversicherung für Unternehmer schützt vor den Folgen durch Sachschäden an versicherten Bauleistungen oder an sonstigen versicherten Sachen.

Versicherungsnehmer bzw. Versicherte können sein:

- Bauunternehmer

- Subunternehmer

- Auftraggeber nach Vereinbarung

Der Versicherungsschutz entspricht i.d.R. den Gefahren, die der Bauunternehmer tragen muss, also gemäß der Vergabe- und Vertragsordnung für Bauleistungen (VOB).

Besondere Vereinbarungen mit dem Bauherrn sind hier mit dem entsprechenden Versicherer individuell abzustimmen !

Auf besonderen Antrag (!) können versichert werden:

- Schäden durch Brand, Blitzschlag oder Explosion, Anprall oder Absturz eines Luftfahrzeuges, seiner Teile oder seiner Ladung

- zusätzliche Aufräumungskosten

- Schadensuchkosten

- Baugrund und Bodenmassen

- Arbeitszeitzuschläge, Eil- und Expressfrachten

- Innere Unruhen, Streik, Aussperrung

- Altbauten, u. a. gegen Einsturz

- außergewöhnliche Witterungseinflüsse

Versicherte Sachen

Versichert sind alle Baustoffe, Bauteile und Bauleistungen für die Errichtung des im Versicherungsvertrag bezeichneten Bauvorhabens einschließlich aller zugehörigen Hilfsbauten und Bauhilfsstoffe.

Zusätzlich versicherbare Sachen

Sofern vereinbart, sind zusätzlich versichert

- Baugrund und Bodenmassen, soweit sie nicht Bestandteil der Bauleistungen sind

- Altbauten, die nicht Bestandteil der Bauleistungen sind.

Nicht versicherte Sachen

Nicht versichert sind

- Wechseldatenträger

- bewegliche und sonstige nicht als wesentliche Bestandteile einzubauende Einrichtungsgegenstände

- maschinelle Einrichtungen für Produktionszwecke

- Baugeräte einschließlich Zusatzeinrichtungen wie Ausrüstungen, Zubehör und Ersatzteile

- Kleingeräte und Handwerkzeuge

- Vermessungs-, Werkstatt-, Prüf-, Labor- und Funkgeräte sowie Signal- und Sicherungsanlagen

- Stahlrohr- und Spezialgerüste, Stahlschalungen, Schalwagen und Vorbaugeräte, ferner Baubüros, Baucontainer, Baubuden, Baubaracken, Werkstätten, Magazine, Labors und Gerätewagen

- Fahrzeuge aller Art

- Akten, Zeichnungen und Pläne

- Gartenanlagen und Pflanzen

Versicherte Gefahren und Schäden

Der Versicherer leistet Entschädigung für unvorhergesehen eintretende Beschädigungen oder Zerstörungen von versicherten Sachen (Sachschaden).

Unvorhergesehen sind Schäden, die der Versicherungsnehmer oder seine Repräsentanten weder rechtzeitig vorhergesehen haben noch mit dem für die im Betrieb ausgeübte Tätigkeit erforderlichen Fachwissen hätten vorhersehen können, wobei nur grobe Fahrlässigkeit schadet und diese den Versicherer dazu berechtigt, seine Leistung in einem der Schwere des Verschuldens entsprechenden Verhältnis zu kürzen.

Zusätzlich versicherbare Gefahren und Schäden

Sofern vereinbart (!), leistet der Versicherer Entschädigung für

- Schäden durch Brand, Blitzschlag, Explosion, Anprall oder Absturz eines Luftfahrzeuges, seiner Teile oder seiner Ladung

- Schäden durch Gewässer und/oder durch Grundwasser, das durch Gewässer beeinflusst wird, infolge von
  - ungewöhnlichem Hochwasser
  - außergewöhnlichem Hochwasser

Nicht versicherte Schäden

Der Versicherer leistet keine Entschädigung für

- Mängel der versicherten Lieferungen und Leistungen sowie sonstiger versicherter Sachen

- Verluste von versicherten Sachen

- Schäden an Glas-, Metall- oder Kunststoffoberflächen sowie an Oberflächen vorgehängter Fassaden durch eine Tätigkeit an diesen Sachen

Nicht versicherte Gefahren und Schäden

Der Versicherer leistet ohne Rücksicht auf mitwirkende Ursachen keine Entschädigung für Schäden

- durch Vorsatz des Versicherungsnehmers oder dessen Repräsentanten

- durch normale Witterungseinflüsse, mit denen wegen der Jahreszeit und der örtlichen Verhältnisse gerechnet werden muss

- Entschädigung wird jedoch geleistet, wenn der Witterungsschaden infolge eines anderen entschädigungspflichtigen Schadens entstanden ist

- durch normale Wasserführung oder normale Wasserstände von Gewässern

- durch nicht einsatzbereite oder ausreichend redundante Anlagen zur Wasserhaltung. Redundant sind die Anlagen, wenn sie die Funktion einer ausgefallenen Anlage ohne zeitliche Verzögerung übernehmen können und über eine unabhängige Energieversorgung verfügen.

- während und infolge einer Unterbrechung der Arbeiten auf dem Baugrundstück oder einem Teil davon, wenn diese bei Eintritt des Versicherungsfalls bereits mehr als __ Monat(e) gedauert hat

- durch Baustoffe, die durch eine zuständige Prüfstelle* beanstandet oder vorschriftswidrig noch nicht geprüft wurden

- durch Krieg, kriegsähnliche Ereignisse, Bürgerkrieg, Revolution, Rebellion, Aufstand

- durch Innere Unruhen

- durch Streik, Aussperrung oder Verfügungen von hoher Hand

- durch Kernenergie, nukleare Strahlung oder radioaktive Substanzen

---

*Anmerkung: Baustoffe können in Deutschland von mehreren Firmen oder Instituten geprüft werden. Unter anderem haben sich viele Technische Hochschulen dieser Aufgabe gewidmet. Wichtig ist, dass das geprüfte Teil neben einem CE-Kennzeichen auch über ein Ü-Zeichen verfügt.

Versicherungsort

Versicherungsschutz besteht nur innerhalb des Versicherungsortes. Versicherungsort sind die im Versicherungsvertrag bezeichneten räumlichen Bereiche.

Sofern vereinbart (!), besteht Versicherungsschutz auch auf den Transportwegen zwischen den im Versicherungsvertrag bezeichneten räumlich getrennten Bereichen.

Versicherungswert

Der Versicherungswert für die versicherte Bauleistung ist der endgültige Kontraktpreis, der sich aus dem Vertrag mit dem Auftraggeber ergibt und mindestens den Selbstkosten des Unternehmers zu entsprechen hat.

Für im Kontraktpreis nicht enthaltene Baustoffe, Bauteile, Hilfsbauten und Bauhilfsstoffe ist deren Neuwert einschließlich der Kosten für Anlieferung und Abladen einzubeziehen.

Ist der Versicherungsnehmer zum Vorsteuerabzug nicht berechtigt, so ist die Umsatzsteuer einzubeziehen.

Versicherungssumme

Die Versicherungssumme ist der zwischen Versicherer und Versicherungsnehmer im Einzelnen vereinbarte Betrag, der dem Versicherungswert entsprechen soll.

Der Versicherungsnehmer soll die Versicherungssumme für die versicherte Sache während der Dauer des Versicherungsverhältnisses dem jeweils gültigen Versicherungswert anpassen. Dies gilt auch, wenn werterhöhende Änderungen vorgenommen werden.

Zu Beginn des Versicherungsschutzes wird für die versicherten Lieferungen und Leistungen eine vorläufige Versicherungssumme in Höhe des zu erwartenden Versicherungswertes vereinbart.

Nach Ende des Versicherungsschutzes ist die Versicherungssumme auf Grund eingetretener Veränderungen endgültig festzusetzen. Hierzu sind dem Versicherer Originalbelege vorzulegen, z. B. die Schlussrechnung.

Die endgültige Versicherungssumme hat dem Versicherungswert zu entsprechen.

Klauseln ABN und ABU

Ohne auf die einzelnen textlichen Inhalte eingehen zu wollen, führe ich hier zumindest mal die denkbaren Klauseln zu den einzelnen Bedingungswerken auf. Es gibt folgende Unterschiede:

	ABN-Klauseln	ABU-Klauseln
Versicherte Sachen:		
Mitversicherung von Altbauten gegen Einsturz	5155	6155
Mitversicherung von Altbauten gegen Sachschäden infolge eines Schadens an der Neubauleistung sowie infolge Leitungswasser, Sturm und Hagel	5180	Nicht vorhanden
Mitversicherung von Altbauten gegen Sachschäden	5181	Nicht vorhanden
Versicherte Gefahren:		
Repräsentanten	5232	6232
Innere Unruhen	5236	6236
Streik, Aussperrung	5237	6237
Radioaktive Isotope	5254	6254
Aggressives Grundwasser	5256	6256
Undichtigkeit und Wasserdurchlässigkeit; Risse im Beton	5257	6257
Baustellen im Bereich von Gewässern oder in Bereichen, in denen das Grundwasser durch Gewässer beeinflusst wird	5260	6260
Brand, Blitzschlag, Explosion, Luftfahrzeuge	5266	6266
Nachhaftung (erweiterte Deckung)	5290	6290
Nachhaftung	5291	6291
Versichertes Interesse:		
Einschluss von Auftraggeberschäden	Nicht vorhanden	6364
Tiefbau-Auftraggeber als Versicherungsnehmer	Nicht vorhanden	6365
Entschädigung:		
Schäden infolge von Mängeln	5761	6761
Tunnel-, Schacht-, Durchpress- und Stollenarbeiten	Nicht vorhanden	6763
Höchstentschädigungsleistung für die Naturgefahren	5793	6793
Höchstentschädigungsleistung für die Naturgefahren (Jahresverträge)	5794	6794

Begrifflichkeiten

Was versteht man unter Außenanlagen und welche sind versichert?

Außenanlagen sind Bauleistungen außerhalb des Bauwerkes einschließlich der Verbindung der Versorgungsleitungen mit den Erschließungsanlagen.

Was ist Baugrund ?

Zum Baugrund gehören die unterschiedlich gelagerten, häufig gewachsenen Schichten des Untergrundes und speziell der Teil desselben in oder auf dem das Bauwerk errichtet wird.

Was sind Bodenmassen ?

Bodenmassen sind Böden jeder Art, die zum Zwecke des Bauens abgetragen oder zum Auffüllen und Gestalten angefahren werden, wie z.B. loses Gestein, Ton, Lehm, Kies, Sand, wasserhaltiger Boden, Mutterboden.

Sind Schäden "an" Baugrund und Bodenmassen versichert ?

Baugrund und Bodenmassen sind nur versichert, soweit sie Bestandteil der Bauleistungen sind oder wenn dies besonders vereinbart ist.

Selbst durch besondere Vereinbarungen können sie nur gegen unvorhergesehene Schäden durch Einwirkung "von außen" versichert werden.

Ein Bedürfnis für diesen Einschluss besteht z.B. bei Hanglage der Baustelle. Falls Baugrund und Bodenmassen z.B. von außerhalb der Baustelle geliefert werden, ist ggf. beim Fortspülen derselben auch ihre Substanz zu ersetzen.

Die Substanz wird dagegen nicht schon Bestandteil der versicherten Bauleistung, wenn die Oberfläche bearbeitet wurde, wie z.B. bei Baugrubensohlen und Böschungen. Wird eine Böschung unvorhergesehen zerstört, ersetzt der Versicherer nur die Kosten der Oberflächenwiederherstellung, nicht jedoch die Kosten für nachzulieferndes Material.

Was sind Schäden "aus" Grund und Boden ?

Ein Beispiel für einen Schaden "aus" Grund und Boden ist die nachträgliche Schiefstellung eines Bauwerkes aufgrund von Eigenschaften oder Veränderungen des Baugrundes.

Was versteht man unter Gründungsmaßnahmen ?

Gründungsmaßnahmen sind erforderlich, um die Standsicherheit eines Bauwerkes zu gewährleisten.

Deshalb müssen die Bauwerkslasten in einen tragfähigen Untergrund abgeleitet werden. Das heißt, die Aufstandsfläche muss groß genug sein, um die vom Bauwerk übertragenen Lasten aufnehmen zu können.

Altbausanierungen / An- oder Umbauten
[exemplarisch nach den ABN]

Was sind Altbauten und wie können diese mitversichert werden?

Altbauten sind bereits bestehende Gebäude wie z.B. Nachbargebäude, an denen unmittelbar eine nach § 1 Nr. 1 ABN versicherte Bauleistung ausgeführt wird.

Wichtig sind hierbei vor allem 2 Fragen:

- Wird durch die aktuelle Maßnahme in die tragende Konstruktion des bereits bestehenden Objekts eingegriffen oder nicht ?

- Handelt es sich bei dem Altbau um ein denkmalgeschütztes Objekt ?

  Hier sind für die Versicherung der Neubauleistung und die Mitversicherung des Altbaus folgende Informationen wichtig:

  - Ist im Schadenfall die denkmalgeschützte Substanz gefährdet ?

  - Müssen bei der Schadenbehebung spezielle (ursprüngliche) Materialien verwendet werden ?

  - Ist die Materialbeschaffung möglich ? Wenn ja, zu welchen Bezugskosten ?

  - Behördliche Auflagen beim Wiederaufbau ?

  - usw.

In der Regel werden derartige Baumaßnahmen im Vorfeld durch den Versicherer besichtigt.

Wichtig:	Ausreichende Bemessung der Erstrisikosummen, da diese gerade im Altbau-Bereich schnell erschöpft sein können.
	Ferner sollten die Klauseln TK 5155, TK 5180 sowie TK 5181 vereinbart werden.

| TK 5155 | **Mitversicherung der Altbauten gegen Einsturz** |

Versicherte Sache: **Altbauten,** soweit an ihnen unmittelbar nach Abschnitt A § 1 Nr. 1 ABN 2008 versicherte Lieferungen und Leistungen ausgeführt werden, durch die

- in die tragende Konstruktion eingegriffen wird

- oder durch die sie unterfangen werden.

Versicherungssumme: **Erstrisikosumme,** die den maximal zu erwartenden Schaden (Einsturz oder Teileinsturz) durch unmittelbare Eingriffe in die tragende Substanz oder Unterfangungen abdecken sollte inkl. Aufräumungskosten.

Hinweis: TK 5155 kann sowohl für eigene Objekte als auch für ein Nachbarobjekt, dass im Zuge der Bauarbeiten unterfangen wird, abgeschlossen werden.

| TK 5180 | **Mitversicherung von Altbauten gegen Sachschaden infolge eines Schadens an der Neubauleistung sowie infolge Leitungswasser, Sturm und Hagel** |

sowie

| TK 5181 | **Mitversicherung von Altbauten gegen Sachschaden** |

[Klauseln 5180 + 5181 sind inhaltlich gleichlautend, aber aufgrund der unterschiedlichen mitversicherten Gefahren werden in der Praxis abweichende Selbstbehalte vereinbart !]

Versicherte Sache: **Altbauten,** soweit an ihnen nach Abschnitt A $ 1 Nr. 1 ABN 2008 versicherte Lieferungen und Leistungen ausgeführt werden.

Sofern vereinbart:

- Medizinisch-technische Einrichtungen und Laboreinrichtungen
- Stromerzeugungsanlagen (z.B. Photovoltaik)
- Datenverarbeitungsanlagen (z.B. Server) und sonstige selbstständige Anlagen, die unabhängig von der Nutzung des Objektes funktionieren
- Maschinelle Einrichtungen für Produktionszwecke
- Aufwendige Ausstattung und kunsthandwerklich bearbeitete Bauteile sowie Bestandteile mit unverhältnismäßig hohem Kunstwert (z.B. stuckierte oder bemalte Decken und Wandflächen, Jugendstilfenster, Steinmetzarbeiten, künstlerisch gestaltete Geländer, Türen, Brunnen, wertvolle Vertäfelungen, Fußböden etc.)

Versicherungssumme: **Ortsüblicher Neubauwert** der Altbausubstanz nach der Entkernung.

| **Hinweis:** | Lediglich die Klausel 6155 (also analog 5155 ABN) gibt es für das ABU-Bedingungswerk auch ! |

Besteht über die nachfolgenden Klauseln eine Ersatzpflicht ?

	TK 5155	TK 5180	TK 5181
Versicherte Gefahren:	Einsturz versicherter Altbauten als unmittelbare Folge der an den Altbauten durchgeführten Lieferungen / Leistungen	Unvorhergesehene Sachschäden an Neubauten sowie Schäden durch Leitungswasser, Sturm, Hagel	Unvorhergesehene Sachschäden sowie Schäden durch Leitungswasser, Sturm, Hagel
-Einsturzrisiko:	Ja	**Nein**, muss separat vereinbart werden	Ja
Hinweis:	„**Sturm**" in TK 5180 + 5181: hier wird nicht Windstärke 8 vorausgesetzt, sondern lediglich eine „für die Jahreszeit unübliche Luftbewegung".		

	TK 5155	TK 5180	TK 5181
Nicht versichert sind Schäden durch:	-Rammarbeiten -Veränderung der Grundwasserverhältnisse -Risse und Senkungsschäden	-Rammarbeiten -Veränderung der Grundwasserverhältnisse -Risse und Senkungsschäden Brand, Blitz, Explosion Diebstahl Schönheitsreparaturen Reinigungskosten	-Rammarbeiten -Veränderung der Grundwasserverhältnisse -Risse und Senkungsschäden Brand, Blitz, Explosion Diebstahl Schönheitsreparaturen Reinigungskosten
Nicht versichert sind Schäden an:	-Sachen, die eingebaut oder untergebracht sind -künstlerische Ausstattung (Stuck, Fassadenfiguren) -Reklameeinrichtungen		
Entschädigungs- leistung:	Wiederherstellungskosten ohne Abzug „neu für alt", die zwangsläufig eintretenden Verbesserungen (moderne Baustoffe) bleiben unberücksichtigt. Subsidiäre Haftung ! Haftpflichtversicherungen gehen vor.	Wiederherstellungskosten ohne Abzug „neu für alt" beim Rohbau und mit Zeitwert beim Altbau	Wiederherstellungskosten ohne Abzug „neu für alt" beim Rohbau und mit Zeitwert beim Altbau

Besteht über die nachfolgenden Klauseln eine Ersatzpflicht ?

	TK 5155	TK 5180	TK 5181
Altbau wird um 2 Stockwerke aufgestockt. Eine Neubauwand stürzt ein und beschädigt die Decke des Altbaus.	**Nein**, wenn kein Eingriff in die tragende Substanz vorgenommen wurde.	Ja	Ja
Altbau wird aufgestockt, stürzt ein, da Neubau zu schwer	**Nein**, wenn kein Eingriff in die tragende Substanz vorgenommen wurde.	**Nein**	Ja
Altbau wird bei Sturm zerstört. Windstärke unter 8, die in den letzten 10 Jahren nur 2-mal gemessen wurde.	**Nein**	Ja	Ja
Im Altbau wird eine tragende Zwischenwand entfernt, dadurch Teileinsturz.	Ja	**Nein**	Ja
Misslungene Unterfangung am Altbau, Giebelwand des Altbaus stürzt ein.	Ja	**Nein**	Ja
Neuverlegte Wasserleitung wird beschädigt oder bricht bei Druckprobe, Altbau und Neubau werden nass.	**Nein**	Ja	Ja
Wasserleitung aus Altbau, die noch nicht erneuert wurde, wird beschädigt oder bricht bei Druckprobe und setzt Altbau unter Wasser.	**Nein**	**Nein**	Ja

31

CAR / Maintenance

Die CAR (contractor´s all risk) ist die internationale Variante der Bauleistungsversicherung.

Sie beginnt mit der Aufnahme der Bauarbeiten, endet mit der Abnahme/Inbetriebnahme und kann durch eine Maintenance Deckung erweitert werden.

Der Deckungsschutz umfasst auf All Risk-Basis alle Schäden, die plötzlich und unvorhergesehen an den versicherten Sachen eintreten, sowie an:

- Hoch- und Industriebauten

- Straßen, Eisenbahnanlagen und Flughäfen

- Brücken, Dämme, Tunnel usw.

Montagen von Maschinen, Anlagen und Stahlkonstruktionen können mitversichert werden, soweit deren Anteil weniger als 50% der Gesamtversicherungssumme ausmacht.

Maintenance-Periode

Die CAR Deckung ist erweiterbar auf eine zu definierende Deckung für den Zeitraum der (Garantie) Instandhaltung (i.d.R. 2 Jahre).

Hierbei unterscheidet man hinsichtlich der Maintenance Deckung zwischen:

- Visite Maintenance (Standard)

  Haftung des Versicherers ist beschränkt auf Verlust/Schäden, die der Versicherungsnehmer während der Maintenance Periode bei der Ausführung seiner vertraglichen Pflichten an der versicherten Sache verursacht

- Extended Maintenance

  In Erweiterung zur Maintenance Visits werden auch Schäden ersetzt, deren Ursache aus der Bauzeit herrührt.

CAR / EAR-Deckung

Die **internationale** Variante einer Bauleistungsversicherung für (Groß)Projektdeckungen

CAR = Contractor´s All Risk Bauleistungsversicherung	EAR = Erection All Risk Montageversicherung
Bautätigkeit	Montage, Test und Inbetriebnahme von Anlagen und Maschinen
Allgefahrenversicherung mit spezifisch genannten Ausschlüssen	Allgefahrenversicherung mit spezifisch genannten Ausschlüssen **- Erweiterung durch Einschluss von Wartungsarbeiten (Visite Maintenance)** Versicherungsschutz wird auf zu definierende Wartungsarbeiten ausgedehnt, wobei lediglich Verluste oder Schäden an der Bauleistung gedeckt sind, die von dem versicherten Bauunternehmer bei der Durchführung von Arbeiten im Rahmen der Wartungsklausel des Vertrages verursacht werden. **- Erweiterung durch Einschluss von Wartungsarbeiten (Extended Maintenance)** Versicherungsschutz wird auf zu definierende Wartungsarbeiten ausgedehnt, wobei lediglich Verluste oder Schäden an der Bauleistung gedeckt sind, die - von dem versicherten Bauunternehmer bei der Durchführung von Arbeiten im Rahmen der Wartungsklausel des Vertrages verursacht werden; - während der Wartungszeit eintreten, vorausgesetzt, dass diese Verluste oder Schäden während der Bau- bzw. Montagezeit auf der Baustelle verursacht wurden. **- Erweiterung durch Garantiedeckung** Versicherungsschutz wird ausgeweitet auf die aufgeführte Garantiezeit, wobei jedoch nur Schäden an den versicherten Sachen durch Montage- und Planungsfehler, Material-, Guss- und / oder Ausführungsmängel gedeckt und die Kosten ausgeschlossen sind, die der Versicherungsnehmer für die Behebung des ursprünglichen Fehlers zu zahlen gehabt hätte, wenn der Fehler vor Schadeneintritt erkannt worden wäre.

Montage

Versichert werden können Konstruktionen aller Art (Maschinen, maschinelle Anlagen und elektrische Einrichtungen) während der **Neu-, De- oder Remontage und bei Umbauten.**

Eine Erweiterung des Versicherungsschutzes auf Montageausrüstung, sowie fremde Sachen im Gefahrenbereich, ist möglich.

Versicherungsschutz besteht für unvorhergesehene Schäden an diesen Konstruktionen und Maschinen insbesondere durch:

- Fehler in der Berechnung und Konstruktion

- Höhere Gewalt und elementare Naturereignisse (Feuer, Blitzschlag, Sturm, Hagelschlag, Frost, Hochwasser, Erdrutsch, Erdbeben)

- Fahrlässigkeit, Ungeschicklichkeit, Böswilligkeit und Handlungen Dritter

Montage ist eine Tätigkeit, durch die bewegliche Sachen miteinander oder mit Grundstücken verbunden werden.

Welche Objekte können versichert werden ?

Als Montageobjekt - neu oder gebraucht - können versichert werden:

- Konstruktionen aller Art

- Maschinen, maschinelle und elektronische Einrichtungen

- Zugehörige Reserveteile

Hinweis: I.d.R. bekommen Versicherer „kalte Füße", wenn es um die De- und Remontage von gebrauchten Maschinen geht. Das Risiko, dass die „alte" Maschine am neuen Standort nicht mehr läuft, ist recht hoch. Grund: Schon leichte Abweichungen im Millimeterbereich können zu Undichtigkeiten oder zu einer Unwucht führen.

Montageausrüstung

Montageausrüstungen sind die für die Durchführung einer Montage erforderlichen Sachen, mit Ausnahme des eigentlichen Montagegenstands.

Montageausrüstung ist nur dann versichert, wenn dies vereinbart ist und Versicherungssummen (Neuwert) gebildet sind.

Fremde Sachen

Fremd sind Sachen, die nicht Teil des Montageobjektes oder der Montageausrüstung und außerdem nicht Eigentum des Versicherungsnehmers oder des Schadenverursachers sind.

Fremde Sachen sind nur im Rahmen der Klauseln 2a und 2b versichert, sofern der VN haftbar gemacht werden kann.

Fremde Sachen können auf "Erstes Risiko" versichert werden.

Welches Interesse kann versichert werden ?

Das Interesse aller Unternehmer, die an dem Vertrag mit dem Besteller (Bauherr) beteiligt sind, einschließlich der Subunternehmer.

Das Interesse des Bestellers kann auf Antrag mitversichert werden.

Versicherungssumme

Versichert werden sollte der volle Kontraktpreis / Auftragswert, Neuwert der Maschinen zuzüglich aller Nebenkosten wie Montage, Transport, Verpackung, Zoll, Leistungen, die nicht im Auftragswert enthalten sind, aber von einem anderen Unternehmen oder Auftraggeber selber erbracht werden.

Der Kontraktpreis wird zwischen Unternehmer und Besteller eines Montageobjektes im Kauf- bzw. Liefervertrag vereinbart.

Er muss sämtliche Lieferungen und Leistungen enthalten und ist der am besten nachvollziehbarste Maßstab für die Bemessung der Versicherungssumme.

Beginn der Haftung

Die Haftung beginnt mit dem vereinbarten Zeitpunkt, frühestens nach dem Abladen der versicherten Sachen vom Montageplatz.

Tipp: An dieser Stelle bietet sich an, mit dem VN über das Thema Transportversicherung zu reden. Wie ist die anzuliefernde Ware auf dem Weg zu der Baustelle gegen Transportschäden versichert ?

Was versteht man unter Erprobung ?

Die Erprobung ist die am meisten schadenanfällige Phase in der Montage. Hierbei wird das Objekt (oder Teile davon) nach erfolgtem Zusammenbau zum ersten Mal in der tatsächlichen Funktionsfähigkeit getestet.

Aufgrund des erhöhten Risikos ist es unerlässlich, den Beginn der Erprobung zu definieren, um entsprechend höhere Selbstbehalte und Prämien einkalkulieren zu können.

Anlagentyp	Die Erprobung (der Probebetrieb etc.) beginnt mit
Kessel, Müllverbrennung (Kessel, Gasturbine)	dem ersten Zünden
Chemieanlagen, Raffinerien, Zuckerfabriken, Papiererzeugung, Papiermaschine	dem ersten Zünden von Rohstoff
Schmelzöfen, Hochofenanlagen, Koksofenanlagen	dem ersten Befüllen mit Rohstoff bzw. Kohle
Silo, Tank, Rohrleitung	der ersten Befüllung mit Lagergut bzw. Transportgut
Kraftmaschinen (Verbrennungsmotoren)	dem ersten Drehen aus eigener Kraft
Scheren, Pressen, Stanzen, Walzwerk, Arbeitsmaschine, Stranggussanlage	der ersten Zuführung des Rohmaterials
Turbogenerator	der ersten Beaufschlagung mit Dampf
Wasserkraftanlagen, Kühlwasserpumpen	dem ersten Betrieb mit Wasser
Elektrische Einrichtungen wie Freileitungen, Kabel, Schaltanlagen, E-Motoren, Trafos	dem ersten Anlegen von Spannung
Schienenfahrzeuge	der ersten Fahrt mit eigenem Antrieb

Ein paar wichtige Details zur...

Montageversicherung: Versicherungssumme = Kontraktpreis

Ist die ideale Ergänzung zu jeder Betriebshaftpflicht in Punkto „Bearbeitungsschäden".

Bei Großprojekten mit 2 oder 3 Jahren Bauzeit unbedingt individuelle Vereinbarung mit dem Versicherer treffen, dass im Schadenfall kein Abzug für die zuerst (und somit am ältesten) montierten Teilen vorgenommen wird.

Tipp: **Greift eine Firma aufgrund des Montageumfanges auf Geräte (z.B. Hallenkran) des Auftraggebers zu, sollte man dies auch in der Angebotserstellung entsprechend berücksichtigen !**

Die Versicherungssumme wird wie oben beschrieben gebildet, aber zusätzlich sollte man auch eine Erstrisikosumme für „Fremde Sachen" / Sachen im Gefahrenbereich berücksichtigen.

Ein vorhandener Hallenkran wird als "Hilfsmittel / Werkzeug" für die Montage genutzt, d.h. es spielt für die Deckung keine Rollen.

Wenn aber durch ein Montageschaden an den versicherten Sachen der Hallenkran mit beschädigt wird, ist dieser nur im Rahmen von "Fremden Sachen" mitversichert.

Derartige Schäden werden sich nur schwer (wenn überhaupt) über die Betriebshaftpflicht decken lassen (Ausschluss: „geliehen, gemietet, gepachtet").

Ergänzend zu den versicherten Sachen (Montage) sind auch fremde Sachen versichert.

Fremd sind Sachen, die nicht Teil des Montageobjekts oder der Montageausrüstung und nicht Eigentum des Versicherungsnehmers oder desjenigen Versicherten sind, der den Schaden verursacht hat.

Ist der Besteller Versicherungsnehmer oder Mitversicherter, so gelten seine Sachen trotzdem als fremde Sachen.

Ergänzend zu den versicherten Gefahren leistet der Versicherer Entschädigung für Schäden an fremden Sachen,

a)   wenn sie innerhalb des Versicherungsortes durch eine Tätigkeit beschädigt oder zerstört werden, die anlässlich der Montage durch den Versicherungsnehmer oder in dessen Auftrag an oder mit ihnen ausgeübt wird. Ist der Besteller Versicherungsnehmer oder Mitversicherter, so besteht Versicherungsschutz auch für Schäden durch eine Montagetätigkeit, die durch den Besteller oder in dessen Auftrag ausgeübt wird;

b)   die auch ohne eine Tätigkeit an oder mit ihnen beschädigt oder zerstört werden, soweit der Versicherungsnehmer vertraglich über die gesetzlichen Bestimmungen hinaus für solche Schäden haftet.
Entschädigung wird nur geleistet, soweit der Versicherungsnehmer oder die mitversicherten Unternehmen als Schadenverursacher von einem Dritten in Anspruch genommen werden. Dies gilt nicht für Schäden an Sachen des Bestellers, die dieser selbst verursacht.

Fremde Sachen sind bis zur Höhe der hierfür vereinbarten Versicherungssumme auf Erstes Risiko versichert, z.B. 50.000 € oder 100.000 €, je nach Größe des Montageprojektes.

Maschinenversicherung
[Angaben beziehen sich auf die AMB 2011]

Versicherbar sind stationäre Maschinen, maschinelle Einrichtungen aller Art sowie sonstige technische Anlagen.

Versichert sind die im Versicherungsvertrag bezeichneten stationären Maschinen, maschinellen Einrichtungen und sonstigen technischen Anlagen, sobald sie betriebsfertig sind.

Betriebsfertig ist eine Sache, sobald sie nach beendeter Erprobung und soweit vorgesehen nach beendetem Probebetrieb entweder zur Arbeitsaufnahme bereit ist oder sich in Betrieb befindet. Eine spätere Unterbrechung der Betriebsfertigkeit unterbricht den Versicherungsschutz nicht. Dies gilt auch während einer De- oder Remontage sowie während eines Transportes der Sache innerhalb des Versicherungsortes.

Versicherungswert ist der Neuwert.

Neuwert ist der jeweils gültige Listenpreis der versicherten Sache im Neuzustand zuzüglich der Bezugskosten (z. B. Kosten für Verpackung, Fracht, Zölle, Montage).

Zusätzlich versicherbare Sachen

Sofern vereinbart, sind zusätzlich versichert:

a) Zusatzgeräte, Reserveteile und Fundamente versicherter Sachen

b) Ausmauerungen, Auskleidungen und Beschichtungen von Öfen, Feuerungs- und sonstigen Erhitzungsanlagen, Dampferzeugern und Behältern, die während der Lebensdauer der versicherten Sachen erfahrungsgemäß mehrfach ausgewechselt werden müssen.

Hinweis:	Der Einschluss von Zusatzgeräten, Reserveteilen und Fundamenten ergibt insofern Sinn, da im Schadenfall z.B. die neue Maschine ggf. größer oder schwerer als die alte Maschine sein kann. Somit müsste dann auch das Fundament geändert werden, was dann – wenn es eingeschlossen wäre – schadenbedingt ebenfalls reguliert werden würde.
	Bei Zusatzgeräten und Reserveteilen bietet sich der Einschluss an, da diese dann z.B. bei Transportschäden ebenfalls mitversichert sind.

Zusatzgeräte können sein:

- Tiefenlöffel und Grabkörbe für Bagger

- Spundwandgreifer

- Siebschaufel für Radlader

- Abbruchhammer

- Betonschere

- Zusätzliche Bohrwerke

- Ballastgewichte für Krananlagen

Reserveteile können sein:

- Hubgabeln

- Teile mit besonders langer Lieferzeit (z.B. Getriebe)

Folgeschäden

Nur als Folge eines dem Grunde nach versicherten Sachschadens an anderen Teilen der versicherten Sache versichert sind Schäden an

- Transportbändern, Raupen, Kabeln, Stein- und Betonkübeln, Ketten, Seilen, Gurten, Riemen, Bürsten, Kardenbelägen und Bereifungen

- Öl- oder Gasfüllungen, die Isolationszwecken dienen

- sofern vereinbart Ölfüllungen von versicherten Turbinen

Nicht versicherte Sachen

Nicht versichert sind

- Wechseldatenträger
  => Disketten, CDs, Wechselfestplatten, Streamerbänder

- Hilfs- und Betriebsstoffe, Verbrauchsmaterialien und Arbeitsmittel
  => Hilfs- und Betriebsstoffe
    - Brennstoffe (Gas, Diesel, Heizöl, Benzin usw.)
    - Fette, Gleit- und Schmiermittel
    - Chemikalien

  => Verbrauchsmaterial
    - Reinigungsmittel
    - Ölfilter, Luftfilter, Filtereinsätze, Filterfüllungen

  => Arbeitsmittel
    - Werkstück
    - Kontaktmasse
    - Schutzgase, Additive, Kältemittel in Klimaanlagen
    - Motor- und Getriebeöle

- Werkzeuge aller Art
  => Werkzeuge sind je nach Versicherungswert mitzuversichern. Werkzeuge können sein:
    - Fräser, Grabenfräskette
    - Baggerzähne
    - Bohrgestänge

    Bitte hierbei nicht die Werkzeughalter vergessen ! Diese sind allerdings nur dann versicherbar, wenn sie nicht ebenfalls während ihrer Lebensdauer mehrfach ausgewechselt werden müssen.

- Sonstige Teile, die während der Lebensdauer der versicherten Sachen erfahrungsgemäß mehrfach ausgewechselt werden müssen.

  => Definition „mehrfach":   i.d.R. ist ab dem 3. Austausch der Begriff „mehrfach" erfüllt.
  => Verschleißteile
    - Walzengummierungen
    - Prallmühlen, Schredder, Hammermühlen, Steinmühlen
    - Brennerdüsen, Roste / Roststäbe, Brenner (Öl- / Gasbrenner)
    - Siebe
    - Filtertücher

Versicherte Gefahren und Schäden

Der Versicherer leistet Entschädigung für unvorhergesehen eintretende Beschädigungen oder Zerstörungen von versicherten Sachen (Sachschaden).

Unvorhergesehen sind Schäden, die der Versicherungsnehmer oder seine Repräsentanten weder rechtzeitig vorhergesehen haben noch mit dem für die im Betrieb ausgeübte Tätigkeit erforderlichen Fachwissen hätten vorhersehen können, wobei nur grobe Fahrlässigkeit schadet und diese den Versicherer dazu berechtigt, seine Leistung in einem der Schwere des Verschuldens entsprechenden Verhältnis zu kürzen (sog. Quotelung).

Insbesondere wird Entschädigung geleistet für Sachschäden durch

- Bedienungsfehler, Ungeschicklichkeit oder Vorsatz Dritter

- Konstruktions-, Material- oder Ausführungsfehler

- Kurzschluss, Überstrom oder Überspannung (Ausnahmen siehe „Verhältnis zur Feuerversicherung")

- Versagen von Mess-, Regel- oder Sicherheitseinrichtungen

- Wasser-, Öl- oder Schmiermittelmangel

- Zerreißen infolge Fliehkraft

- Überdruck (außer in den Fällen von Nr. 3 „Verhältnis zur Feuerversicherung") oder Unterdruck

- Sturm, Frost oder Eisgang.

Hinweis:	Bei stationären Maschinen bietet es sich an, ganz genau hin zu schauen ! Wie man anhand dieser Aufzählungen sehen kann, sind Feuer-, Diebstahl- und Elementarschäden nicht Gegenstand der Deckung. Sturm- und Leitungswasserschäden hingegen schon. Die fehlenden Sach-Gefahren sind also daher i.d.R. über den Gebäude- bzw. Inventarversicherer einzubeziehen. Die BU-Schäden natürlich auch ! P.S. „Diebstahl": Der Versicherer leistet jedoch Entschädigung für Schäden an nicht gestohlenen Sachen, wenn sie als Folge des Diebstahls eintreten.

Elektronische Bauelemente

Entschädigung für elektronische Bauelemente (Bauteile) der versicherten Sache wird nur geleistet, wenn eine versicherte Gefahr nachweislich von außen auf eine Austauscheinheit (im Reparaturfall üblicherweise auszutauschende Einheit) oder auf die versicherte Sache insgesamt eingewirkt hat. Ist dieser Beweis nicht zu erbringen, so genügt die überwiegende Wahrscheinlichkeit, dass der Schaden auf die Einwirkung einer versicherten Gefahr von außen zurückzuführen ist.

Für Folgeschäden an weiteren Austauscheinheiten wird jedoch Entschädigung geleistet.

Verhältnis zur Feuerversicherung

Für die Entschädigung von Schäden durch Brand, Blitzschlag, Explosion, Anprall oder Absturz eines Luftfahrzeuges gilt:

Der Versicherer leistet keine Entschädigung für Schäden

- durch Brand, Blitzschlag, Explosion, Anprall oder Absturz eines Luftfahrzeuges, seiner Teile oder seiner Ladung

- die durch Kurzschluss, Überstrom oder Überspannung an elektrischen Einrichtungen als Folge von Brand oder Explosion entstehen.

Der Versicherer leistet jedoch Entschädigung für:

- Brandschäden, die an versicherten Sachen dadurch entstehen, dass sie einem Nutzfeuer oder der Wärme zur Bearbeitung oder zu sonstigen Zwecken ausgesetzt werden; als ausgesetzt gelten auch versicherte Sachen, in denen oder durch die Nutzfeuer oder Wärme erzeugt, vermittelt oder weitergeleitet wird.

  Keine Entschädigung wird jedoch geleistet für derartige Brandschäden an Räucher-, oder Trockenanlagen und an zur Bearbeitung eines Rohstoffes oder Halbfertigfabrikates dienenden Erhitzungsanlagen sowie an Dampferzeugungsanlagen, Wärmetauschern, Luftvorwärmern, Rekuperatoren, Rauchgasleitungen Anlagen zur Rauchgasentstickung, Rauchgasentschwefelung und Rauchgasentaschung.

Hinweis:	Um im Schadensfall ganz sicher zu gehen, sollte über die Feuerversicherung (sofern das Sachkonzept des besitzenden Versicherers derartige Einschlüsse nicht schon vorweisen kann) folgende Klauseln eingeschlossen werden:
SK 3101 (10)	Brandschäden an Räucher-, Trocknungs- und sonstigen ähnlichen Erhitzungsanlagen sowie an deren Inhalt
SK 3112 (10)	Brandschäden an Dampferzeugungsanlagen, Wärmetauschern, Luftvorwärmern, Rekuperatoren, Rauchgasleitungen, Filteranlagen, Rauchgasentschwefelungsanlagen, Denitrifikationsanlagen und vergleichbaren Anlagen
SK 3114 (10)	Überspannungsschäden durch Blitzschlag oder sonstige atmosphärisch bedingte Elektrizität

- Sengschäden an versicherten Sachen

- Schäden, die an Verbrennungskraftmaschinen durch die im Verbrennungsraum auftretenden Explosionen, sowie Schäden, die an Schaltorganen von elektrischen Schaltern durch den in ihnen auftretenden Gasdruck entstehen.

- Blitzschäden an elektrischen Einrichtungen versicherter Sachen, es sei denn, dass der Blitz unmittelbar auf diese Sachen übergegangen ist.

  Für Schäden durch Brand oder Explosion, die durch diese Blitzschäden verursacht werden, wird jedoch keine Entschädigung geleistet.

Nicht versicherte Gefahren und Schäden

Der Versicherer leistet ohne Rücksicht auf mitwirkende Ursachen keine Entschädigung für Schäden

- durch Vorsatz des Versicherungsnehmers oder dessen Repräsentanten

- durch Krieg, kriegsähnliche Ereignisse, Bürgerkrieg, Revolution, Rebellion oder Aufstand

- durch Innere Unruhen

- durch Kernenergie, nukleare Strahlung oder radioaktive Substanzen

- durch Erdbeben

- durch Überschwemmung

- durch Gewässer beeinflusstes Grundwasser infolge von Hochwasser

- durch Mängel, die bei Abschluss der Versicherung bereits vorhanden waren und dem Versicherungsnehmer oder seinen Repräsentanten bekannt sein mussten; wobei nur grobe Fahrlässigkeit schadet und diese den Versicherer dazu berechtigt, seine Leistung in einem der Schwere des Verschuldens entsprechenden Verhältnis zu kürzen.

- durch
  - betriebsbedingte normale Abnutzung
  - betriebsbedingte vorzeitige Abnutzung
  - korrosive Angriffe oder Abzehrungen
  - übermäßigen Ansatz von Kesselstein, Schlamm oder sonstigen Ablagerungen

- durch Einsatz einer Sache, deren Reparaturbedürftigkeit dem Versicherungsnehmer oder seinen Repräsentanten bekannt sein musste; wobei nur grobe Fahrlässigkeit schadet und diese den Versicherer dazu berechtigt, seine Leistung in einem der Schwere des Verschuldens entsprechenden Verhältnis zu kürzen. Der Versicherer leistet jedoch Entschädigung, wenn der Schaden nicht durch die Reparaturbedürftigkeit verursacht wurde oder wenn die Sache zur Zeit des Schadens mit Zustimmung des Versicherers wenigstens behelfsmäßig repariert war.

- durch Diebstahl; der Versicherer leistet jedoch Entschädigung für Schäden an nicht gestohlenen Sachen, wenn sie als Folge des Diebstahls eintreten.

- soweit für sie ein Dritter als Lieferant (Hersteller oder Händler), Werkunternehmer oder aus Reparaturauftrag einzutreten hat. Bestreitet der Dritte seine Eintrittspflicht, so leistet der Versicherer zunächst Entschädigung. Ergibt sich nach Zahlung der Entschädigung, dass ein Dritter für den Schaden eintreten muss und bestreitet der Dritte dies, so behält der Versicherungsnehmer zunächst die bereits gezahlte Entschädigung.

| Hinweis: | Aufgrund des Ausschlusses „Innere Unruhen" sollte über den jeweiligen Sach-Vertrag die Klausel **TK 2236 (11)** Innere Unruhen eingeschlossen werden. |

Maschinenversicherung mobile Risiken

[Angaben beziehen sich auf die ABMG 2011]

Etwas weitergehender als die AMB 2011 ist der Versicherungsschutz für mobile Maschinen (ABMG).

Exkurs: **Wann wird eine Maschine über eine Elektronik- und wann über eine Maschinenversicherung versichert ?**

Es kommt auf die einzelnen Komponenten der Maschinen an, die gemessen an der gesamten Maschine überwiegen !

§ 1 ABE - Versicherte und nicht versicherte Sachen
Versichert sind die im Versicherungsvertrag bezeichneten **elektrotechnischen und elektronischen** Anlagen und Geräte, sobald sie betriebsfertig sind.

§ 1 ABMG - Versicherte und nicht versicherte Sachen
Versichert sind die im Versicherungsvertrag bezeichneten fahrbaren oder transportablen Geräte, sobald sie betriebsfertig sind.

Versicherungswert ist der Neuwert.

Neuwert ist der jeweils gültige Listenpreis der versicherten Sache im Neuzustand zuzüglich der Bezugskosten (z. B. Kosten für Verpackung, Fracht, Zölle, Montage).

Versicherte Sachen

Versichert sind die im Versicherungsvertrag bezeichneten fahrbaren oder transportablen Geräte, sobald sie betriebsfertig sind.

Betriebsfertig ist eine Sache, sobald sie nach beendeter Erprobung und soweit vorgesehen nach beendetem Probebetrieb entweder zur Arbeitsaufnahme bereit ist oder sich in Betrieb befindet. Eine spätere Unterbrechung der Betriebsfertigkeit unterbricht den Versicherungsschutz nicht.

Dies gilt auch während einer De- oder Remontage sowie während eines Transportes der Sache innerhalb des Versicherungsortes.

Zusätzlich versicherbare Sachen

Sofern vereinbart, sind zusätzlich versichert Zusatzgeräte und Reserveteile. Dies ist insofern zu empfehlen, da diese Teile auch dann versichert gelten, wenn sie nicht in Gebrauch sind.

Folgeschäden

Nur als Folge eines dem Grunde nach versicherten Sachschadens an anderen Teilen der versicherten Sache versichert sind Schäden an

- Transportbändern, Raupen, Kabeln, Stein- und Betonkübeln, Ketten, Seilen, Gurten, Riemen, Bürsten, Kardenbelägen und Bereifungen

- Werkzeuge aller Art

Nicht versicherte Sachen

Nicht versichert sind

- Wechseldatenträger

- Hilfs- und Betriebsstoffe, Verbrauchsmaterialien und Arbeitsmittel

- sonstige Teile, die während der Lebensdauer der versicherten Sachen erfahrungsgemäß mehrfach ausgewechselt werden müssen

- Fahrzeuge, die ausschließlich der Beförderung von Gütern im Rahmen eines darauf gerichteten Gewerbes oder von Personen dienen

- Wasser- und Luftfahrzeuge sowie schwimmende Geräte

- Einrichtungen von Baubüros, Baucontainer, Baubuden, Baubaracken, Werkstätten, Magazinen, Labors und Gerätewagen

Versicherte Gefahren und Schäden

Der Versicherer leistet Entschädigung für unvorhergesehen eintretende Beschädigungen oder Zerstörungen von versicherten Sachen (Sachschaden).

Unvorhergesehen sind Schäden, die der Versicherungsnehmer oder seine Repräsentanten weder rechtzeitig vorhergesehen haben noch mit dem für die im Betrieb ausgeübte Tätigkeit erforderlichen Fachwissen hätten vorhersehen können, wobei nur grobe Fahrlässigkeit schadet und diese den Versicherer dazu berechtigt, seine Leistung in einem der Schwere des Verschuldens entsprechenden Verhältnis zu kürzen.

Insbesondere wird Entschädigung geleistet für Sachschäden durch

- Bedienungsfehler, Ungeschicklichkeit oder Vorsatz Dritter

- Konstruktions-, Material- oder Ausführungsfehler

- Kurzschluss, Überstrom oder Überspannung

- Versagen von Mess-, Regel- oder Sicherheitseinrichtungen

- Wasser-, Öl- oder Schmiermittelmangel

- Brand, Blitzschlag, Explosion, Anprall oder Absturz eines Luftfahrzeuges, seiner Teile oder seiner Ladung. Dies gilt jedoch nicht für Baubüros, Baucontainer, Baubuden, Baubaracken, Werkstätten, Magazine, Labors und Gerätewagen

- Sturm, Frost, Eisgang, Erdbeben, oder Überschwemmung

Hinweis:	Im Gegensatz zu den stationären Maschinen sind hier deutlich mehr Sachrisiken versichert !
	Aufgrund des Ausschlusses „Innere Unruhen" sollte über den jeweiligen Sachvertrag die Klausel **TK 3236 (11)** Innere Unruhen eingeschlossen werden.

Hinweis: **Bei Einsätzen auf „Schwimmkörpern" sollte die Klausel TK 2219 (11) aus den AMB (!) eingeschlossen werden.**

Versicherung von Sachen auf Schwimmkörpern

1. Versichert sind abweichend von Abschnitt A § 1 Nr. 1 Maschinen, maschinelle Einrichtungen und sonstige technische Anlagen, die auf Schwimmkörpern betrieben werden.

2. Sofern im Versicherungsvertrag vereinbart, sind Zwischenwellen, Wellen- und getrennt stehende Drucklager, Kupplungen und Getriebe versichert.

3. In Ergänzung zu Abschnitt A § 1 Nr. 4 sind nicht versichert:

a) Schwimmkörper; (Hinweis: Sofern der VN für den „Schwimmkörper" auch Versicherungsschutz wünscht, müsste hier ggf. über eine Flusskasko entsprechende Schritte eingeleitet werden.)

b) schiffsbauliche Fundamente sowie Stevenrohr einschließlich Stopfbüchsen, Schiffsschrauben und Schwanzwellen.

4. Abweichend von Abschnitt A § 2 leistet der Versicherer ohne Rücksicht auf mitwirkende Ursachen keine Entschädigung für Schäden durch

a) Schiffskasko-Unfälle
b) Absinken des Schwimmkörpers
c) Versaufen oder Verschlammen

Sofern vereinbart, wird Entschädigung geleistet für Schäden durch Bedienungsfehler, Ungeschicklichkeit, Fahrlässigkeit oder Böswilligkeit.

5. Versicherungsorte sind abweichend von Abschnitt A § 4 die im Versicherungsvertrag bezeichneten Schwimmkörper, solange diese sich in den im Versicherungsvertrag bezeichneten Fahrt- oder Einsatzgebieten oder Liegeplätzen befinden.

6. Ergänzend zu Abschnitt A § 7 Nr. 2 b) wird von den Wiederherstellungskosten ein Abzug in Höhe der Wertverbesserung vorgenommen an
a) Greifern, Ladeschaufeln, Löffelkübeln und Eimern,
b) Getrieben, Lagern und Drehkränzen aller Art.

7. Zu den weiteren Kosten gemäß Abschnitt A § 7 Nr. 4 gehören auch
a) Kosten, die durch Arbeiten an dem Schiffskörper oder an Aufbauten sowie für das Eindocken und Aufslippen des Schwimmkörpers entstehen.
b) Bergungs- und Abschleppkosten im Rahmen der hierfür vereinbarten Versicherungssummen.

Eine weitere Besonderheit bei mobilen Risiken ist der Ein- bzw. Ausschluss von „Inneren Betriebsschäden" (TK 3252 (11))

Innere Betriebsschäden

1. Abweichend von Abschnitt A § 2 Nr. 1 und Nr. 2 leistet der Versicherer Entschädigung für unvorhergesehen eintretende Beschädigungen oder Zerstörungen von versicherten Sachen (Sachschaden).

a) als unmittelbare Folge eines von außen her einwirkenden Ereignisses.

b) durch Brand, Blitzschlag, Explosion, Anprall oder Absturz eines Luftfahrzeuges, seiner Teile oder seiner Ladung; dies gilt jedoch nicht für Baubüros, Baucontainer, Baubuden, Baubaracken, Werkstätten, Magazine, Labors und Gerätewagen.

c) durch Sturm oder Eisgang
Sturm ist eine wetterbedingte Luftbewegung von mindestens Windstärke 8 nach Beaufort (Windgeschwindigkeit mindestens 62 km/h).

d) durch Überschwemmung

e) durch Erdrutsch

f) durch Erdbeben

2. Der Versicherer leistet ohne Rücksicht auf mitwirkende Ursachen **keine Entschädigung für Innere Betriebsschäden oder Bruchschäden.**

Entschädigung wird jedoch geleistet für Schäden gemäß Nr. 1, die infolge eines inneren Betriebsschadens oder Bruchschadens eintreten.

Merke: Die Inneren Betriebsschäden kann man vom Versicherungsschutz ausschließen, wenn man diese Klausel einschließt !

Oder besser: Innere Betriebsschäden sind erst einmal in dem Bedingungswerk als versichert vorausgesetzt !

Zusätzlich versicherbare Gefahren und Schäden

Sofern vereinbart, wird Entschädigung geleistet für Schäden

- bei Abhandenkommen versicherter Sachen durch Diebstahl, Einbruchdiebstahl oder Raub

- bei Tunnelarbeiten oder Arbeiten unter Tage

  => Tipp: Arbeitsmaschinen „unter Tage" können auch einfach nur verschüttet werden, ohne ggf. beschädigt zu sein. Eine Bergung etc. ist aber ggf. zu gefährlich / zu teuer.
  Dies ist kein Sachschaden !
  Dieses Szenario sollte daher mit dem Versicherer entsprechend besprochen und eingeschlossen werden.

- durch Versaufen oder Verschlammen infolge der besonderen Gefahren des Einsatzes auf Wasserbaustellen

  => Tipp: Arbeitsmaschinen auf Wasserbaustellen, die untergehen, sind analog der Problematik „unter Tage" in erster Linie für den Besitzer nicht zugänglich, deswegen aber noch lange nicht beschädigt.
  Dies ist kein Sachschaden !
  Dieses Szenario sollte daher mit dem Versicherer entsprechend besprochen und eingeschlossen werden.
  Ebenso sollte hier auf eine angemessene Versicherungssumme zur Bergung der Maschine geachtet werden.

Elektronische Bauelemente

Entschädigung für elektronische Bauelemente (Bauteile) der versicherten Sache wird nur geleistet, wenn eine versicherte Gefahr nachweislich von außen auf eine Austauscheinheit (im Reparaturfall üblicherweise auszutauschende Einheit) oder auf die versicherte Sache insgesamt eingewirkt hat.

Ist dieser Beweis nicht zu erbringen, so genügt die überwiegende Wahrscheinlichkeit, dass der Schaden auf die Einwirkung einer versicherten Gefahr von außen zurückzuführen ist.

Für Folgeschäden an weiteren Austauscheinheiten wird jedoch Entschädigung geleistet.

Nicht versicherte Gefahren und Schäden

Der Versicherer leistet ohne Rücksicht auf mitwirkende Ursachen keine Entschädigung für Schäden

- durch Vorsatz des Versicherungsnehmers oder dessen Repräsentanten

- durch Krieg, kriegsähnliche Ereignisse, Bürgerkrieg, Revolution, Rebellion oder Aufstand

- durch Innere Unruhen

- durch Kernenergie, nukleare Strahlung oder radioaktive Substanzen

- während der Dauer von Seetransporten
  => Der Ausschluss beginnt mit dem Verladen auf das Schiff (also bis „Hafenbecken" versichert, danach nicht mehr).

- durch Mängel, die bei Abschluss der Versicherung bereits vorhanden waren und dem Versicherungsnehmer oder seinen Repräsentanten bekannt sein mussten; wobei nur grobe Fahrlässigkeit schadet und diese den Versicherer dazu berechtigt, seine Leistung in einem der Schwere des Verschuldens entsprechenden Verhältnis zu kürzen.

- durch zwangsläufige, sich dauernd wiederholende, von außen einwirkende Einflüsse des bestimmungsgemäßen Einsatzes, soweit es sich nicht um Folgeschäden handelt.

- durch
  - betriebsbedingte normale Abnutzung
  - betriebsbedingte vorzeitige Abnutzung
  - korrosive Angriffe oder Abzehrungen
  - übermäßigen Ansatz von Kesselstein, Schlamm oder sonstigen Ablagerungen

- durch Einsatz einer Sache, deren Reparaturbedürftigkeit dem Versicherungsnehmer oder seinen Repräsentanten bekannt sein musste; wobei nur grobe Fahrlässigkeit schadet und diese den Versicherer dazu berechtigt, seine Leistung in einem der Schwere des Verschuldens entsprechenden Verhältnis zu kürzen. Der Versicherer leistet jedoch Entschädigung, wenn der Schaden nicht durch die Reparaturbedürftigkeit verursacht wurde oder wenn die Sache zur Zeit des Schadens mit Zustimmung des Versicherers wenigstens behelfsmäßig repariert war.

- soweit für sie ein Dritter als Lieferant (Hersteller oder Händler), Frachtführer, Spediteur, Werkunternehmer oder aus Reparaturauftrag einzutreten hat. Bestreitet der Dritte seine Eintrittspflicht, so leistet der Versicherer zunächst Entschädigung. Ergibt sich nach Zahlung der Entschädigung, dass ein Dritter für den Schaden eintreten muss und bestreitet der Dritte dies, so behält der Versicherungsnehmer zunächst die bereits gezahlte Entschädigung.

Viele Versicherer bieten auch hier umfangreiche Deckungen (natürlich „Allgefahren") an:

- Weitreichende Kostenübernahme für Ersatzteile, Lohn, Montage, Demontage, Transport, Bergung und Verladung

- Mitversicherung von Kosten für Aufräumung, Dekontamination, Entsorgung, Luftfrachten

- Mitversicherung von Bewegungs- und Schutzkosten

- Abhandenkommen der versicherten Sache und ihrer an ihr befestigten Bestandteile durch Diebstahl, Einbruchdiebstahl oder Raub

Ein paar wichtige Details zur…

Maschinenversicherung:	Bei eingelagerten Werkzeugen unbedingt den Transport bis zu der Maschine mitversichern.

Bei eingelagerten Werkzeugen unbedingt den Transport bis zu der Maschine mitversichern.

Bei der Mitversicherung der Gefahr „Sturm" gilt keine Windstärke als Voraussetzung vereinbart.

Revisionen von Maschinenteilen sind mitzuversichern. Sowohl der Transport zu der entsprechenden Fachfirma als auch der Aufenthalt vor Ort.

In den AMB für stationäre Risiken ist u.a. kein Diebstahl mitversichert. Nach wie vor werden Kupferkabel etc. geklaut. Sollte es also zu einem entsprechenden Teilediebstahl und somit zu einer Betriebsunterbrechung kommen   => Keine Deckung über die Maschinen-BU (es fehlt der Sachschaden).

Sowohl in den AMB als auch in den ABMG gilt „Frost" mitversichert. Bei Maschinen, die z.B. per Radlader von einem Außenlager beschickt werden (z.B. Biogasanlagen / Silage), sollte zur Klarstellung auch „Eis / Eisklumpen" mitversichert gelten. Dadurch wird eine unnötige Diskussion im Schadensfall vermieden.

Auch für Maschinenversicherungen gilt die 25 Mio. € Grenze zur Mitversicherung von Terrorschäden. Ab 25 Mio. € Versicherungssumme ist auch hier die Mitversicherung über den Extremus-Pool erforderlich !

Elektronik

[Angaben beziehen sich auf die ABE 2011]

Sachversicherung:

Die Sachversicherung übernimmt im Rahmen der "Allgemeine Bedingungen für die Elektronikversicherung (ABE)" den Versicherungsschutz gegen Schäden, die durch Bedienungsfehler, Kurzschluss, Ereignisse höherer Gewalt, Brand, Blitzschlag, Explosion, Diebstahl und Wasser verursacht werden.

Sofern keine spezielle Maschine etc. versichert werden, sondern z.B. übliche technische Büroeinrichtung, kann die Sachversicherung recht einfach über eine sog. **Elektronik-Pauschalversicherung** abgesichert werden.

Darin enthalten sind (je nach Versicherer) noch einmal weitere „Bausteine" für Schäden an gespeicherten Daten und vorhandener Software.

Versicherungswert ist der Neuwert.

Neuwert ist der jeweils gültige Listenpreis der versicherten Sache im Neuzustand zuzüglich der Bezugskosten (z. B. Kosten für Verpackung, Fracht, Zölle, Montage).

Versicherte Sachen

Versichert sind die im Versicherungsvertrag bezeichneten elektrotechnischen und elektronischen Anlagen und Geräte, sobald sie betriebsfertig sind.

Betriebsfertig ist eine Sache, sobald sie nach beendeter Erprobung und soweit vorgesehen nach beendetem Probebetrieb entweder zur Arbeitsaufnahme bereit ist oder sich in Betrieb befindet. Eine spätere Unterbrechung der Betriebsfertigkeit unterbricht den Versicherungsschutz nicht. Dies gilt auch während einer De- oder Remontage sowie während eines Transportes der Sache innerhalb des Versicherungsortes.

Nicht versicherte Sachen

Nicht versichert sind

- Wechseldatenträger

- Hilfs- und Betriebsstoffe, Verbrauchsmaterialien und Arbeitsmittel

- Werkzeuge aller Art

- sonstige Teile, die während der Lebensdauer der versicherten Sachen erfahrungsgemäß mehrfach ausgewechselt werden müssen

Versicherte Gefahren und Schäden

Der Versicherer leistet Entschädigung für unvorhergesehen eintretende Beschädigungen oder Zerstörungen von versicherten Sachen (Sachschaden) und bei Abhandenkommen versicherter Sachen durch Diebstahl, Einbruchdiebstahl, Raub oder Plünderung.

Unvorhergesehen sind Schäden, die der Versicherungsnehmer oder seine Repräsentanten weder rechtzeitig vorhergesehen haben, noch mit dem für die im Betrieb ausgeübte Tätigkeit erforderlichen Fachwissen hätten vorhersehen können, wobei nur grobe Fahrlässigkeit schadet und diese den Versicherer dazu berechtigt, seine Leistung in einem der Schwere des Verschuldens entsprechenden Verhältnis zu kürzen.

Insbesondere wird Entschädigung geleistet für Sachschäden durch

- Bedienungsfehler, Ungeschicklichkeit oder Vorsatz Dritter

- Konstruktions-, Material- oder Ausführungsfehler

- Kurzschluss, Überstrom oder Überspannung

- Brand, Blitzschlag, Explosion, Anprall oder Absturz eines Luftfahrzeuges, seiner Teile oder seiner Ladung sowie Schwelen, Glimmen, Sengen, Glühen oder Implosion

- Wasser, Feuchtigkeit

- Sturm, Frost, Eisgang, oder Überschwemmung

Elektronische Bauelemente

Entschädigung für elektronische Bauelemente (Bauteile) der versicherten Sache wird nur geleistet, wenn eine versicherte Gefahr nachweislich von außen auf eine Austauscheinheit (im Reparaturfall üblicherweise auszutauschende Einheit) oder auf die versicherte Sache insgesamt eingewirkt hat.

Ist dieser Beweis nicht zu erbringen, so genügt die überwiegende Wahrscheinlichkeit, dass der Schaden auf die Einwirkung einer versicherten Gefahr von außen zurückzuführen ist.

Für Folgeschäden an weiteren Austauscheinheiten wird jedoch Entschädigung geleistet.

Röhren und Zwischenbildträger

Sofern nicht anders vereinbart, leistet der Versicherer Entschädigung für Röhren und Zwischenbildträger nur bei Schäden durch

- Brand, Blitzschlag, Explosion, Anprall oder Absturz eines Luftfahrzeuges, seiner Teile oder seiner Ladung

- Einbruchdiebstahl, Raub oder Vandalismus

- Leitungswasser

Nicht versicherte Gefahren und Schäden

Der Versicherer leistet ohne Rücksicht auf mitwirkende Ursachen keine Entschädigung für Schäden

- durch Vorsatz des Versicherungsnehmers oder dessen Repräsentanten

- durch Krieg, kriegsähnliche Ereignisse, Bürgerkrieg, Revolution, Rebellion oder Aufstand

- durch Innere Unruhen

- durch Kernenergie, nukleare Strahlung oder radioaktive Substanzen

- durch Erdbeben

- durch Mängel, die bei Abschluss der Versicherung bereits vorhanden waren und dem Versicherungsnehmer oder seinen Repräsentanten bekannt sein mussten; wobei nur grobe Fahrlässigkeit schadet und diese den Versicherer dazu berechtigt, seine Leistung in einem der Schwere des Verschuldens entsprechenden Verhältnis zu kürzen.

- durch betriebsbedingte normale oder betriebsbedingte vorzeitige Abnutzung oder Alterung; für Folgeschäden an weiteren Austauscheinheiten wird jedoch Entschädigung geleistet. Nr. 2 bleibt unberührt.

- durch Einsatz einer Sache, deren Reparaturbedürftigkeit dem Versicherungsnehmer oder seinen Repräsentanten bekannt sein musste; wobei nur grobe Fahrlässigkeit schadet und diese den Versicherer dazu berechtigt, seine Leistung in einem der Schwere des Verschuldens entsprechenden Verhältnis zu kürzen. Der Versicherer leistet jedoch Entschädigung, wenn der Schaden nicht durch die Reparaturbedürftigkeit verursacht wurde oder wenn die Sache zur Zeit des Schadens mit Zustimmung des Versicherers wenigstens behelfsmäßig repariert war.

- soweit für sie ein Dritter als Lieferant (Hersteller oder Händler), Werkunternehmer oder aus Reparaturauftrag einzutreten hat.
  Bestreitet der Dritte seine Eintrittspflicht, so leistet der Versicherer zunächst Entschädigung. Ergibt sich nach Zahlung der Entschädigung, dass ein Dritter für den Schaden eintreten muss und bestreitet der Dritte dies, so behält der Versicherungsnehmer zunächst die bereits gezahlte Entschädigung.

| Hinweis: | Aufgrund des Ausschlusses „Innere Unruhen" sollte über den jeweiligen Sachvertrag die Klausel **TK 1236 (11)** Innere Unruhen eingeschlossen werden. |

Versicherungsort

Versicherungsschutz besteht nur innerhalb des Versicherungsortes. Versicherungsort sind die im Versicherungsvertrag bezeichneten Betriebsgrundstücke.

Hinweis:	Der Geltungsbereich kann gemäß Klausel **TK 1408 (11)** erweitert werden.

Ein paar wichtige Details zur...

Elektronikversicherung:

Im Gegensatz zur Maschinenversicherung

- sind keine Inneren Betriebsschäden versicherbar bzw. auszuschließen.

- ist Diebstahl nur für betriebsfertige Geräte versicherbar. Eingelagerte Geräte sind somit nicht auf Anhieb mitversichert.

Versicherte Sachen	ABE	AMB	ABMG	ABN	ABU	AMoB
Versichert sind die im Versicherungsvertrag bezeichneten elektrotechnischen und elektronischen Anlagen und Geräte, sobald sie betriebsfertig sind	X					
Versichert sind die im Versicherungsvertrag bezeichneten fahrbaren oder transportablen Geräte, sobald sie betriebsfertig sind			X			
Versichert sind die im Versicherungsvertrag bezeichneten stationären Maschinen, maschinellen Einrichtungen und sonstigen technischen Anlagen, sobald sie betriebsfertig sind		X				
Versichert sind alle Lieferungen und Leistungen für das im Versicherungsvertrag bezeichnete Bauvorhaben (Neubau / Umbau eines Gebäudes einschl. Außenanlagen)				X		
Versichert sind alle Baustoffe, Bauteile und Bauleistungen für die Errichtung des im Versicherungsvertrag bezeichneten Bauvorhabens einschl. Hilfsbauten und Bauhilfsstoffe					X	
Versichert sind alle Lieferungen und Leistungen für die Errichtung des im Versicherungsvertrag bezeichnete Montageobjektes (Konstruktion, Maschinen, maschinelle und elektrische Einrichtungen)						X

Versicherte Gefahren	ABE	AMB	ABMG	ABN	ABU	AMoB
Der Versicherer leistet Entschädigung für unvorhergesehen eintretende Beschädigungen oder Zerstörungen von versicherten Sachen (Sachschaden)	X	X	X	X	X	X
sog. Insurance clause						
Abhandenkommen von versicherter Sachen durch Diebstahl, Einbruchdiebstahl, Raub oder Plünderung	X		Optional			
Diebstahl mit dem Gebäude fest verbundener versicherter Bestandteile				Optional		
Bedienungsfehler, Ungeschicklichkeit oder Vorsatz Dritter	X	X	X			
Konstruktions-, Material- oder Ausführungsfehler	X	X	X			
Kurzschluss, Überstrom oder Überspannung	X	X	X			
Brand, Blitzschlag, Explosion, Anprall oder Absturz eines Luftfahrzeuges, seiner Teile oder seiner Ladung	X		X	Optional	Optional	
Schwelen, Glimmen, Sengen, Glühen oder Implosion	X	X	X			
Wasser, Feuchtigkeit	X	X	X			
Sturm, Frost, Eisgang	X	X	X			
Überschwemmung	X		X			
Gewässer, Grundwasser, Hochwasser				Optional	Optional	
Witterungsschaden infolge eines versicherten Schadens				X	X	X
Normale Witterungseinflüsse			X			
Erdbeben		X	X			
Versagen von Mess-, Regel- oder Sicherheitseinrichtungen		X	X			
Wasser-, Öl- oder Schmiermittelmangel		X	X			
Zerreißen infolge Fliehkraft		X				
Überdruck / Unterdruck		X				
Transportrisiko / mobile Risiken	X					
Transportrisiko / mobile Risiken - außer Seetransporte -			X			
Tunnelarbeiten, Arbeiten unter Tage, Versaufen Verschlammen, Wasserbaustellen			Optional			
Tunnel-, Schacht-, Durchpress- und Stollenarbeiten					Optional	
Wiederherstellung von Daten zur Grundfunktion der versicherten Sache	X	X	X	X	X	X
Verlust durch						
- Innere Unruhen						Optional
- Streik oder Aussperrung						Optional
- radioaktive Isotope						Optional

Zusätzlich versicherbare Sachen	ABE	AMB	ABMG	ABN	ABU	AMoB
Medizinisch-technische Einrichtungen und Laboreinrichtungen				Optional		
Stromerzeugungsanlagen, Datenverarbeitungs- und sonstige selbstständige elektr. Anlagen				Optional		
Bestandteile von unverhältnismäßig hohem Kunstwert				Optional		
Hilfsbauten und Bauhilfsstoffe				Optional	X	
Baugrund und Bodenmassen, soweit nicht Bestandteil der Lieferungen / Leistungen				Optional	Optional	
Altbauten, sofern nicht Bestandteil der Lieferungen / Leistungen				Optional	Optional	
Montageausrüstung (Krane, schwimmende Sachen, Eigentum Montagepersonal, fremde Sachen						Optional
Zusatzgeräte und Reserveteile		Optional	Optional			
Fundamente der versicherten Sachen		Optional				
Ausmauerungen, Auskleidungen und Beschichtungen von Öfen, Feuerungs- und sonstigen Erhitzungsanlagen		Optional				
Röhren und Zwischenbildträger	Optional					

Folgeschäden

Folgeschäden	ABE	AMB	ABMG	ABN	ABU	AMoB
Transportbänder, Raupen, Kabel, Stein- und Betonkübel, Ketten, Seile, Gurte, Riemen, Bereifungen, Kardanbeläge, Bürsten		X	X			
Werkzeuge aller Art			X			
Öl- und Gasfüllungen zu Isolationszwecken		X				X
Ölfüllungen von versicherten Turbinen		Optional				

Elektronische Bauelemente

Elektronische Bauelemente	ABE	AMB	ABMG	ABN	ABU	AMoB
Entschädigung für elektronische Bauelemente (Bauteile) der versicherten Sache wird nur geleistet, wenn eine versicherte Gefahr nachweislich von außen auf eine Austauscheinheit (im Reparaturfall üblicherweise auszutauschende Einheit) oder auf die versicherte Sache insgesamt eingewirkt hat. Für Folgeschäden an weiteren Austauscheinheiten wird jedoch Entschädigung geleistet	X	X	X			

Versicherte Interessen

Versicherte Interessen	ABE	AMB	ABMG	ABN	ABU	AMoB
Versichert ist das Interesse des Versicherungsnehmers (und des abweichenden Eigentümers)	X	X	X			
Versichert ist das Interesse des Versicherungsnehmers (Bauherr oder sonstiger Auftraggeber)				X		
Versichert ist das Interesse aller Unternehmer, die an dem Vertrag mit dem Auftraggeber beteiligt sind, einschließlich der Subunternehmer jeweils mit ihren Lieferungen und Leistungen				X	X	X

Nicht versicherte Sachen	ABE	AMB	ABMG	ABN	ABU	AMoB
Wechseldatenträger	X	X	X			X
Hilfs- / Betriebsstoffe, Verbrauchs- / Arbeitsmittel	X	X	X			X
Werkzeuge aller Art	X	X				
sonstige Teile, die während der Lebensdauer der versicherten Sachen erfahrungsgemäß mehrfach ausgewechselt werden müssen	X	X	X			
Fahrzeuge, die ausschließlich der Beförderung von Gütern im Rahmen eines darauf gerichteten Gewerbes oder von Personen dienen			X			
Wasser- und Luftfahrzeuge sowie schwimmende Geräte			X			
Einrichtungen von Baubüros, Baucontainer, Baubuden, Werkstätten, Magazinen, Labors und Gerätewagen			X			
Produktionsstoffe						X
Akten, Zeichnungen und Pläne						X
Verluste von versicherten Sachen, die nicht mit dem Gebäude fest verbunden sind				X		
Schäden an Glas-, Metall- oder Kunststoffoberflächen sowie an Oberflächen vorgehängter Fassaden durch eine Tätigkeit an diesen Sachen				X		

Baufertigstellungsversicherung

Risiken für den Bauherrn:

Nach einer Umfrage des Bauherrenschutzbundes (BSB) sind die typischen Vertragspartner privater Bauherren beim Eigenheimbau zu 47,5 % Generalunternehmer (GU) und Generalübernehmer (GÜ) und zu 38,8 % Bauträger.

Die wenigsten privaten Eigenheime werden noch mit Architekten gebaut. Als größte Risiken beim privaten Hausbau geben Bauinteressierte

- Baumängel (75 %),
- Firmeninsolvenzen (50 %) und
- Baukostenüberschreitung (47 %)

an.

In den Jahren 2002/2003 sind mehr als 18 % der Bauherren mit der Insolvenz von Bauträgern, Generalunternehmern, Generalübernehmern oder Handwerkern konfrontiert worden.

Jeden 3. traf eine Insolvenz während der Bauzeit, jeden 2. während der Gewährleistungszeit.

Die Folgen hieraus sind schwerwiegend:

- Jeder 5. konnte seine **Mängelansprüche** nicht mehr durchsetzen.
- 52 % erlitten einen finanziellen Schaden von ca. 15.000 € - 20.000 € (ohne Sachverständigen- und Rechtsverfolgungskosten).

Jedes Bauvorhaben ist für den bauausführenden Unternehmer und den Bauherrn mit vielfältigen Risiken verbunden – vor und nach der Bauabnahme.

Hier kann eine Kombination aus Baufertigstellungs- und Baugewährleistungsversicherung weiterhelfen.

Mit der

Baufertigstellungsversicherung wird das finanzielle Risiko einer Insolvenz **vor** der Bauabnahme abgesichert

und mit der

Baugewährleistungsversicherung wird das finanzielle Risiko abgesichert, das aus der Verpflichtung zur Mängelhaftung **nach** Bauabnahme resultiert. Dies bedeutet Sicherheit sowohl für den bauausführenden Unternehmer als auch im Insolvenzfall für den Bauherrn.

Was ist abgesichert?

Nach Bauabnahme:

• Risiken finanzieller Folgen durch Gewährleistungsansprüche

• Garantierte Erstattung der Mängelbeseitigungs-, Nachbesserungs- bzw. Minderungskosten für das gesamte Objekt

Innerhalb der Gewährleistungsfrist (nach BGB):

• Finanzielle Aufwendungen für die Behebung von Baumängeln

Subunternehmer:

• Die Leistungen aller Subunternehmer sind mitversichert

Ferner:

• Baubegleitende Qualitätsprüfung durch unabhängige Sachverständige

• Prüfung und ggf. Abwehr unberechtigter Ansprüche

Welche Leistungen erhält der Bauherr ?

• Bei Insolvenz des Bauunternehmens direkte Erstattung der Kosten für die Mängelbehebung an den Bauherrn nach Bauabnahme.

• Der Baustein „Baufertigstellung" sichert dem Bauherrn das finanzielle Risiko einer Insolvenz des Bauunternehmens vor Bauabnahme ab. Der Versicherer erstattet dem Bauherrn die möglichen Mehrkosten – i.d.R. 20 % der vertraglichen Bausumme – für die Fertigstellung des Bauvorhabens.

Kapitel 2
Betriebsunterbrechung

Allgemein

Gegenstand der Ertragsausfallversicherung

a) kurzfristige Risiken: Bauleistungsversicherung BU
Montageversicherung BU
Garantieversicherung BU

b) langfristige Risiken   Feuer- / EC-BU
Maschinenversicherung BU
Elektronikversicherung BU

c) Sonderrisiken   Praxisausfallversicherung wg. Krankheit der versicherten Person
Betriebsschließungsversicherung aufgrund meldepflichtiger Seuchen

Grundsätzliches:

- Wird der Betrieb des Versicherungsnehmers infolge eines Sachschadens unterbrochen oder beeinträchtigt, so ersetzt der Versicherer den dadurch entstehenden Unterbrechungsschaden.

- Unterbrechung ist also jede Beeinträchtigung der betrieblichen Aktivitäten, egal ob der gesamte Betrieb oder nur einzelne Maschinen oder Arbeitsplätze betroffen sind.

- Kriterium für eine Betriebsunterbrechung ist, dass ein Schaden entstanden ist, weil weiterlaufende Kosten und Gewinne nicht erwirtschaftet werden konnten.

Beschränkung der Betriebsunterbrechungsversicherung

- Räumlich: Voraussetzung ist ein Sachschaden in einer im Vertrag bezeichneten Betriebsstätte.

- Zeitlich: Die Eintrittspflicht des Versicherers ist durch die Haftzeit begrenzt.

- Aktivitäten: Gegenstand des Hauptbetriebes und welche Neben- und Hilfsbetriebe sind mitversichert. Auch Sachschäden in Lägern, Verwaltungen, Versandbereichen etc. können Unterbrechungsschäden auslösen.

Vertragsformen

Klein-BU
- orientiert sich an den Sach-VS
- VS steht auf erstes Risiko zur Verfügung
- KBU folgt dem Schicksal der Sachversicherung (ZKBU)

Mittlere BU
- eigenständiger Vertrag
- eigene Bedingung (FBUB + Klauseln; MFBU)
- vereinfachte Summenermittlung: *Umsatz ./. Wareneinsatz*

Groß-BU
- eigenständiger Vertrag
- eigene Bedingung (FBUB + Klauseln)
- Summenermittlungsschema

Versicherte Gefahren der Feuer-BU

Versichert sind analog der Feuerversicherung die Gefahren

- Brand, Blitzschlag, Explosion
- Anprall oder Absturz eines bemannten Flugkörpers
- Löschen, Niederreißen oder Ausräumen bei einem dieser Ereignisse
- Bei entsprechenden Einschluss auch EC- und Elementargefahren

Unterbrechungsschaden

- Unterbrechungsschaden ist der entgangene Betriebsgewinn und Aufwand an fortlaufenden Kosten in dem versicherten Betrieb, sofern sich der Sachschaden auf einem versicherten Grundstück ereignet hat.
- Der Versicherer haftet nur für solche Unterbrechungsschäden, die adäquat kausal auf einen versicherten Sachschaden zurückzuführen sind.
- Ereignisse, die außerhalb jeglicher Regel und Erfahrung hinzutreten, bilden eine neue Kausalkette und fallen damit nicht mehr unter den Schutz der BU-Versicherung.

Außergewöhnliche versicherbare Ereignisse

- Behördliche Wiederaufbau- oder Betriebsbeschränkungen
- Kapitalmangel des Versicherungsnehmers
- Lieferverzug bei Ersatzteilbeschaffungen
- Zusammentreffen von Maschinen- und FBU-Schäden
- Bagatellschäden

Nur für Maschinen-BU:	Mitversicherung von Warenverderb (Vergrößerung des Schadens durch Warenverderb als auch die Ware selber), Schäden an Rohstoffen, Halb- und Fertigfabrikaten oder Hilfs- und Betriebsstoffen.

Dauer des Unterbrechungsschadens

- Die Zeit, während der eine **infolge eines Sachschadens** eingetretene Unterbrechung den normalen Betriebsablauf eines Unternehmens beeinträchtigt, wird als Unterbrechungszeit oder Störungszeit bezeichnet.

- Sondereinflüsse während der Unterbrechungszeit, z.B. Feiertage, Betriebsferien, Stillstandzeiten wegen planmäßiger Wartungsarbeiten, werden bei der Schadenabrechnung berücksichtigt. Sie lassen den Begriff der Unterbrechungszeit aber unberührt.

- Die Störungszeit beginnt mit dem Eintritt des Sachschadens, d.h. mit der Verwirklichung einer versicherten Gefahr die an den dem Betrieb dienenden Sachen beginnt.

- Das Ende der Störungszeit ist aber im Allgemeinen nicht mit der Wiederherstellung der technischen Betriebsbereitschaft der zu Schaden gekommenen Sache erreicht (MBU). Vielmehr kommt es darauf an, dass der Ertragsrückgang beendet und sowohl die technische als auch die kaufmännische Betriebsleistung voll wiederhergestellt ist (F-/EC-BU).

Haftzeit

- Haftzeit ist die im Vertrag vereinbarte Zeitspanne, in der der Versicherer nach Eintritt eines Sachschadens für entgangenen Betriebsgewinn und fortlaufende Kosten haftet.

- Die Haftzeit beginnt mit dem Eintritt des Sachschadens und zwar mit dem Zeitpunkt an dem der Sachschaden für VN nach den Regeln der Technik frühestens erkennbar war.

Wichtig: **Daher Achtung bei z.B. Betrieben mit Betriebsferien !**
Wenn der Schaden kurz vor den Betriebsferien eintritt, beginnt die Haftzeit am
Schadentag ! Der BU-Schaden tritt aber erst NACH den Ferien auf !

- Die Vereinbarung einer Haftzeit ermöglicht die Anwendung des Vollwertprinzips, in dem nämlich Versicherungssumme und Versicherungswert in einem bestimmten Zeitraum gegenübergestellt werden

---

Wichtig: **Sofern man die Möglichkeit hat, sollte das Feuer-BU-Risiko von Maschinen immer über**
die FBU und nicht über die MBU (bei mobilen Risiken) erfasst werden !

Grund: Die MBU endet mit Fertigstellung, die FBU erst mit Fertigstellung U N D Wiederherstellung der kaufmännischen Leistung. Die FBU ist also für den VN ein besserer Versicherungsschutz !

Vereinbarte Haftzeiten

- Unterjährige Haftzeiten < 12 Monate
- Haftzeiten von 12 Monaten
- Überjährige Haftzeiten > 12 Monate
- Unterschiedliche Haftzeiten für versicherte Positionen sind möglich:
    1   Betriebsgewinne und Kosten (außer Positionen 2 bis 5)
    2   Gehälter
    3   Löhne der Facharbeiter
    4   Löhne der Nichtfacharbeiter
    5   Vertreterprovisionen

Versicherungssumme =   **immer die Jahressumme ansetzen**
            (bei Haftzeiten > 12 die 2-Jahressumme)

Bewertungszeitraum

- Der Bewertungszeitraum dient zur Ermittlung des Versicherungswertes und der wiederum zur Überprüfung der Versicherungssumme.
- Der Bewertungszeitraum beträgt 12 oder 24 Monate, auch bei unterjährigen Haftzeiten.
- Der Bewertungszeitraum endet mit dem Zeitpunkt, an dem der Unterbrechungsschaden nicht mehr entsteht bzw. sich nicht mehr verwirklicht, spätestens mit Ende der Haftzeit.
- Der Bewertungszeitraum beginnt frühestens mit der Haftung des Versicherers.

Wechselwirkungsschäden

In einer Betriebsstelle (Filiale, Abteilung) des Versicherungsnehmers führt ein Sachschaden zu einer Betriebsunterbrechung **in einer anderen Betriebsstelle desselben Versicherungsnehmers.** Sie sind über eine Klausel versicherbar.

Rückwirkungsschäden

Rückwirkungsschaden bedeutet, dass durch **den Eintritt einer versicherten Gefahr in einem Fremdbetrieb oder sonst außerhalb einer benannten Betriebsstelle eine Betriebsunterbrechung beim Versicherungsnehmer** entsteht, **ohne** dass es dort zu einem Sachschaden gekommen ist.

- Typische Bedarfsfälle für Mitversicherung von Rückwirkungsschäden:
  - Just in time-Bezieher
  - enge Liefer- und Produktionsbeziehungen
  - Konzentration der Einkaufsmacht auf wenige / einen Hersteller
  - schlechte Einflussnahme auf die Risiko- und Sicherheitspolitik
    des Lieferanten

  → Katastrophenplanung beim VN notwendig !

- Ein Unterbrechungsschaden im Sinne des A § 1.2 FBUB liegt auch vor, wenn sich ein Sachschaden entsprechend A § 2.1 FBUB auf dem Grundstück eines Zulieferers des VN ereignet hat.
  Entschädigungsgrenze je Versicherungsfall ist der vereinbarte Prozentsatz der Versicherungssumme (ohne Nachhaftung).

- Ein Unterbrechungsschaden im Sinne des A § 1.2 FBUB liegt auch vor, wenn sich ein Sachschaden entsprechend A § 2.1 FBUB auf dem Grundstück eines Abnehmers des VN ereignet hat.
  Entschädigungsgrenze je Versicherungsfall ist der für jeden benannten Abnehmer gesondert vereinbarte Betrag.

- In MBU kaum oder nur schwer zu versichern.

„Auswirkungsschäden" = Rückwirkungsschäden beim Abnehmer

Auswirkungsschaden bedeutet, dass durch **den Eintritt einer versicherten Gefahr in einem Fremdbetrieb (→ Abnehmer) eine Betriebsunterbrechung beim Versicherungsnehmer** entsteht, **ohne** dass es dort zu einem Sachschaden gekommen ist. Behandlung analog Rückwirkungsschäden.

Ausfallziffern (PML / EML-Schätzung)

Die im Versicherungsvertrag (MBU) für eine Sache genannte Ausfallziffer bezeichnet den prozentualen Anteil des Betriebsgewinnes und der fortlaufenden Kosten, der nicht erwirtschaftet werden kann, wenn diese Sache während des gesamten Bewertungszeitraumes (12 Monate) nicht betrieben werden kann.

PML = Probable Maximum Loss

...ist das größte Schadenpotential, ausgehend von einem einzelnen Schadenereignis.

Es wird unterstellt, dass zum Zeitpunkt des Schadeneintrittes die wichtigsten Schutzmaßnahmen und gefahrmindernde Maßnahmen weitgehend unwirksam bleiben.

Grundlage der Betrachtung ist das Ausbrennen des Feuers ohne äußeren Eingriff an den geometrischen Grenzen des betroffenen Objektes (räumlich / bauliche Komplextrennung) und / oder mangels weiterer Brandnahrung.

Unberücksichtigt bleiben katastrophenähnliche Einwirkungen von außen, deren Entstehung auf Umständen beruht, die weder mittelbar noch unmittelbar mit dem Risiko in Zusammenhang stehen.

EML = Estimated Maximum Loss

Der Umfang desjenigen Schadens, der sich unter normalen Betriebs-, Benutzungs- und Schadenabwehrbedingungen des in Frage kommenden Gebäudes ereignen kann.

Dabei werden außergewöhnliche Umstände (Unfall oder unvorhergesehenes Ereignis), die das Risiko wesentlich verändern, NICHT in Betracht gezogen.

Szenario: Es brennt, aber Schadenminderungsmaßnahmen greifen !

Nachhaftung

- Der Versicherer haftet über die Versicherungssumme hinaus bis zur vereinbarten Nachhaftung. Bei überjährigen Haftzeiten gilt entsprechend höhere Haftung.

- Ist die Versicherungssumme aus Preis- und Mengenfaktor gebildet, so gilt die Nachhaftung nur für den Mengenfaktor.

- **Berechnung der Prämienrückgewähr nach A § 9 FBUB 2008:**

  = Differenz VS der abgelaufenen Periode und dem nachträglich festgestellten Versicherungswert

  - pro Position festzustellen, wenn nicht einheitliche Haftzeiten bestehen

  Achtung: Rückgewähr max. 1/3 der gezahlten Prämie

  <u>Beispiel:</u>
  - Pos. 1-5: einheitlich 12 MHZ, VS 15 Mio. €, Prämiensatz 2,3 ‰
  - Geschäftsjahr = Kalenderjahr; Fälligkeit 01.01.
  - VN beantragt Erhöhung der VS auf 18 Mio. € per 20.10.dJ; VR nimmt an
  - März des Folgejahres werden 13,8 Mio. € vom VN für die abgelaufene Periode gemeldet

- **Berechnung der Durchschnitts-VS:**

Alt:	15 Mio. €	01.01. -19.10. (292 Tage)	12.000.000
Neu:	18 Mio. €	20.10. - 31.12. (73 Tage)	3.600.000
Durchschnittssumme			15.600.000
Meldung:			13.800.000

  --> Überversicherung: 15,6 Mio. - 13,8 Mio. = 1,8 Mio. zu viel abgesichert

  1,8 Mio. zu dem in diesem Beispiel angesetzten Prämiensatz von 2,3 ‰ ergibt einen Beitrag in Höhe von 4.140 € und entspricht somit weniger als 1/3 der bereits gezahlten Prämie. Rückerstattung der 4.140 € in voller Höhe an VN.

Bei überjährigen Haftzeiten (bis 24 Monate) werden Zweijahressummen (Meldung und VS) verglichen.

Betriebsertrag als versichertes Interesse

Unter dem Ertrag versteht man die in Geld bewertete betriebliche Leistung einer Periode (z.B. eines Geschäftsjahres).

Diese beruht im Wesentlichen auf
- Umsatzerlösen (aus Produktion, Handel oder Dienstleistungen)
- Änderungen des Lagerbestandes
- aktivierten Eigenleistungen (z.B. selbst erstellte Anlagen)

Den Erträgen stehen die Aufwendungen in derselben Periode gegenüber. Diese werden aus den Erträgen gedeckt, d.h. erwirtschaftet.

Übersteigen die Erträge die Aufwendungen, so verbleibt dem Betrieb ein Gewinn.

Versichertes Interesse in der Betriebsunterbrechungsversicherung ist also der Ertrag, aus dem Gewinne und Kosten erwirtschaftet werden.

Bedrohter Ertrag: - entgangener Gewinn

                          - **fortlaufende Kosten, die nicht mehr durch die Betriebsleitung erwirtschaftet werden können**

Nicht versichert: **variablen Kosten**

- Ein Teil des Ertrages wird vorab für Materialeinsatz und sonstige leistungsabhängige Kosten benötigt. Wird die Betriebsleistung beeinträchtigt oder unterbrochen, so gehen diese Kosten proportional zurück. Man spricht deshalb auch von leistungsabhängigen (proportionalen) Kosten. **Da proportionale Kosten keinen Unterbrechungsschaden verursachen können, sind sie nach A § 5.1 FBUB / A § 1.2 AMBUB nicht versichert.**

- **Versichert ist also der Teil der Betriebserträge, der nach Abzug der proportionalen Kosten verbleibt**, um die leistungsunabhängigen (nicht proportionalen) Kosten und eventuelle Gewinne zu decken. Dieser Teil wird auch als Rohertrag bezeichnet und entspricht weitgehend dem Begriff des Deckungsbeitrages aus der Betriebswirtschaftslehre.

- **Fertigungslöhne in der Kostenrechnung:**
  Diese sind in der Regel den jeweiligen Produkten direkt zurechenbar und werden in der Praxis deshalb als proportionale Kosten angesehen.

- **Fertigungslöhne in der Betriebsunterbrechungsversicherung:**
  Gehälter und Löhne sind fortlaufende, d. h. nicht proportionale Kosten und somit mitversichert, weil ihr Aufwand zumindest bis zum nächsten ordentlichen Kündigungstermin rechtlich notwendig ist und darüber hinaus wirtschaftlich begründet sein kann, um die Arbeitnehmer dem Betrieb zu erhalten.

Gewinn- und Verlustrechnung

Die Gewinn- und Verlustrechnung (G+V) verfolgt den Zweck, als zeitraumbezogene Rechnung den Periodenerfolg nach Art, Höhe und Quellen sichtbar zu machen. Im Gegensatz zur Bilanz, die eine auf einen Stichtag bezogene Zeitpunktrechnung darstellt.

Die Gewinn- und Verlustrechnung wird zur Ermittlung des Versicherungswertes herangezogen.

Grundlage ist § 242 HGB:

§ 242 Pflicht zur Aufstellung

(1) Der Kaufmann hat zu Beginn seines Handelsgewerbes und für den Schluss eines jeden Geschäftsjahrs einen das Verhältnis seines Vermögens und seiner Schulden darstellenden Abschluss (Eröffnungsbilanz, Bilanz) aufzustellen. Auf die Eröffnungsbilanz sind die für den Jahresabschluss geltenden Vorschriften entsprechend anzuwenden, soweit sie sich auf die Bilanz beziehen.

(2) Er hat für den Schluss eines jeden Geschäftsjahrs eine Gegenüberstellung der Aufwendungen und Erträge des Geschäftsjahrs (Gewinn- und Verlustrechnung) aufzustellen.

(3) Die Bilanz und die Gewinn- und Verlustrechnung bilden den Jahresabschluss.

(4) Die Absätze 1 bis 3 sind auf Einzelkaufleute im Sinne des § 241a nicht anzuwenden. Im Fall der Neugründung treten die Rechtsfolgen nach Satz 1 schon ein, wenn die Werte des § 241a Satz 1 am ersten Abschlussstichtag nach der Neugründung nicht überschritten werden.

G + V-Rechnung: **Erträge und Aufwendungen für eine Abrechnungsperiode = Vermögensänderungen**

Bilanz: **Bestände von Vermögen und Verbindlichkeiten**

Schadenminderungskosten

Die Schadenminderung hat im Bereich der BU-Versicherung einen hohen Stellenwert.

Einen eingetretenen BU-Schaden zu mindern entspricht dem Regelfall.

Die Palette der Möglichkeiten ist hierbei häufig größer als man denkt.

Möglichkeiten können sein:

- provisorische Reparatur

- Neues Teil anstelle Reparatur

- Leihen von Ersatzanlagen

- Reparaturbeschleunigungsmaßnahmen

- Produktionsverlagerung

- Zukauf von Halb- oder Fertigfabrikaten

- Maßnahmen zur Absatzsicherung

Der Versicherungsnehmer hat im Rahmen seiner Rettungspflicht alle sich bietenden Maßnahmen zu nutzen.

Schadenminderungskosten sind vom Versicherer zu ersetzen, soweit

- sie den Umfang der Entschädigungspflicht des Versicherers verringern

- oder soweit der Versicherungsnehmer sie den Umständen nach für geboten halten durfte.

Sie werden jedoch nicht ersetzt,

- soweit der VN im zeitlichen Selbstbehalt oder nach Ablauf der Haftzeit Nutzen daraus hat.

- Sie werden auch nicht ersetzt, soweit sie geringer sind als ein vereinbarter betragsmäßiger Selbstbehalt.

- Sie werden auch nicht ersetzt, wenn sie den Ausfallschaden vergrößern (Grenze der Entschädigung ist der Ausfallschaden ohne Schadenminderung = Versicherungssumme).

Abrechnungsverfahren

Nach wie vor erläuterungsbedürftig sind die alljährlichen Abrechnungen der FBU.

Ein Großteil der Versicherer rechnet zum einen das **abgelaufene Geschäftsjahr** des VN anhand des tatsächlichen erzielten Umsatzes (und der sich daraus ergebenen Versicherungssumme) ab und erhebt direkt für **das laufende Geschäftsjahr** auf Basis dieser Versicherungssumme den aktuellen Beitrag.

Also: 1 Meldebogen löst 2 Beitragsberechnungen aus !

Wird dann auch noch die Nachhaftung in der Beitragskalkulation berücksichtigt, kann schon mal die eine oder andere Rückfrage vom VN kommen.

Hinzu kommt das heikle Thema der **Unterversicherung** im BU-Fall, die trotz einer vereinbarten Nachhaftung eintreten kann.

<u>Beispiel:</u>

FBU Abrechnung

Versicherungssumme:	**10.000.000,00**	€		
Versicherungswert:	**15.000.000,00**	€		
Haftzeit:	**12**	Monate		
Nachhaftung VS:	**30**	% => somit	**13.000.000,00**	€ Gesamt-VS
			13.000,00	€ Gesamtbeitrag
Prämiensatz:	**1**	o/oo => somit	**10.000,00**	€ Vorausbeitrag
			3.000,00	€ **Nacherhebung**

Fazit:	**- Versicherungswert ist über Gesamt-VS**
	- Im Schadensfall unterversichert !
	- 3.000,00 € Nacherhebung

Was melde ich wann ?

Haftzeit, Jahressumme, Zweijahressumme... im Prinzip ist es eigentlich ganz einfach:

Beträgt die Haftzeit max. 12 Monate, wird die Jahressumme gemeldet.

Geht die Haftzeit über 12 Monate hinaus, wird die Zweijahressumme heran gezogen.

Hierbei wird die Jahressumme im Dreisatz auf die gewünschte Haftzeit umgerechnet.

Beispiel:

12 Monate = VS 10 Mio.
15 Monate = 10 Mio. : 12 Monate * 15 Monate = 12.5 Mio.

Später in der Abrechnung der FBU wird hingegen die Jahressumme nicht einfach verdoppelt, sondern es werden die letzten beide Jahre einzeln abgefragt.

Hier wieder ein paar Beispiele:

FBU Abrechnung / Versicherungssumme umgerechnet auf Haftzeit

Versicherungssumme:	10.000.000,00	€		
			ZVS	
Haftzeiten:	12	Monate	10.000.000,00	
	15	Monate	12.500.000,00	*Haftzeit > 12 Monate ?*
	18	Monate	15.000.000,00	*Dann IMMER mit der*
	24	Monate	20.000.000,00	*2-Jahressumme rechnen !*

Nachhaftung:	30	% => somit	13.000.000,00	€ Gesamt-VS bei 12 MHZ
			13.000,00	€ Gesamtbeitrag
Prämiensatz:	1	o/oo => somit	10.000,00	€ Vorausbeitrag
			3.000,00	€ Nacherhebung

Nachhaftung:	30	% => somit	16.250.000,00	€ Gesamt-VS bei 15 MHZ
			16.250,00	€ Gesamtbeitrag
Prämiensatz:	1	o/oo => somit	12.500,00	€ Vorausbeitrag
			3.750,00	€ Nacherhebung

Nachhaftung:	30	% => somit	19.500.000,00	€ Gesamt-VS bei 18 MHZ
			19.500,00	€ Gesamtbeitrag
Prämiensatz:	1	o/oo => somit	15.000,00	€ Vorausbeitrag
			4.500,00	€ Nacherhebung

Nachhaftung:	30	% => somit	26.000.000,00	€ Gesamt-VS bei 20 MHZ
			26.000,00	€ Gesamtbeitrag
Prämiensatz:	1	o/oo => somit	20.000,00	€ Vorausbeitrag
			6.000,00	€ Nacherhebung

Der FBU-Vertrag dient nicht als „Sparbuch" !

Auch eine zu großzügig bemessene BU-Summe kann sich monetär negativ für den VN auswirken !

Es werden i.d.R. nur 1/3 des gezahlten Beitrages wieder erstattet !

FBU Abrechnung

Versicherungssumme:	**10.000.000,00** €			
Prämiensatz:	**1**	o/oo => somit	**10.000,00**	€ Vorausbeitrag
Versicherungswert:	**5.000.000,00** €			
Prämiensatz:	**1**	o/oo => somit	**5.000,00**	€ regulärer Beitrag
Zu viel gezahlt demnach:			**5.000,00**	€

---

max. 1/3 vom Vorausbeitrag:			**3.333,33**	**€ an VN**

Nachhaftung:	**30**	% => somit	**13.000.000,00**	€ Gesamt-VS
Fazit:	**- Versicherungswert ist unter Versicherungssumme**			
	- VN bekommt max. 1/3 vom Beitrag zurück !			
	- Nachhaftung wird NICHT abgerechnet			

Die Abrechnung einer überjährigen Haftzeit (also über 12 Monate) kann wie folgt aussehen:

FBU Abrechnung

Versicherungssumme:	**20.000.000,00** €	
Versicherungswert:	**15.000.000,00** €	
Haftzeit:	**18**	Monate => daher 2 Jahre die Summen abfragen !!
VN gibt an:	**15.000.000,00** €	Versicherungswert in 2010
	18.000.000,00 €	Versicherungswert in 2009
	33.000.000,00	Summe
Versicherungssumme:	**20.000.000,00** €	
Differenz:	**13.000.000,00** €	
30 % NH aus VS:	**6.000.000,00** €	
Fazit:	**- Versicherungswert ist über Gesamt-VS**	
	- Im Schadensfall unterversichert !	
	- 6.000,00 € Nacherhebung	

Maschinenversicherung

Bei einem zeitlichen SB hat der VN denjenigen Teil selbst zu tragen, der sich zu dem Gesamtbetrag verhält wie der zeitliche SB zu dem Gesamtzeitraum der Unterbrechung.

Es werden nur Zeiten berücksichtigt, in denen im versicherten Betrieb ohne Eintritt des Versicherungsfalles gearbeitet (z.B. Montag – Samstag) worden wäre.

Merke: Anderes Wort für „PML bei einer Maschinen-BU" =   Ausfallziffer

---

Tage mit Minderleistung werden zu vollen Unterbrechungstagen zusammengefasst !

Achtung bei sog. „Engpassmaschinen"

Sollten Sie auf eine derartige Maschinen treffen, dann geben Sie dem Versicherer doch bereits im Vorfeld eine kurze Berechnung des PML bezogen auf diese „Bottleneck"-Passagen im Betrieb an die Hand:

Jahresumsatz:	**45 Mio.**	
Wareneinsatz:	**20 Mio.**	
Rohgewinn:	**25 Mio.**	**= 100 %**

Rohgewinnanteil		
der Maschine:	**2 Mio.**	**= 8 % PML**

oder

Jahresumsatz:	**45 Mio.**	
Wareneinsatz:	**20 Mio.**	
Rohgewinn:	**25 Mio.**	**= 100 %**

Rohgewinnanteil		
der Maschine:	**20 Mio.**	**= 80 % PML**

Die PML-Angaben beziehen sich also ausschließlich auf die Gefahr, dass diese eine Maschine ausfällt !

Mehrkostenversicherung

Anstelle von Betriebsgewinn und Kosten werden Mehrkosten versichert.

Sinnvoll für Betriebe, die keine Betriebsunterbrechung erleiden können wie z.B. Müllverbrennungsanlagen oder Stadtwerke.

Man unterscheidet: **Zeitabhängige Mehrkosten**
Zeitunabhängige Mehrkosten

Zeitabhängige Mehrkosten: Diese Kosten fallen proportional mit der Dauer **(also pro Tag x €)** der Unterbrechung an und entstehen z.B. durch:

- Fremdstrom-Arbeitspreis

- Benutzung anderer Anlagen (z.B. Fahrzeugwaagen, Schredder)

- Anwendung anderer Arbeits- oder Fertigungsverfahren

- Gemietete Maschinen oder Einrichtungen

- Inanspruchnahme von Lohn- und Dienstleistungen

- Bezug von Halb- oder Fertigfabrikaten

Zeitunabhängige Mehrkosten: Diese Kosten fallen einmalig während der Dauer der Unterbrechung an, z.B. durch:

- Fremdstrom-Leistungspreis

- Umrüstung

- einmalige Umprogrammierungen

Bauleistung

Versichert sind Ertragsausfälle infolge verspäteter Inbetriebnahmen von Bauleistungen, ausgelöst durch einen versicherten Sachschaden.

Hierfür besteht kein eigenständiges Bedingungswerk, vielmehr werden die Allgemeinen Bedingungen für die Maschinen-Betriebsunterbrechungsversicherung (AMBUB) mittels zusätzlicher Klausel (TK 4950) um die risikospezifischen Merkmale der Montageversicherung modifiziert.

Klausel TK 4950 (Auszug aus den GDV-Musterbedingungen)
[die Paragraphen im Text beziehen sich auf die AMoB]

1. Gegenstand der Versicherung; Unterbrechungsschaden; Haftzeit

Abweichend von Abschnitt A § 1 gilt:

a) Gegenstand der Versicherung

Wird die Nutzungsmöglichkeit von im Versicherungsvertrag bezeichneten Bauvorhaben zum geplanten Zeitpunkt infolge eines am Versicherungsortes eingetretenen Sachschadens verzögert oder beeinträchtigt, leistet der Versicherer Entschädigung für den dadurch entstehenden Unterbrechungsschaden.

b) Unterbrechungsschaden

Der Unterbrechungsschaden besteht aus den fortlaufenden Kosten und dem Betriebsgewinn, die der Versicherungsnehmer innerhalb des Unterbrechungszeitraumes, längstens jedoch der Haftzeit nicht erwirtschaften kann, weil die beschädigte oder zerstörte Bauleistung oder die abhanden gekommene Sache in einen dem Zustand unmittelbar vor Eintritt des Sachschadens technisch gleichwertigen Zustand versetzt bzw. durch eine gleichartige Sache ersetzt werden muss (Unterbrechungsschaden).

c) Haftzeit

Die Haftzeit ist der Zeitraum, für welchen Versicherungsschutz für den Unterbrechungsschaden besteht. Die Haftzeit beginnt mit dem Zeitpunkt, zu dem ohne Eintritt des Sachschadens die Nutzungsmöglichkeit des Bauvorhabens gegeben gewesen wäre.
Ist die Haftzeit nach Monaten bemessen, so gelten jeweils 30 Kalendertage als ein Monat. Ist jedoch ein Zeitraum von 12 Monaten vereinbart, so beträgt die Haftzeit ein volles Kalenderjahr.

2. Bewertungszeitraum

Abweichend von Abschnitt A § 2 Nr. 2 beginnt der Bewertungszeitraum mit dem Ende des Unterbrechungsschadens.

3. Sachschaden; versicherte und nicht versicherte Gefahren und Schäden

Abweichend von Abschnitt A § 3 gilt:

a) Sachschaden ist die unvorhergesehen eintretende Beschädigung oder Zerstörung des im Versicherungsvertrag bezeichneten Bauvorhabens oder sonstiger im Versicherungsvertrag bezeichneter Sachen.
Unvorhergesehen sind Sachschäden, die der Versicherungsnehmer oder seine Repräsentanten weder rechtzeitig vorhergesehen haben, noch mit dem für die Erstellung der Bauleistung erforderlichen Fachwissen hätten vorhersehen können, wobei nur grobe Fahrlässigkeit schadet und diese den Versicherer dazu berechtigt, seine Leistung in einem der Schwere des Verschuldens entsprechenden Verhältnis zu kürzen.

b) Zusätzlich versicherbare Gefahren und Schäden

Sofern vereinbart, leistet der Versicherer Entschädigung für Unterbrechungsschäden infolge von

aa) Verlusten durch Diebstahl mit dem Gebäude fest verbundener versicherter Bestandteile;

bb) Sachschäden durch Brand, Blitzschlag oder Explosion, Anprall oder Absturz eines Luftfahrzeuges, seiner Teile oder seiner Ladung;

cc) Sachschäden durch Gewässer und/oder durch Grundwasser, das durch Gewässer beeinflusst wird, infolge von   (1) ungewöhnlichem Hochwasser;
                         (2) außergewöhnlichem Hochwasser;

dd) Sachschäden durch Innere Unruhen;

ee) Sachschäden durch Streik oder Aussperrung;

ff) Sachschäden durch radioaktive Isotope.

c) Nicht versicherte Schäden

Der Versicherer leistet keine Entschädigung für Unterbrechungsschäden durch

aa) Mängel der versicherten Lieferungen und Leistungen sowie sonstiger versicherter Sachen;

bb) Verluste von versicherten Sachen, die nicht mit dem Gebäude fest verbunden sind;

cc) Schäden an Glas-, Metall- oder Kunststoffoberflächen sowie an Oberflächen vorgehängter Fassaden durch eine Tätigkeit an diesen Sachen.

d) Nicht versicherte Gefahren und Schäden

Der Versicherer leistet ohne Rücksicht auf mitwirkende Ursachen keine Entschädigung für Unterbrechungsschäden infolge von Sachschäden

aa) durch Vorsatz des Versicherungsnehmers oder dessen Repräsentanten;

bb) durch normale Witterungseinflüsse, mit denen wegen der Jahreszeit und der örtlichen Verhältnisse gerechnet werden muss; Entschädigung wird jedoch geleistet, wenn der Witterungsschaden infolge eines anderen entschädigungspflichtigen Schadens entstanden ist;

cc) durch normale Wasserführung oder normale Wasserstände von Gewässern;

dd) durch nicht einsatzbereite oder ausreichend redundante Anlagen zur Wasserhaltung; redundant sind die Anlagen, wenn sie die Funktion einer ausgefallenen Anlage ohne zeitliche Verzögerung übernehmen können und über eine unabhängige Energieversorgung verfügen;

ee) während und infolge einer Unterbrechung der Arbeiten auf dem Baugrundstück oder einem Teil davon von mehr als __ Monaten;

ff) durch Baustoffe, die durch eine zuständige Prüfstelle beanstandet oder vorschriftswidrig noch nicht geprüft wurden;

gg) durch Krieg, kriegsähnliche Ereignisse, Bürgerkrieg, Revolution, Rebellion oder Aufstand;

hh) durch Kernenergie, nukleare Strahlung oder radioaktive Substanzen.

4. Versicherungsort

Abweichend von Abschnitt A § 4 gilt:

Versicherungsschutz besteht nur innerhalb des Versicherungsortes. Versicherungsort sind die im Versicherungsvertrag bezeichneten räumlichen Bereiche.

(...)

6. Ende des Vertrages

a) Abweichend von Abschnitt B § 2 endet der Vertrag mit der Nutzungsmöglichkeit des Bauvorhabens, spätestens jedoch mit dem vereinbarten Zeitpunkt. Besteht die Nutzungsmöglichkeit nur für einen Teil des Bauvorhabens, endet der Versicherungsschutz für diesen Teil.

b) Der Versicherungsvertrag kann verlängert werden, soweit keine Sachschäden, die zu einem versicherten Unterbrechungsschaden führen können, eingetreten sind.

c) Bei Eintritt des Unterbrechungsschadens kann der Versicherungsnehmer einen neuen Bauleistung-Betriebsunterbrechungsversicherungsvertrag beantragen.

Montage

Deckt den Unterbrechungsschaden, den ein Betrieb infolge eines Sachschadens am versicherten Montageobjekt während der Montage oder der Erprobung durch die Verzögerung der Inbetriebnahme der Anlage erleidet.

Hierfür besteht kein eigenständiges Bedingungswerk, vielmehr werden die Allgemeinen Bedingungen für die Maschinen-Betriebsunterbrechungsversicherung (AMBUB) mittels zusätzlicher Klausel (TK 4970) um die risikospezifischen Merkmale der Montageversicherung modifiziert.

So beginnt der Bewertungszeitraum im Schadensfall mit dem Ende des Unterbrechungsschadens bzw. mit dem Ablauf der Haftzeit, deren Anfang durch den geplanten Zeitpunkt bestimmt wird, an dem die Anlage nach dem erfolgreichen Probebetrieb hätte eingesetzt werden sollen.

Klausel TK 4970 (Auszug aus den GDV-Musterbedingungen)
[die Paragraphen im Text beziehen sich auf die AMoB]

1. Gegenstand der Versicherung; Unterbrechungsschaden; Haftzeit

Abweichend von Abschnitt A § 1 gilt:

a) Gegenstand der Versicherung

Wird die technische Einsatzmöglichkeit von im Versicherungsvertrag bezeichneten Montageobjekt zum geplanten Zeitpunkt infolge eines am Versicherungsortes eingetretenen Sachschadens verzögert oder beeinträchtigt, leistet der Versicherer Entschädigung für den dadurch entstehenden Unterbrechungsschaden.

b) Unterbrechungsschaden

Der Unterbrechungsschaden besteht aus den fortlaufenden Kosten und dem Betriebsgewinn, die der Versicherungsnehmer innerhalb des Unterbrechungszeitraumes, längstens jedoch der Haftzeit, nicht erwirtschaften kann, weil die beschädigte, zerstörte oder abhanden gekommene Sache in einen dem Zustand unmittelbar vor Eintritt des Sachschadens technisch gleichwertigen Zustand versetzt bzw. durch eine gleichartige Sache ersetzt werden muss (Unterbrechungsschaden).

c) Haftzeit

Die Haftzeit ist der Zeitraum, für welchen Versicherungsschutz für den Unterbrechungsschaden besteht. Die Haftzeit beginnt mit dem Zeitpunkt, zu dem ohne Eintritt des Sachschadens die Nutzungsmöglichkeit des Montagevorhabens gegeben gewesen wäre.
Ist die Haftzeit nach Monaten bemessen, so gelten jeweils 30 Kalendertage als ein Monat. Ist jedoch ein Zeitraum von 12 Monaten vereinbart, so beträgt die Haftzeit ein volles Kalenderjahr.

2. Bewertungszeitraum

Abweichend von Abschnitt A § 2 Nr. 2 beginnt der Bewertungszeitraum mit dem Ende des Unterbrechungsschadens.

3. Sachschaden; versicherte und nicht versicherte Gefahren und Schäden

Abweichend von Abschnitt A § 3 gilt:

a) Sachschaden ist die unvorhergesehen eintretende Beschädigung oder Zerstörung des im Versicherungsvertrag bezeichneten Montageobjektes. Unvorhergesehen eintretende Verluste von versicherten Sachen sind dem Sachschaden gleichgestellt. Unvorhergesehen sind Sachschäden, die der Versicherungsnehmer oder seine Repräsentanten weder rechtzeitig vorhergesehen haben noch mit dem für die Montage und Inbetriebnahme erforderlichen Fachwissen hätten vorhersehen können, wobei nur grobe Fahrlässigkeit schadet und diese den Versicherer dazu berechtigt, seine Leistung in einem der Schwere des Verschuldens entsprechenden Verhältnis zu kürzen.

b) Sofern nichts anderes vereinbart ist, leistet der Versicherer Entschädigung für Unterbrechungsschäden durch Sachschäden an Lieferungen und Leistungen, die der Versicherungsnehmer der Art nach ganz oder teilweise erstmals ausführt oder ausführen lässt, nur soweit der Sachschaden durch Einwirkung von außen entstanden ist.

c) Zusätzlich versicherbare Gefahren und Schäden

Sofern vereinbart, leistet der Versicherer Entschädigung für Unterbrechungsschäden infolge von Sachschäden durch

aa) Brand, Blitzschlag oder Explosion, Anprall oder Absturz eines Luftfahrzeuges, seiner Teile oder seiner Ladung;

bb) Innere Unruhen;

cc) Streik oder Aussperrung;

dd) betriebsbedingt vorhandene oder verwendete radioaktive Isotope.

d) Nicht versicherte Gefahren und Schäden

Der Versicherer leistet ohne Rücksicht auf mitwirkende Ursachen keine Entschädigung für Unterbrechungsschäden infolge von

aa) Sachschäden durch Vorsatz des Versicherungsnehmers oder dessen Repräsentanten;

bb) Sachschäden durch normale Witterungseinflüsse, mit denen wegen der Jahreszeit und der örtlichen Verhältnisse gerechnet werden muss;

cc) Sachschäden, die eine unmittelbare Folge der dauernden Einflüsse des Betriebes sind;

dd) Verlusten, die erst bei einer Bestandskontrolle festgestellt werden;

ee) Sachschäden, die später als einen Monat nach Beginn der ersten Erprobung eintreten und mit einer Erprobung zusammenhängen;

ff) Sachschäden durch Einsatz einer Sache, deren Reparaturbedürftigkeit dem Versicherungsnehmer oder seinen Repräsentanten bekannt sein musste; wobei nur grobe Fahrlässigkeit schadet und diese den Versicherer dazu berechtigt, seine Leistung in einem der Schwere des Verschuldens entsprechendem Verhältnis zu kürzen. Der Versicherer leistet jedoch Entschädigung für den Unterbrechungsschaden, wenn der Schaden nicht durch die Reparaturbedürftigkeit verursacht wurde oder wenn die Sache zur Zeit des Schadens mit Zustimmung des Versicherers wenigstens behelfsmäßig repariert war;

gg) Sachschäden durch Beschlagnahme oder sonstige hoheitliche Eingriffe;

hh) Sachschäden durch Krieg, kriegsähnliche Ereignisse, Bürgerkrieg, Revolution, Rebellion oder Aufstand;

ii) Sachschäden durch Kernenergie, nukleare Strahlung oder radioaktiven Substanzen;

jj) Sachschäden durch Mängel, die bei Abschluss der Versicherung bereits vorhanden waren und dem Versicherungsnehmer, der Leitung des Unternehmens oder dem verantwortlichen Leiter der Montagestelle bekannt sein mussten, wobei nur grobe Fahrlässigkeit schadet und diese den Versicherer dazu berechtigt, seine Leistung in einem der Schwere des Verschuldens entsprechenden Verhältnis zu kürzen.

4. Versicherungsort

Abweichend von Abschnitt A § 4 gilt:

Versicherungsschutz besteht nur innerhalb des Versicherungsortes. Versicherungsort sind die im Versicherungsvertrag bezeichneten räumlichen Bereiche.

Hinweis:	Egal wie viele Montageschäden eintreten, es kann NUR EINEN BU-Schaden geben, da nur 1 Fertigstellungstermin besteht !

Haftzeit:	Die Haftzeit beginnt mit dem Zeitpunkt, zu dem ohne Schaden der Probetrieb beendet gewesen wäre !

Elektronik

Mehrkostenversicherung

Wird der Betrieb einer versicherten Anlage durch einen Sachschaden unterbrochen oder beeinträchtigt, ist es unerlässlich, wenigstens die wichtigsten Arbeiten weiterzuführen. Dies kann dann nur unter Aufwendung von Mehrkosten geschehen.

Mehrkosten sind z.B. Aufwendungen für die Benutzung anderer Anlagen, für zusätzlich beschäftigtes Personal, für Anwendungen anderer Arbeitsverfahren oder Inanspruchnahme von Lohn-Dienstleistungen.

Die Mehrkostenversicherung ist nicht auf den Bereich der Datenverarbeitung begrenzt, sondern kann auch für andere elektronische Anlagen (z.B. Medizingeräte) angewendet werden.

Betriebsunterbrechung

Die Elektronik-Betriebsunterbrechungsversicherung (BU) kommt für Betriebe infrage, die nach einem Schaden den Arbeitsprozess nicht mit Mehrkosten aufrechterhalten können.

Hier ersetzt die Elektronik-BU den entgangenen Gewinn und die fortlaufenden Kosten. Fortlaufende Kosten sind alle betrieblichen Kosten mit Ausnahme derjenigen, die während der Betriebsunterbrechung eingespart werden können und somit nicht zur Aufrechterhaltung des Betriebes erforderlich sind.

Hinweis: In der Praxis sind mittlerweile spezielle „Bau"-Elektronikversicherungen erhältlich, die das alltägliche Risiko des VN umfangreich absichern.

Dazu gehört z.B. die Mitversicherung von beweglichen Geräten (z. B. Laptops, Messinstrumente, GPS-Messgeräte) inklusive der vorhandenen (Mess)Daten.

Wann wirkt sich welcher Versicherungsschutz bei Bau- / Montageprojekten aus ?

Versicherung	Bauplanung / Materialanschaffung	Baubeginn / Bauausführung	Bauende / Bauabnahme
Sachversicherungen			
Feuerrohbau		■	
Sachversicherung			■
Sach-BU-Versicherung			■
Technische Versicherungen			
Maschinenversicherung			■
Maschinen-BU-Versicherung			■
Elektronikversicherung			■
Elektronik-BU-Versicherung			■
Montageversicherung (inkl. Probebetrieb + Feuer !)		■	
Montage-BU-Versicherung			■
Bauleistungsversicherung (ohne Feuer !)		■	
Internationale Variante der Bauleistung: CAR = Constructor´s All Risk		■	
Deckungserweiterung von Bauleistung / CAR:			
Maintenance Visits (Standard)			■
Extended Maintenance (in Erweiterung zur Maintenance Visits)		■	■
Kautionsversicherung			
Anzahlungsbürgschaft	■		
Ausführungsbürgschaft		■	
Gewährleistungsbürgschaft			■
Baufertigstellungsversicherung		■	
Exkurs:			
Décennale-Deckung als Erweiterung der Betriebshaftpflichtversicherung von z.B. Deutsche Handwerksfirmen in Frankreich		■	■
Bauherrenhaftpflichtversicherung		■	

Kapitel 3
Betriebshaftpflichtversicherung

Allgemein

Herstellende Firmen im Bauwesen haben ein breites Tätigkeitsfeld.

Da gibt es zum einen die Handwerksbetriebe, unterteilt nach Bauhaupt-, Bauneben- und Bauhilfsgewerbe.

Zumindest gibt es umgangssprachlich bzw. „aus der Historie" heraus diese Unterteilung.

„Offiziell" gibt es diese Begriffe seit 1996 aufgrund einer EU-Verordnung (sog. EU-Systematik) nicht mehr !

Die Bauwirtschaft wird nun in fünf „Abteilungen" aufgeteilt:

1. Vorbereitende Baustellenarbeiten: Abbruch, Spreng- und Enttrümmerungsgewerbe, Erdbewegungsarbeiten, Test- und Suchbohrungen

2. Hoch- und Tiefbau: Hochbau, Brücken- und Tunnelbau, Dachdecker, Abdichtung, Zimmerei, Straßenbau, Eisenbahnbau, Sportanlagenbau, Wasserbau, Spezialbau und sonstiger Tiefbau

3. Bauinstallation: Elektroinstallation, Dämmung gegen Kälte, Wärme, Feuer, Schall und Erschütterungen, Klempnerei, Gas-, Wasser-, Heizungs- und Lüftungsinstallation

4. Sonstige Baugewerbe: Stuckateure, Verputzer, Bautischlerei, Fußboden-, Fliesenleger, Raumausstattung, Maler- und Glasergewerbe, Fassadenreinigung, Ofen- und Herdsetzer

5. Vermietung von Baumaschinen und Baugeräten mit Bedienpersonal

Zum anderen gibt es die „Zulieferer" von Produkten (also die produzierenden Betriebe wie Betonwerke, Holzlieferanten und Stahlwerke) sowie die „kreativen Köpfe" wie Architektur- und Ingenieurbüros (Planung, Statik, Stellung von Bauanträgen, Bauleitung etc.).

So viele unterschiedliche Tätigkeitsfelder fordern auch unterschiedlich adäquate Deckungskonzepte im Rahmen einer Betriebshaftpflichtversicherung.

Anmerkung: Die „Kreativabteilung" der Architekten und Ingenieure benötigen natürlich eine Berufshaftpflichtversicherung, um die es hier in diesem Buch aber nur am Rande gehen soll.

Die korrekte Einstufung der zu versichernden Tätigkeit im Rahmen einer Betriebshaftpflichtversicherung ist hierbei sehr wichtig.

Neben der Absicherung von Personen- und Sachschäden enthalten die Zielgruppenprodukte der Versicherungsgesellschaften auch immer einen ergiebigen Leistungskatalog.

Hinweise und Tipps zu einzelnen Berufsbildern

Schornsteinfeger

Hier sollte darauf geachtet werden, dass dem VN eine Betriebshaftpflicht inkl. Tätigkeiten außerhalb seines Kehrbezirkes (z.B. wegen Notfällen, Urlaubs- oder Krankheitsvertretung) angeboten wird.

Hier und da findet man in den Betriebshaftpflichtversicherungen auch die Formulierung: „…solange der VN im Rahmen des Schornsteinfegergesetzes tätig ist."

Zu dem Schornsteinfegergesetz sei gesagt, dass es sich hier um eine Kurzbezeichnung für das Gesetz oder die Verordnung, die in einem Bundesland das Schornsteinfegerwesen regelt, handelt.

Es wurde allerdings am 1. Januar 2013 vollständig durch das Schornsteinfeger-Handwerksgesetz (SchfHwG) abgelöst. Damit fiel auch das Monopol der Bezirksschornsteinfegermeister endgültig.

Ab diesem Zeitpunkt können (fast) alle Arbeiten, die bisher vom Bezirksschornsteinfeger durchgeführt werden mussten, auf dem freien Markt vergeben werden. Für Hauseigentümer bedeutet dies aber auch, dass sie selber mehr Verantwortung übernehmen müssen.

Den Titel „Bezirksschornsteinfegermeister" wird es zwar zukünftig nicht mehr geben, aber seine Funktion bleibt in Teilen erhalten.

Zwar können die meisten Arbeiten ab 2013 von anderen Betrieben durchgeführt werden, aber einige staatliche Überwachungsaufgaben verbleiben. Allerdings werden diese zukünftig von einem „bevollmächtigten Bezirksschornsteinfeger" durchgeführt, wie z.B. die:

- Führung des Kehrbuches
- Feuerstättenschau
- Überprüfung fester Brennstoffe nach der 1. Bundesimmissionsschutzverordnung (1. BImSchV)
- Einhaltung der Anforderungen der Energieeinsparverordnung (EnEV) an Heizungsanlagen
- baurechtliche Prüfung von neu installierten Feuerungsanlagen nach dem jeweiligen Landesrecht.

Bis auf die baurechtlichen Prüfungen werden alle diese Aufgaben im Rahmen der Feuerstättenschau durchgeführt.

Elektriker

Da Elektriker mittlerweile bald mehr „Programmierer" als Handwerker sind, kann die genaue Tätigkeit des VN ausschlaggebend sein !

I.d.R. haben die Haftpflichtversicherer beim Umgang mit der sog. „BUS"-Technologie (z.B. elektronische Steuerungen im Einfamilienhaus) kein Problem. Bei gewerblichen Risiken kann sich dies schnell zu einem „Inbetriebnahmerisiko im Bereich von Mess-, Steuer- und Regelungstechnik" entwickeln.

Dies kann in der Praxis so weit gehen, dass hier der VN den Bedarf nach einer z.B. IT-Police oder einer Architektenhaftpflicht hat, die er aber i.d.R. nicht bekommen kann.

Gründe hierfür sind z.B. die u.U. fehlende berufliche Qualifikation sowie die Tatsache, dass über eine derartige Police auch „echte" Vermögensschäden mitversichert sind.

Dachdecker

Dachdecker haben ein erhöhtes Sachschadenpotential.

Dies sind nicht immer „nur" in Flammen stehende Dachstühle, weil bei der Erhitzung der Bitumenmasse der Brenner zu lange auf eine Stelle gehalten wurde, sondern auch sehr häufig „Wasserschäden" durch Undichtigkeiten im Dach aufgrund mangelhafter Ausführung.

Bei der Betriebshaftpflicht ist daher die Mitversicherung einer hohen Versicherungssumme für Tätigkeitsschäden (Bearbeitungsschäden) elementar wichtig.

Beispiel: Dachdeckermeister A verursacht anlässlich von Schweißarbeiten auf dem Dach einen Brand, der nicht nur das Dach, sondern auch das Haus zerstört.
Die Schäden am Haus werden über die Sachschadenposition abgerechnet, die Schäden am Dach über die Versicherungssumme für Tätigkeitsschäden.

Es ist natürlich ein Unterschied, ob der besagte Dachdecker nun das Dach eines Einfamilienhauses (Bsp.: 25.000 € Schaden) oder von z.B. einem Supermarkt (wahrscheinlich 6-stelliger Schaden) beschädigt hat.

Sollte der VN eine höhere – also im Millionenbereich – Summe für Tätigkeitsschäden benötigen, kann man entweder mit einem Excedenten oder mit Lösungen über die jeweilige Handwerkskammer arbeiten.

Arbeiten an einem Dach können von verschiedenen Handwerksberufen erledigt werden. Daher sollte (wie immer) eine genaue Risikoeinschätzung erfolgen.

Zu den beteiligten Gewerken beim Dach(aus)bau können gehören: Zimmermann, Dachdecker, Spengler, Schreiner, Trockenbauer sowie der Elektro- und der Heizungsinstallateur.

Zimmermann

Der Dachstuhl wird vom Zimmermann als maßgefertigte Holzkonstruktion geplant und gebaut, um der so wichtigen Statik gerecht zu werden.

Das Bedachungsmaterial kann handwerklich gesehen sowohl von dem Zimmermannsbetrieb als auch von einem Dachdecker anschließend verlegen werden.

Dachdecker

Wie der Name schon sagt, verlegt der Dachdecker das Bedeckungsmaterial auf dem Dachstuhl. Dabei spielt es keine Rolle, ob der Bauherr Dachsteine, Tondachziegel, Metall oder Schiefer wählt.

Mit dem Dachdecker hat der Bauherr einen Profi an der Hand, der mit jedem Material umgehen kann. Neben dieser klassischen Aufgabe erledigen die Dachdeckerbetriebe auch weitere Arbeiten wie z.B. Wärmedämmung oder der nachträgliche Einbau von Dachfenstern oder Solaranlagen.

Warum ist eine genaue Einstufung des Tätigkeitsfeldes so wichtig ?

Der Zimmermannsbetrieb ist vom Risiko (z.B. Brandschaden am Haus) her geringer eingestuft als der Dachdecker.

Daher werden den Zimmermannsrisiken lediglich nur eingeschränkte Arbeiten am Dach abgesichert !

So gehört i.d.R. das Eindecken eines Satteldaches mit Ziegeln noch zu den versicherten Tätigkeiten, die Arbeiten mit weicher Bedachung (Reetdach aus Schilf) oder das Verlegung von Dachpappe (mit dem Brenner) hingegen nicht.

Es ist daher wirklich wichtig in Erfahrung zu bringen, ob ein Zimmermannsbetrieb sich z.B. weiter entwickelt hat und nun auch Dachdeckermeister beschäftigt ?

In diesem Fall würde zwar ein Zimmermannsbetrieb versichert werden, aber als Dachdeckerrisiko (da höheres Risiko) eingestuft sein.

Siehe hierzu auch den nachfolgenden Punkt „Industriekletterer"

Spengler

Der Spengler ist der „Metallarbeiter" auf dem Dach.

Er erstellt Dachdeckungen aus Titanzink, fasst Kamine, Gauben und Dachkanten (z.B. Traufe) ein und montiert häufig die Entwässerungsanlagen (Dachrinnen und Fallrohre).

Sogar die Anlage zum Blitzschutz installiert dieser Handwerker.

Häufig werden diese Arbeiten aber auch von Zimmerern und Dachdeckern angeboten, was zumindest bei einem Zimmermannsbetrieb den o.g. Punkt „Warum ist eine genaue Einstufung so wichtig ?" wieder in den Vordergrund bringt.

Bautenschützer

Bautenschutz ist wörtlich zu nehmen und beschreibt Maßnahmen, um Bauten vor schädlichen und gefährlichen Einwirkungen zu schützen.

Diese Einwirkungen bedrohen den Bestand des Bauwerks und können auf lange Sicht zu Bauschäden führen.

So gesehen haben also Bautenschützer ein vergleichbares Interesse an einer hohen Versicherungssumme für Tätigkeitsschäden wie die Dachdecker.

Problem für den Haftpflichtversicherer:

Bautenschutzfirmen werden häufig zu Abdichtungsmaßnahmen an Fundamenten aller Art (Häuser, Windkrafträder etc.) gerufen.

Der Schaden, der aus einer mangelhaften Abdichtung am Fundament entstehen kann, ist daher kaum zu überschauen.

Es gibt in der Praxis auch Bautenschutzfirmen, die ihre Tätigkeiten für Schiffe anbieten !

Hier sollte unbedingt die Qualifikation der Mitarbeiter geprüft werden. Sofern das Risiko versicherbar erscheint, müssen nach Absprache mit dem Versicherer Schiffe als Immobilie deklariert und der Geltungsbereich unbedingt auf zumindest Weltweit ohne USA / Kanada ausgedehnt werden.

Grund: 1. Tätigkeitsschäden gelten nur bei Immobilien als mitversichert. Ein Schiff ist aber ein mobiles Objekt.

2. Egal in welchem Hafen die Arbeiten des VN auf dem Schiff stattfinden, im Schadensfall gilt als „Risikoort" das jeweilige Land, unter dessen Fahne das Schiff fährt !

Sollte das Schiff also unter z.B. einer nigerianischen Flagge fahren, im Hamburger Hafen aber liegen, wäre als „Risikoort" quasi Nigeria anzugeben (im übertragenen Sinn !). Daher sollte der Geltungsbereich möglichst auf „Weltweit ex USA / Kanada" ausgedehnt werden.

Eine weltweite Deckung inklusive USA / Kanada dürfte ungleich schwerer zu bekommen sein.

Industriekletterer

Für viele Haftpflichtversicherer wird es dann heikel, wenn der versicherte Dachdecker oder Zimmermann eine Weiterbildung zum Industriekletterer gemacht hat.

Die möglichen Schäden an dem zu ersteigenden Objekt bzw. die Schäden durch herabfallende Gegenstände, bewegen den einen oder anderen Versicherer dann doch eher zu einem „Nein".

Im Falle einer Angebotserstellung ist der genaue Leistungskatalog konkret zu hinterfragen, denn die Möglichkeiten in dieser Form des „Hochbaus" sind vielfältig:

- Bauarbeiten
    - Elektroarbeiten
    - Malerarbeiten
    - Dachdecker
    - Spengler
    - Zimmerei
    - Fassadenbau
    - Glaserei

- Montagearbeiten
    - Industrie
    - Siloanlagen
    - Windkraft
    - Offshore-Anlagen
    - Kraftwerke
    - Kühltürme
    - Stadien
    - Schornsteine
    - Dachkonstruktionen
    - Hochhäuser

- Reinigungsarbeiten
    - Glasreinigung
    - Fassadenreinigung

- Werbetechnik
    - Bannerwerbung
    - Lichttechnik

- Wartung
    - Elektroanlagen
    - Dehnungsfugen
    - Korrosionsschutz
    - Mechanik

- Reparatur
    - Malerarbeiten
    - Schweißarbeiten
    - Elektroarbeiten

Hinzu kommen die Unsicherheitsfaktoren „Wetter" (schnell sich ändernde Wetterbedingungen) und „Mensch", denn einige der o.g. Aufgaben werden unter einem ungeheuren Zeitdruck zu erledigen sein, damit der Auftraggeber nicht so lange die Anlagen stehen lassen muss.

Wohnungsbau- / Baubetreuungsunternehmen

Diese Zielgruppe ist quasi ein „bunter Blumenstrauß" an zu versichernden Tätigkeiten:

Architekt/Ingenieur	Übernahme von Architekten- und Ingenieurleistungen sowie von städtebaulichen Leistungen durch eigenes Personal einschließlich der verantwortlichen Bauleitung im Sinne der Landesbauordnungen.
Bauherr	Vorbereitung und Durchführung von Bauvorhaben im Anlagevermögen im eigenen Namen und für eigene Rechnung.
Baubetreuer	Vorbereitung und Durchführung von Bauvorhaben im fremden Namen und für fremde Rechnung.
Bauträger	Vorbereitung und Durchführung von Bauvorhaben im eigenen Namen und für eigene oder fremde Rechnung zum Zwecke der Übereignung.
Generalübernehmer	Errichtung schlüsselfertiger Bauvorhaben auf fremden Grundstücken für fremde Rechnung durch Einsatz von Subunternehmern des Bauhaupt- und Baunebengewerbes.
Sanierungsträger	Vorbereitung und Durchführung von Bauvorhaben im eigenen Namen und für eigene oder fremde Rechnung in förmlich festgelegten Sanierungsgebieten.
SiGeKo	Sicherheits- und Gesundheitskoordinator mit der Übernahme nach der Verordnung über Sicherheit und Gesundheitsschutz auf Baustellen.

Allerdings sind in den gängigsten Policen Schäden und Mängel an den errichteten Bauwerken und Anlagen ausgeschlossen.

Über Sinn und Unsinn lässt sich daher vortrefflich streiten.

Meisterbetriebe

Bei der Einstufung eines Haftpflichtrisikos sollte darauf geachtet werden, ob der jeweilige VN sich mit seiner Tätigkeit in einem Meisterberuf bewegt und falls ja, verfügt der VN über einen entsprechenden Meistertitel ?

Nach wie vor gibt es für einige Berufe einen sog. Meisterzwang.

Unter **Meisterzwang** versteht man eine gesetzliche Regelung handwerkliche Betriebe zu führen.

Die Eintragung in die Handwerksrolle und damit die selbstständige Ausübung eines Handwerks ist außer aufgrund des Meisterbriefs auch aufgrund einer Ausnahmebewilligung (§§ 8 oder 9 HwO) oder einer Altgesellenregelung (Ausübungsberechtigung nach § 7b HwO) möglich.

Weiter haben

- Industriemeister
- Staatlich geprüfte Techniker
- und Hochschulabsolventen

die Möglichkeit, selbstständig ein Handwerk im stehenden Gewerbe auszuüben.

Ohne die Beschränkungen des Meisterzwangs dürfen nichtwesentliche Tätigkeiten (im Sinne von § 1 Abs. 2 HwO) – insbesondere Tätigkeiten, die in einem Zeitraum von bis zu drei Monaten erlernt werden können – ausgeführt werden.

Im Reisegewerbe sowie im unerheblichen handwerklichen Nebenbetrieb dürfen auch wesentliche Tätigkeiten ohne Eintragung in die Handwerksrolle, das heißt ohne Meisterbrief, ausgeführt werden.

Das Reisegewerbe ist eine berufliche Tätigkeit, die keine Geschäftsräume erfordert und außerhalb der Räume einer gewerblichen Niederlassung stattfindet. Ein Reisegewerbe betreibt, wer gewerbsmäßig ohne vorhergehende Bestellung außerhalb seiner gewerblichen Niederlassung oder ohne eine solche zu haben

- selbstständig oder unselbstständig in eigener Person Waren feilbietet oder Bestellungen aufsucht (vertreibt) oder ankauft, Leistungen anbietet oder Bestellungen auf Leistungen aufsucht oder

- selbstständig unterhaltende Tätigkeiten als Schausteller oder nach Schaustellerart ausübt.

Verschiedene Tätigkeiten sind im Reisegewerbe verboten (vgl. § 56 GewO): z. B. Verkauf von Giften, das Handeln mit Edelmetallen.

Wer ein Reisegewerbe betreiben will, bedarf der Erlaubnis und benötigt in der Regel eine Reisegewerbekarte (Ausnahmen sind geregelt in §§ 4, 55b und 55c GewO).

Früher wurde das Reisegewerbe auch als **Wandergewerbe** oder als ambulantes Gewerbe bezeichnet.

Typische reisegewerbliche Tätigkeiten sind der Vertreter an der Haustür oder auch der Standverkäufer auf der Straße. Dabei werden an Ort und Stelle Verträge (Kauf oder Bestellung) abgeschlossen.

Aber auch handwerkliche Berufe sind nach wie vor als Reisegewerbe anzutreffen.

Handwerksausübung im Reisegewerbe

Auch das Handwerksgewerbe kann als Reisegewerbe ausgeübt werden (sog. Reisehandwerk). Bis zur Handwerksnovelle in 2004 war das Friseurhandwerk im Reisegewerbe nur mit vorhandenem Meisterbrief erlaubt.

Gewisse Einschränkungen gibt es heute noch in Gesundheitshandwerken sowie für Gold- und Silberschmiede (siehe § 56 Abs. 1 GewO).

Alle anderen Handwerke können ohne Beschränkungen im Reisegewerbe ausgeübt werden.

Die Beschränkungen des Reisegewerbes bestehen allerdings. Entsprechend der vorgenannten Definition des Reisegewerbes muss der Handwerker ohne vorherige Bestellung außerhalb seiner gewerblichen Niederlassung nach Aufträgen fragen.

Meisterpflicht Ja oder Nein ?

Es gibt in der Handwerksordnung folgende Anlagen:

- Anlage A: zulassungspflichtige Handwerke   (Meisterpflicht)

- Anlage B1:   zulassungsfreie Handwerke   (keine Meisterpflicht)

- Anlage B2:   Handwerksähnliche Gewerbe   (keine Meisterpflicht)

Diese Anlagen geben tabellarisch einen transparenten Einblick, welcher Beruf unter welche Kategorie fällt.

Nicht immer ist die Zuordnung von meisterpflichtigen Tätigkeiten einfach !

Kleine, aber feine Unterschiede können daher im Einzelfall maßgeblich sein.

Beispiel: Die Schaffung einer Baugrube und das Vergraben eines Gastanks sind nicht mit einer Meisterpflicht belegt. Der Anschluss des Gastanks an das Haus hingegen ist wieder ein Meisterberuf.

Anlage A zur Handwerksordnung: zulassungspflichtige Handwerke (Meisterpflicht)

- Augenoptiker
- Bäcker
- Boots- und Schiffbauer
- Brunnenbauer
- Büchsenmacher
- Chirurgie-Mechaniker
- Dachdecker
- Elektromaschinenbauer
- Elektrotechniker
- Feinwerkmechaniker
- Fleischer
- Friseure
- Gerüstbauer
- Glasbläser und Glasapparatebauer
- Glaser
- Hörgeräteakustiker
- Informationstechniker
- Installateur und Heizungsbauer
- Kälteanlagenbauer
- Karosserie- und Fahrzeugbauer
- Klempner
- Konditor
- Kraftfahrzeugtechniker
- Landmaschinenmechaniker
- Maler und Lackierer
- Maurer und Betonbauer
- Mechaniker für Reifen- und Vulkanisationstechnik
- Metallbauer
- Ofen- und Luftheizungsbauer
- Orthopädieschuhmacher
- Orthopädietechniker
- Schornsteinfeger
- Seiler
- Steinmetz und Steinbildhauer
- Straßenbauer
- Stuckateure
- Tischler
- Wärme-, Kälte- und Schallschutzisolierer
- Zahntechniker
- Zimmerer
- Zweiradmechaniker

Anlage B1 zur Handwerksordnung: zulassungsfreie Handwerke (keine Meisterpflicht)

- Behälter- und Apparatebauer
- Betonstein- und Terrazzohersteller
- Böttcher
- Brauer und Mälzer
- Buchbinder
- Buchdrucker: Schriftsetzer; Drucker
- Damen- und Herrenschneider
- Drechsler (Elfenbeinschnitzer) und Holzspielzeugmacher
- Edelsteinschleifer und –graveure
- Estrichleger
- Feinoptiker
- Fliesen-, Platten- und Mosaikleger
- Fotografen
- Galvaniseure
- Gebäudereiniger
- Glas- und Porzellanmaler
- Glasveredler
- Gold- und Silberschmiede
- Graveure
- Holzbildhauer
- Korbmacher
- Kürschner
- Metall- und Glockengießer
- Metallbildner
- Modellbauer
- Modisten
- Müller
- Parkettleger
- Raumausstatter
- Rollladen- und Jalousiebauer
- Sattler und Feintäschner
- Schneidwerkzeugmechaniker
- Schuhmacher
- Segelmacher
- Siebdrucker
- Textilgestalter (Sticker, Weber, Klöppler, Posamentierer, Stricker)
- Textilreiniger
- Uhrmacher
- Wachszieher
- Weber (weggefallen, Beruf wurde mit anderen zusammengelegt und umbenannt)
- Weinküfer

Anlage B2 zur Handwerksordnung: Handwerksähnliche Gewerbe (keine Meisterpflicht)

- Appreteure, Dekateure
- Asphaltbauer (ohne Straßenbau)
- Ausführung einfacher Schuhreparaturen
- Bautentrocknungsgewerbe
- Bestattungsgewerbe
- Betonbohrer und Betonschneider
- Bodenleger
- Bügelanstalten für Herren-Oberbekleidung
- Bürsten- und Pinselmacher
- Daubenhauer
- Dekorationsnäher (ohne Schaufensterdekoration)
- Einbau von genormten Baufertigteilen (z.B. Fenster, Türen, Zargen, Regale)
- Eisenflechter
- Fahrzeugverwerter
- Fleckteppichhersteller
- Fleischzerleger, Ausbeiner
- Fuger (im Hochbau)
- Gerber
- Handschuhmacher
- Herstellung von Drahtgestellen für Dekorationszwecke in Sonderanfertigung
- Holz- und Bautenschutzgewerbe (Mauerschutz und Holzimprägnierung in Gebäuden)
- Holzleitermacher (Sonderanfertigung)
- Holzreifenmacher / Holzschindelmacher
- Holzschuhmacher / Holzblockmacher
- Innerei-Fleischer (Kuttler)
- Kabelverleger im Hochbau (ohne Anschlussarbeiten)
- Klavierstimmer
- Kosmetiker / Maskenbildner
- Kunststopfer / Änderungsschneider
- Lampenschirmhersteller (Sonderanfertigung)
- Metallschleifer und Metallpolierer / Metallsägen-Schärfer
- Muldenhauer
- Plisseebrenner
- Rammgewerbe (Einrammen von Pfählen im Wasserbau)
- Rohr- und Kanalreiniger
- Schirmmacher
- Schlagzeugmacher
- Schnellreiniger / Teppichreiniger / Getränkeleitungsreiniger
- Speiseeishersteller (mit Vertrieb von Speiseeis mit üblichem Zubehör)
- Steindrucker
- Stoffmaler
- Tankschutzbetriebe (Korrosionsschutz von Öltanks für Feuerungsanlagen ohne chemische Verfahren)
- Textil-Handdrucker
- Theater- und Ausstattungsmaler
- Theaterkostümnäher
- Theaterplastiker / Requisiteure

Exkurs: **Handwerker stößt auf Architekten**

Kann ein Handwerker sich bei Anwesenheit eines Architekten / Ingenieurs darauf verlassen, dass er und seine Arbeit entsprechend beobachtet und ggf. auf Fehler hingewiesen wird ?

Antwort: ***Jein !***

Oder wie ein Anwalt sagen würde: Es kommt darauf an !

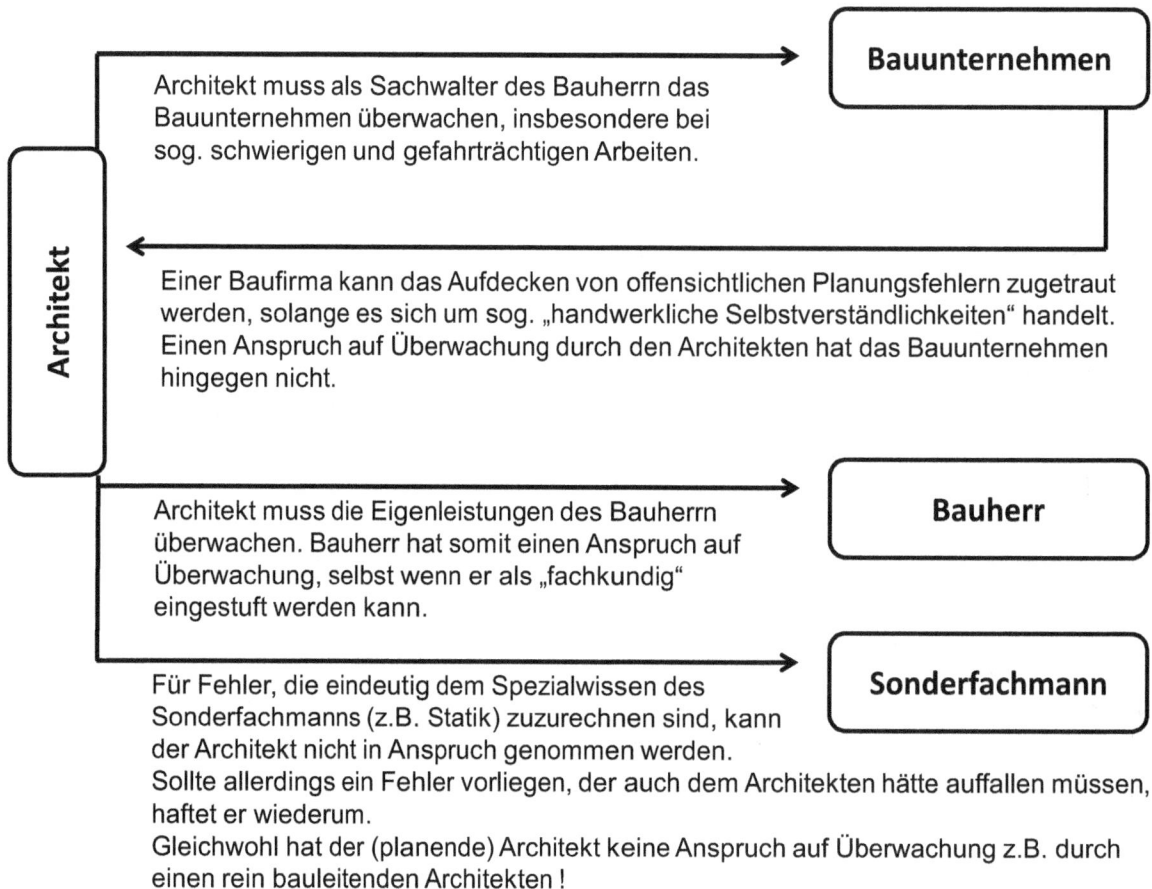

		Bauunternehmen

Architekt muss als Sachwalter des Bauherrn das Bauunternehmen überwachen, insbesondere bei sog. schwierigen und gefahrträchtigen Arbeiten.

Architekt

Einer Baufirma kann das Aufdecken von offensichtlichen Planungsfehlern zugetraut werden, solange es sich um sog. „handwerkliche Selbstverständlichkeiten" handelt. Einen Anspruch auf Überwachung durch den Architekten hat das Bauunternehmen hingegen nicht.

Bauherr

Architekt muss die Eigenleistungen des Bauherrn überwachen. Bauherr hat somit einen Anspruch auf Überwachung, selbst wenn er als „fachkundig" eingestuft werden kann.

Sonderfachmann

Für Fehler, die eindeutig dem Spezialwissen des Sonderfachmanns (z.B. Statik) zuzurechnen sind, kann der Architekt nicht in Anspruch genommen werden.
Sollte allerdings ein Fehler vorliegen, der auch dem Architekten hätte auffallen müssen, haftet er wiederum.
Gleichwohl hat der (planende) Architekt keine Anspruch auf Überwachung z.B. durch einen rein bauleitenden Architekten !

Wie diese Skizze zeigt, hat ein Handwerker / ein Bauunternehmen keinen Anspruch auf „Überwachung" der eigenen Leistungen !

Im Gegenteil !

Auf offensichtliche Fehlplanungen muss er sogar im Vorfeld hinweisen und darf den fehlerhaften Plan nicht ohne weiteres ausführen.

Allerdings wird hier zwischen „handwerklichen Selbstverständlichkeiten" und „schwierige / gefahrenträchtigen Arbeiten" unterschieden.

Zu diesen „handwerklichen Selbstverständlichkeiten" zählen z. B.:

Putzarbeiten	(LG Köln, Versicherungsrecht 1981, S. 1191)
Eindecken eines Daches mit Dachpappe	(BGH, VersR 1969, S. 473)
Säubern von Schleifstaub vor Verlegung von Platten	(BGH, VersR 1966, S. 488)
Malerarbeiten	(NJW RR 2001, S. 1167)

Hingegen als „schwierige und gefahrenträchtige Arbeiten" werden betrachtet:

Betonierungsarbeiten einschließlich der Bewehrungsarbeiten	(BGH, Baurecht 1973, S. 255)
Ausschachtungsarbeiten	(Baurecht 2001, S. 273)
Drainagearbeiten	(OLG Hamm, Baurecht 1995, S. 269)
Dachdeckerarbeiten	(Wärmedämmung) (KG NJW RR 2000, S. 2756)
Estricharbeiten	(OLG Stuttgart BauR 2001, 697)
Verarbeitung neuer Baustoffe und vorgefertigter Teile	(BGH, Baurecht 1976, S. 66)
Schall- und Wärmeisolierarbeiten	(Baurecht 2001, S. 1362)

Achtung:	Schwierig wird es aber z.B. bei Putzarbeiten (eigentlich eine handwerkliche Selbstverständlichkeit), wenn der Putz zusätzlich zu seiner optischen Aufbesserungen auch eine besondere Funktion (z.B. als Schutz auf die Wetterseite des Hauses angebracht) haben soll. Hier hat der Architekt zumindest darauf zu achten, dass der korrekte Putz verwendet wird. Sollte es ggf. auch auf eine spezielle Art der Putzaufbringung ankommen, so wäre auch diese (zumindest am Anfang) zu überwachen.

Mitversicherte Leistungen

Mittlerweile sind die am Markt erhältlichen Haftpflichtpolicen mit „ellenlangen" Auflistungen von mitversicherten Leistungen versehen.

Exemplarisch sind nun einige typische Leistungskataloge unterteilt nach Zielgruppen aufgeführt.

Wichtig:	Die nachfolgenden Positionen sind i.d.R. mit sog. Sublimits (also Summengrenzen) belegt und stehen somit nicht bis zur augenscheinlichen Versicherungssumme (z.B. 5 Mio. € für Personen- und Sachschäden) zur Verfügung. Diese Sublimits sind ggf. individuell mit dem Risiko des jeweiligen Betriebes abzugleichen und eventuell anzupassen.

Handwerksbetriebe:

- Abbruch- und Einreißarbeiten (inkl. Sprengungen / allerdings mit Radiusklausel)
- Abhandenkommen fremder Schlüssel / Codekarten
- Abwasserschäden / Allmählichkeitsschäden
- Alle Betriebsstätten im Inland und unselbstständige reine Vertriebsniederlassungen im Ausland
- Arbeitnehmerüberlassung
- Arbeits- und Liefergemeinschaften
- Auslandsschäden (für USA und Kanada gibt es in der Regel Sonderregelungen)
- Beauftragung von Subunternehmern
- Belegschafts- und Besucherhabe
- Be- und Entladeschäden einschließlich Schäden am fremden Ladegut
- Diskriminierung
- Energiemehrkosten / Strommehrkosten
- Erweiterung der Nachhaftung auf 5 Jahre
- Internetnutzung
- Leitungsschäden
- Mängelbeseitigungsnebenkosten
- Medienverluste
- Mietsachschäden
- Nichtversicherungspflichtige und nichtzulassungspflichtige Kraftfahrzeuge
- Produkthaftpflichtversicherung
- Schäden an gemieteten / geliehenen / übernommen Sachen sowie Obhutsschäden
- Senkungen, Erschütterungen und Erdrutschungen
- Tätigkeitsschäden / Bearbeitungsschäden
- Tierhaltung, Tierhüterrisiko (z.B. Wachhund)
- Unterfangungen und Unterfahrungen
- Verlängerung der gesetzlichen Gewährleistungsfrist auf 5 Jahre
- Vermögensschäden
- Versehensklausel (für neue Risiken, Schadenmeldepflicht)
- Vertraglich übernommene Haftpflicht als Mieter, Entleiher, Pächter, Leasingnehmer
- Verzicht auf Untersuchungs- / Rügepflichten gemäß § 377 HGB
- Vorsorgeversicherung im Rahmen der Versicherungssummen

Im Einzelfall können folgende Deckungserweiterungen für das Bauhauptgewerbe sinnvoll sein:

- Abbruch- und Einreißarbeiten sowie Sprengungen mit dem Verzicht auf die Radiusklauseln
- Aktive Werklohnklage
- Baustellenrisiko, Einrichtung, Unterhaltung, Sicherung und Beschilderung
- Besitz, Halten und Gebrauch von eigenen und fremden nicht selbstfahrenden Maschinen einschließlich Überlassung an Dritte
- Besitz, Unterhaltung und Vorführung von Musterhäusern und Wohnungen
- Betonprüfung
- Einweisung von Autokränen
- Energieberatung / Energiepass
- Errichtung und Gebrauch von Gerüsten einschließlich Überlassung an Dritte
- Lageranlagen zur Zwischenlagerung von Benzin, Dieselöl und Heizöl bei Arbeiten auf Baustellen
- Nachbesserungsbegleitschäden
- Planung, Beratung, Bauleitung
- Sachverständigen- / Gutachtertätigkeit
- Senkungen und Erdrutschungen
- Tätigkeit als Generalübernehmer
- Tätigkeit als Generalunternehmer
- Tätigkeit in anderen Handwerken gemäß Handwerksordnung
- Tätigkeitsschäden an zur Verfügung gestelltem Material

Produzierende Betrieb / Handwerksbetriebe und Handelsbetriebe:

- Einschluss Vorumsätze
- Erweiterte Produkthaftpflicht
- Mitversicherung von Produktvermögensschäden
- Rückrufkostendeckung
- Rückwärtsversicherung für unbekannte Versicherungsfälle der Vorversicherung
- Tätigkeitsfolgeschäden
- Vorumsätze für vor Vertragsbeginn ausgelieferte Produkte

Hinweis: In den **Wintermonaten** erbringen zahlreiche Betriebe des Bauhauptgewerbes Dienstleistungen in anderen Bereichen.

Hierzu zählt insbesondere die Übernahme von Streu- und Räumarbeiten. Für den Einschluss derartiger Risiken ist eine besondere Vereinbarung erforderlich.

Zur Risikoprüfung benötigen die Haftpflichtversicherer i.d.R. folgende Informationen:

- auf den Winterdienst entfallender Umsatz
- laufende Meter Straßenfront oder z.B. bei Parkplätzen Fläche in m²
- Art der Objekte (z.B. Bahnhöfe, Einkaufszentren, Parkplätze, Wohnanlagen)
- Art des Winterdienstes (wird der VN für den Dienst gerufen oder sichert der VN einen geräumten Weg auf jeden Fall um z.B. 05:00 Uhr morgens zu ?)

Echte Vermögensschäden

Vom Grundsatz her können Handwerks- und Baubetriebe nur Betriebshaftpflichtversicherungen zur Absicherung von Personen- und Sachschäden sowie daraus (!) resultierenden (sog. unechten) Vermögensschäden absichern.

Somit sind also echte Vermögensschäden (also Schäden, die keinen Personen- oder Sachschaden voraussetzen) nicht versicherbar.

Gleichwohl hat diese Zielgruppe einen Versicherungsbedarf !

Viele Firmen bieten Energieberatung oder Planungsleistungen an und haben somit Dienstleistungen in ihrem Portfolio, die eigentlich über eine Vermögensschadenhaftpflicht abgesichert werden müssten.

Es gibt mittlerweile am Markt Konzepte, die entsprechende Bausteine / Sublimits berücksichtigen !

Bei einem Handwerker, der auch als Energieberater einschließlich der Erstellung von Energieausweisen tätig ist, sind dann x EUR als Sublimit für Vermögensschäden vorgesehen.

Erläuterung der wichtigsten mitversicherten Positionen für Handwerksbetriebe

Hinweis: Bitte beachten Sie, dass es zu den Themen

- Betriebsstätten im Ausland

- Arbeitsmaschinen

- Sprengarbeiten

- Abbrucharbeiten von Hand

- Umwelthaftpflichtrisiken

separate Abschnitte gibt und diese Punkte daher in den nachfolgenden Erläuterungen nicht vermerkt sind !

Arbeits- und Liefergemeinschaften (ARGE)

Eine ARGE ist ein Zusammenschluss mehrerer natürlicher oder juristischer Personen, um gemeinsame Ziele (z.B. ein größeres Bauprojekt) zu erreichen.

Der Nutzen einer Arbeitsgemeinschaft liegt in der Regel in einer abgestimmten und untereinander informativen Zusammenarbeit.

Dazu werden die materiellen (Finanzmittel, Geräte usw.) und immateriellen (Wissen, Beziehungen usw.) Ressourcen der Mitglieder gemeinsam genutzt.

Auslandsschäden

Der sog. Geltungsbereich sollte auf das konkrete Tun der Firma abgestimmt sein.

Europa sollte als Geltungsbereich am Markt kein Problem sein, wobei hier pro forma noch einmal erwähnt sei, dass die Schweiz nicht dazu gehört.

Allerdings können für einzelne Positionen (z.B. Geschäftsreisen) entgegen des vereinbarten Geltungsbereiches weltweite Deckung bestehen.

Container

Die Mitversicherung von Containern (Baucontainer / Bürocontainer, Bauschuttcontainer) im Rahmen der Betriebshaftpflichtversicherung ist i.d.R. unproblematisch.

Selten kommt es in der Praxis zu z.B. Verkehrsunfällen, weil ein Verkehrsteilnehmer einen schlecht abgesicherten stehenden Container nicht gesehen und daher gerammt hat.

Im Umwelthaftpflichtbereich kann es da schon schwierige Fälle geben.

Unerlaubte Müllentsorgung z.B. durch Anwohner oder Verladung von kontaminiertem Material, welches dann nach ergiebigen Regenfällen seine Schadstoffe durch die Abläufe im Boden des Containers abgibt, können den Versicherer und den VN vor Probleme stellen. Schnell werden u.U. Umweltschäden seitens der Gemeinde / der Stadt oder von Umweltschutzverbänden angemeldet.

Beauftragung von Subunternehmern

Ein **Nachunternehmen** oder **Subunternehmen** erbringt aufgrund eines Werkvertrages oder Dienstvertrages im Auftrag eines anderen Unternehmens (Hauptunternehmen) einen Teil oder die gesamte vom Hauptunternehmen gegenüber dessen Auftraggeber geschuldete Leistung.

Leider nur allzu häufig ist das Subunternehmen „nur auf dem Papier" rechtlich selbstständig UND in der Art und Weise, wie es seinen Vertrag erfüllt, frei.

Die Mitversicherung von Subunternehmern sollte auf jeden Fall dem VN empfohlen werden ! Der Bauherr kennt i.d.R. die Subunternehmer nicht (weiß vielleicht sogar nichts von ihnen) und wird sich im Schadensfall bzw. im Falle eines aufgetretenen Mangels immer an seinen direkten Vertragspartner halten.

Sollte dann der Schaden / Mangel nicht mehr konkret einem Subunternehmer zugeordnet werden können bzw. der Subunternehmer ggf. keinen Haftpflichtversicherungsschutz haben, wird sich der Bauherr erneut an den direkten Vertragspartner (VN) halten.

Daher sollte diese Positionen (wenn nicht ohnehin schon automatisch Vertragsbestandteil) mitversichert werden.

Hinweis:	Nicht versichert ist die persönliche gesetzliche Haftpflicht der Subunternehmer.

Mit anderen Worten:

Es ist nicht die Firma an sich (also auch bei anderen Aufträgen usw.) versichert, die die Subunternehmerleistungen erbringt, sondern nur der Ausfall einer möglichen Haftpflichtversicherung von dieser Firma für den Fall, dass es bei dem konkreten Bauprojekt zu einem durch den Subunternehmer verursachten Schaden kommen sollte.

Auch die Wahl der Vertragsform (Werkvertrag oder Dienstvertrag) sollte gut überlegt sein, denn jede Vertragsform bringt auch Verpflichtungen mit sich.

Hinweis: Ein **Werkvertrag** ist ein privatrechtlicher Vertrag über den gegenseitigen Austausch von Leistungen, bei dem sich ein Teil verpflichtet, ein Werk gegen Zahlung einer Vergütung (Werklohn) durch den anderen Vertragsteil (Besteller) herzustellen.

Der Werkunternehmer ist dabei derjenige, der das Werk erstellt. In Abgrenzung zum Dienstvertrag wird nicht (nur) die Leistung, **sondern auch und gerade der Erfolg einer Leistung geschuldet.**

Ein **Dienstvertrag** liegt vor, wenn sich eine Vertragspartei zur Leistung von bestimmten Diensten und der andere Teil zur Zahlung der vereinbarten Vergütung verpflichtet haben.

Darunter fallen selbstständige oder nicht selbstständige, abhängige, eigenbestimmte oder fremdbestimmte Dienstleistungen. Bekanntester Dienstvertrag ist der Arbeitsvertrag.

Hinweis: Mittlerweile gibt es Deckungen am Markt, die auch einen Subunternehmereinsatz für „unternehmensfremde Leistungen" beinhalten.

Abwasserschäden / Allmählichkeitsschäden

Allmählichkeitsschäden und Abwasserschäden sind solche Schäden, die durch allmähliche Einwirkung von Temperatur, Gasen, Dämpfen, Feuchtigkeit, Niederschlägen und durch Abwässer entstehen.

Diese Schäden sind im Normalfall durch die Allgemeinen Haftpflichtbedingungen (AHB) vom Versicherungsschutz ausgeschlossen. Durch besondere vertragliche Regelungen und Klauseln werden diese Schäden jedoch wieder in den Versicherungsumfang einbezogen.

Beispiel: Werden die Verbindungen von Heizungsrohren mangelhaft unter Putz installiert, so dass sie undicht sind, ist der Schaden nicht sofort ersichtlich. Erst im Laufe der Zeit wird der Schaden offensichtlich. Für diesen Allmählichkeitsschaden haftet der die Rohre verlegende Installationsbetrieb.

Arbeitnehmerüberlassung

Bei der **Arbeitnehmerüberlassung** (oder auch: **Zeitarbeit**, **Leiharbeit**, **Mitarbeiterüberlassung** oder **Personalleasing**) wird ein Arbeitnehmer (Leiharbeitnehmer) von seinem Arbeitgeber (Verleiher) einem Dritten (Entleiher) gegen ein Entgelt zur Arbeitsleistung überlassen.

Aus der Zweierbeziehung zwischen Arbeitgeber und Arbeitnehmer entsteht so zwischen dem Verleiher, dem Entleiher und dem Leiharbeitnehmer eine Dreiecksbeziehung, in der die Rechte und Pflichten des Arbeitgebers teilweise auf den Entleiher übertragen werden.

Grundlage für die Tätigkeit des Verleihers ist in Deutschland das Arbeitnehmerüberlassungsgesetz (AÜG), dass als Geschäftsgrundlage i.d.R. von den Haftpflichtversicherern voraus gesetzt wird.

Faustformel: Keine Arbeitnehmerüberlassung nach AÜG – kein Versicherungsschutz.

- **Arbeitnehmer**

   Der Leiharbeitnehmer steht in einem Arbeitsverhältnis zum Verleiher. Diesem gegenüber gelten die arbeitsvertraglichen und gesetzlichen Arbeitnehmerrechte.

   Die Weisungsgebundenheit des Leiharbeitnehmers gegenüber dem Entleiher, bei dem er tätig ist, unterscheidet ihn vom Arbeitnehmer eines Subunternehmers, der ebenfalls im Bereich eines anderen Unternehmens arbeitet, der aber nicht an die Weisungen z.B. eines Generalunternehmers gebunden ist.

- **Verleiher**

   Der Vertrag zwischen dem Leiharbeitnehmer und dem Verleiher ist ein Arbeitsvertrag mit allen Rechten und Pflichten, wie in jedem Arbeitsverhältnis üblich. Der Unterschied besteht darin, dass der Arbeitgeber berechtigt ist, den Arbeitnehmer einem Dritten zu überlassen.

   Bei der gewerblichen Arbeitnehmerüberlassung wird in der Regel zwischen dem Verleiher und dem Entleiher ein Stundensatz für die zu leistende Arbeitszeit vereinbart, der nicht identisch mit dem Lohn des Arbeitnehmers ist.

Belegschafts- und Besucherhabe

Eingeschlossen wird hier die gesetzliche Haftpflicht des VN wegen

- Beschädigung
- oder Vernichtung
- sowie Abhandenkommens

von Sachen der

- Betriebsangehörigen
- und Besucher,
- von Kraftfahrzeugen der Betriebsangehörigen und Besucher, sofern diese Fahrzeuge auf dafür vorgesehenen Plätzen innerhalb des Betriebsgrundstücks ordnungsgemäß abgestellt werden.

Liegen die Abstellplätze außerhalb des Betriebsgrundstücks, so besteht Versicherungsschutz nur, wenn die Abstellplätze entweder ständig bewacht oder durch ausreichende Sicherung gegen unerlaubten Zutritt oder unerlaubte Benutzung durch betriebsfremde Personen geschützt sind, und alle sich daraus ergebenden Vermögensschäden.

Ausgeschlossen sind Haftpflichtansprüche aus dem Abhandenkommen von

- Geld
- Wertpapieren
- Sparbüchern
- bargeldlosen Zahlungsmitteln (z.B. Kreditkarte / EC-Karten, Schecks)
- Urkunden
- Schmuck
- und anderen Wertsachen.

Be- und Entladeschäden einschließlich Schäden am fremden Ladegut

Be- und Entladeschäden sind eigentlich Tätigkeitsschäden und als solche zunächst von der Haftung ausgeschlossen.

Gilt diese Position als mitversichert, sind Be- und Entladeschäden an Fahrzeugen abgesichert. Sofern auch fremdes Ladungsgut betroffen ist, gilt der Versicherungsschutz auch hier.

Im Baubereich muss bei einem entsprechenden Schadensfall geprüft werden, inwieweit hier ggf. eine Transportversicherung für das Ladungsgut abgeschlossen wurde. Bauleistungs- und Montageversicherungen beginnen i.d.R. erst mit dem Abladen des Materials auf der Baustelle.

Hinweis:	Der Einschluss bzw. die Mitversicherung dieser Position bedeutet nicht, dass auch automatisch das eingesetzte Gerät (z.B. Gabelstapler oder Kran) mitversichert gilt ! Hier geht es nur um die Tätigkeit als solche.

Tierhaltung, Tierhüterrisiko

Mitversicherung von vorhandenen Tieren. Dies kann in der Praxis zum Teil „interessante" Ausmaße annehmen. Wenn die Firma Hunde, Pferde (solche Fälle gibt es) etc. besitzt, wären diese Tiere vom Grundsatz her über diesen Baustein mitversichert.

Aber auch privat genutzte Tiere vom Firmeninhaber sind i.d.R. hierüber abgesichert. Eine Nennung der Tiere sollte pro forma erfolgen und regelmäßig (z.B. beim Jahresgespräch) aktualisiert werden.

Als „**Nutztiere**" gelten dabei Tiere, die „dem Berufe, der Erwerbstätigkeit oder dem Unterhalt des Tierhalters zu dienen bestimmt sind" (also beispielsweise die Kuh des Bauern, das Pferd eines Rennstalls oder Zirkus` oder auch der Blindenhund) – ihre Haftung ist milder ausgestaltet.

Für „**Luxustiere**" dagegen gilt die Gefährdungshaftung uneingeschränkt. „Luxustiere" sind dabei (negativ definiert) all diejenigen von Menschen gehaltenen Tiere, die eben *keine* Nutztiere sind, also beispielsweise die gewöhnliche Hauskatze, der Familienhund etc.

WICHTIG: auch Minderjährige können grundsätzlich Tierhalter sein – Volljährigkeit ist nicht notwendig.

Der rechtliche Unterschied ist groß:

Wortlaut des § 833 BGB

„(1) Wird durch ein Tier ein Mensch getötet oder der Körper oder die Gesundheit eines Menschen verletzt oder eine Sache beschädigt, so ist derjenige welcher das Tier hält, verpflichtet, dem Verletzten den daraus entstehenden Schaden zu ersetzen.

(2) Die Ersatzpflicht tritt nicht ein, wenn der Schaden durch ein Haustier verursacht wird, das dem Beruf, der Erwerbstätigkeit oder dem Unterhalt des Tierhalters zu dienen bestimmt ist, und entweder der Tierhalter bei der Beaufsichtigung des Tieres die im Verkehr erforderliche Sorgfalt beobachtet oder der Schaden auch bei Anwendung dieser Sorgfalt entstanden sein würde."

Die Haftung des Tierhüters nach § 834 BGB

Wortlaut der Norm:
*„Wer für denjenigen, welcher ein Tier hält, die Führung der Aufsicht über das Tier durch Vertrag übernimmt, ist für den Schaden verantwortlich, den das Tier einem Dritten in der im § 833 bezeichneten Weise zufügt. **Die Verantwortlichkeit tritt nicht ein**, wenn er bei der Führung der Aufsicht die im Verkehr erforderliche Sorgfalt beobachtet oder wenn der Schaden auch bei Anwendung dieser Sorgfalt entstanden sein würde."*

Wichtigstes Merkmal der Haftung ist, dass sich der Tierhüter im Gegensatz zum Tierhalter entlasten kann, wenn er nachweist, dass er sich verkehrserforderlich sorgfältig verhalten, das Tier aber trotzdem bspw. aus seinem Zwinger ausgebrochen ist, oder aber er sich zwar nicht sorgfältig verhalten hat, der konkret eingetretene Schaden aber auch bei sorgfältiger Betreuung eingetreten sein würde.

WICHTIG: Nur Tierhüter und Nutztierhalter können sich auf diese Weise entlasten – *nicht* der "normale" ("Luxus-")Tierhalter, der aus bloßen Gefährdungsgesichtspunkten heraus haftet.

Medienverluste

Als Medienverluste bezeichnet man den Verlust bzw. das Entweichen von Flüssigkeiten und Gasen aus Behältern und Rohrleitungen.

Sind diese Verluste auf die mangelhaft hergestellten oder verlegten Behälter oder Rohrleitungen zurückzuführen, dann haftet der entsprechende Betrieb für den entstehenden Schaden.

Leitungsschäden

Leitungsschäden sind Schäden an Erdleitungen jeglicher Art sowie an elektrischen Freileitungen und Oberleitungen.

Hierbei handelt es sich um eine besondere Art von Bearbeitungsschäden. Diese sind nur in der Betriebshaftpflichtversicherung enthalten, wenn sie besonders in der Police oder den Versicherungsbedingungen aufgeführt sind.

Die durch ein zerstörtes Kabel und den damit verbundenen Stromausfall entstehenden Schäden können erheblich sein. Das gilt nicht nur für die Reparaturkosten, sondern auch z.B. für die in einem ganzen Stadtteil verdorbenen Kühlwaren.

Merke: Nur wenn Leitungsschäden mitversichert sind, können auch die Folgen daraus reguliert werden !

Mängelbeseitigungsnebenkosten

Der Versicherungsschutz erstreckt sich auf Schäden, die als Folge eines mangelhaften Werkes auftreten, und erfasst insoweit auch die Kosten, die erforderlich sind, um die mangelhafte Werkleistung zum Zwecke der Schadenbeseitigung zugänglich zu machen und um den vorherigen Zustand wieder herzustellen.

Nicht gedeckt sind diese Kosten, wenn sie nur zur Nachbesserung aufgewendet werden, ohne dass ein Folgeschaden eingetreten ist.

Die Kosten des Versicherungsnehmers für die Beseitigung des Mangels an der Werkleistung selbst gehören i.d.R. ebenfalls nicht zum Versicherungsumfang.

Asbestausschluss / Asbestklausel

Der Schadstoff Asbest ist allgegenwärtig und birgt gesundheitliche Gefahren!

Häufige Ursache: Unverantwortlicher Umgang.

Arbeiter sanieren teilweise ohne Schutzanzüge ein mit Asbest belastetes Schulgebäude. Sie wurden Asbeststaub ausgesetzt, weil der Asbeststaub in die Raumluft abgegeben wird.

So geschehen an der Bessunger Schule in Darmstadt im Oktober 2007.

Die gesundheitlichen Folgen: Asbestose, Lungenkrebs oder Mesotheliom (eine Tumorart).

Asbesterkrankungen sind die Berufserkrankung Nr. 1, mit mehr Todesfällen als jede andere Berufserkrankung.

In Deutschland starben 2005 offiziell 1.540 Menschen, in Europa mehr als 10.000 und weltweit mindestens 100.000 Menschen an einer Asbesterkrankung. Die Dunkelziffer ist dabei relativ hoch.

Problem mit Asbest: Das faserförmige Mineral Asbest, bis zu 1.000 mal dünner als ein menschliches Haar, wurde in den sechziger bis achtziger Jahren in mehreren Millionen Tonnen in Deutschland eingeführt und verarbeitet.

Wegen ansteigender Erkrankungen im Zusammenhang mit Asbest, wurde 1993 die Verwendung und Herstellung von Asbestmaterialien bei uns verboten.

Erst ab dem 1.1.2005 wurde die Verwendung von Asbest in der gesamten EU verboten.

Um die Gefährlichkeit dieses Minerals wusste man aber schon sehr lange, denn schon in 1937 wurde die Asbestose, eine durch Asbeststaub verursachte Lungenerkrankung, als Berufserkrankung anerkannt.

Asbest, die Faser der tausend Möglichkeiten, wurde u.a. verwendet für Isolierungen, im Gebäudeschutz, in Fußbodenbelägen, in Schutzkleidung gegen Hitze, in Schnüren und Matten zum Brandschutz, in Textilien und als Dämmstoff. Das ehemalige Wundermittel findet sich im Kreißsaal, im Kindergarten, in Schulen, in Kirchen, in Kneipen, in Wohnungen und in Büros.

Es gibt kaum einen Ort, an dem der Stoff nicht existiert.

Eingeatmete Asbestfasern können bei betroffenen Personen nach 10 bis 30 Jahren schwere Asbestfaserstaub-Lungenerkrankungen hervorrufen, die nicht nur eine Einschränkung des Atemvolumens zur Folge haben. Es kann auch zu bösartigen Tumoren in der Lunge, dem Rippenfell, dem Bauchfell und des Perikards (Herzbeutel) kommen.

Daher findet man in den Haftpflichtpolicen folgenden (oder so ähnlich) formulierten Asbestausschluss:

Ausgeschlossen sind Ansprüche wegen Schäden, die auf Asbest, asbesthaltige Substanzen oder Erzeugnisse zurückzuführen sind.

Mittlerweile trauen sich aber wieder einige Versicherer an dieses Thema heran und bieten eine Asbestklausel an:

Versichert ist die gesetzliche Haftpflicht wegen Sach- und daraus resultierenden Vermögensschäden.

Personenschäden sind nicht aufgeführt ! Sie sind also auch bei einer Asbestklausel weiterhin nicht berücksichtigt.

I.d.R. erfolgen dann noch weitere Einschränkungen, wie z.B.

- ...vom Versicherungsschutz ausgeschlossen sind Ansprüche aus §§ 110, 106 Abs.1 Satz 1 SGB VII in Verbindung mit §§ 105, 104 SGB VII.

oder

- ...die Höchstersatzleistung für Schäden im Sinne dieser Zusatzbedingungen beträgt x EUR.

Tätigkeitsschäden / Bearbeitungsschäden

Tätigkeitsschäden sind Schäden an fremden Sachen, an denen gewollt im Rahmen der gewerblichen Tätigkeit gearbeitet wird.

Beispiel:

Der Elektriker soll ein Gerät, das der Kunde zuvor anderweitig gekauft hatte, installieren. Wird das Gerät bei dieser Montage beschädigt, liegt ein Tätigkeitsschaden vor. Dieser ist innerhalb der Betriebshaftpflichtversicherung nur versichert, wenn Tätigkeitsschäden eingeschlossen sind.

Soll ein Gerät, außerhalb der Wohnung des Kunden, in der Werkstatt des Handwerkers repariert werden, sind die Tätigkeitsschäden nur versichert, wenn der Vertrag das Werkstattrisiko einschließt.

Wichtig: Sind die Tätigkeitsschäden eingeschlossen, sind auch die entstehenden Folgeschäden versichert.

Hinweis:

Der Begriff „Baugewerbe" umschreibt ugs. eine Menge Berufsbilder. Bei der korrekten Einstufung des Haftpflichtrisikos ist daher die konkrete Erfassung des zu versichernden Tätigkeitsfeldes enorm wichtig, da die jeweilige Einstufung auch ein bestimmtes Bedingungswerk bzw. bestimmte mitversicherte Kosten auslösen wird !

Dies trifft auch auf die Position „Tätigkeitsschäden / Bearbeitungsschäden" zu.

Beispiel: Ist der VN wirklich „nur" ein Schlosser ?
Oder ist er doch eher ein Bauschlosser ?

Unterschied:

Bei dem Begriff „Schlosser" wird sicherlich der eine oder andere Haftpflichtversicherer davon ausgehen, dass der VN sein Betriebsgrundstück nicht verlassen wird. Also wird der VN (möglicherweise) nicht die Position „Arbeiten auf fremden Grundstücken" und somit „Tätigkeitsschäden / Bearbeitungsschäden auf fremden Grundstücken" erhalten !

Anders beim Bauschlosser. Diese Einstufung beinhaltet quasi automatisch den Einsatz auf fremden Grundstücken, da der VN direkt „auf dem Bau" tätig ist.

Hinweis: Dieser „Wegweiser" funktioniert mit allen Begriffen, die „Bau" beinhalten (Tischler /Bautischler etc.).

Allerdings kann das Tätigkeitsfeld des VN noch weitgehender sein !
Als „Steigerungsform" des o.g. Beispiels wäre noch der „Industrieschlosser" zu nennen, der zwar auch auf fremden Grundstücken tätig ist, aber ein deutlich höheres Risiko (z.B. Arbeiten an Anlagen zur Lebensmittelherstellung) trägt.

P.S.:   Es gibt Haftpflichtversicherer, die explizit „Tätigkeitsschäden / Bearbeitungsschäden auf eigenen Grundstücken" ausweisen. Ggf. bitte entsprechend darauf achten !

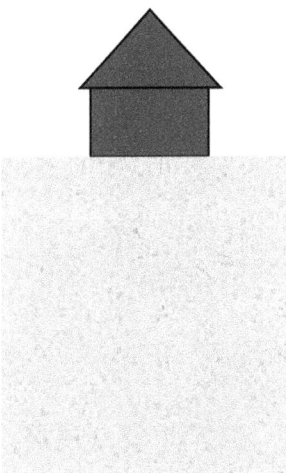

Senkungen, Erschütterungen und Erdrutschungen

Senkungsschäden sind Schäden an Bauwerken (Gebäude, Straßen, Wege etc.) durch baubedingte Veränderungen am Untergrund.

Dies kann z.B. durch Grundwasserabsenkungen geschehen, die dauerhaft oder auch nur temporär aufgrund eines Neubaus (Tiefgarage, U-Bahn, Keller) entstehen.

Zum Teil können diese Senkungsschäden gravierende Folgen haben:

1929 musste die Kirche St. Maria Victoria in Berlin wegen Senkungsschäden beim U-Bahn-Bau abgerissen werden.

Im Rahmen einer Bauherrenhaftpflichtversicherung sollte auf die Mitversicherung dieser Schäden geachtet werden.

Unterfangungen, Unterfahrungen und Gründungsschäden

Risse an Gebäuden können zu unterschiedlichen Zeitpunkten während der Lebensdauer eines Bauwerks auftreten.

Dies kann u.a. auf vertikale und horizontale Verschiebungen des Baugrundes bzw. der Bauwerksgründung hinweisen.

Häufig passieren diese Schäden in dicht bebauten innerstädtischen Bereich.

- **Unterfahrungen**

Herstellung eines Bauwerks (z. B. Tunnel, Tiefgarage etc.) **unter** bestehenden Bauwerken.
Die vorhandenen Bauwerkslasten müssen dabei ganz oder teilweise durch eine neue Gründung / neues Fundament abgeleitet werden.

Vorher   **Nachher**

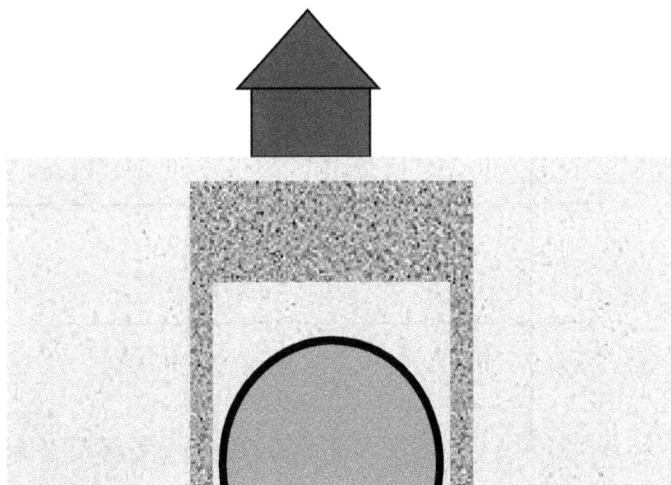

- **Unterfangungen**

Soll neben einem bestehenden Bauwerk ein neues Bauwerk errichtet werden, so darf das bestehende Bauwerk im Zuge der Baugrubenherstellung nicht ohne ausreichende Sicherungsmaßnahmen bis zu seiner Unterkante oder tiefer ausgeschachtet werden.

Liegt die Gründungsebene des **neuen Bauwerks tiefer** als die des bestehenden Bauwerks, so sind die Fundamente des bestehenden Bauwerks zu unterfangen.

Bei Verschiebungen im Baugrund oder in der Gründung eines Bauwerks bzw. bei der Unterfangung von Gebäuden treten innerhalb der Tragestruktur des Gebäudes **nicht vermeidbare** „Lastumlagerungen" ein, die bis zu einem gewissen Grade schadensfrei vom Bauwerk aufgenommen werden können !

Sobald die aus den Lastumlagerungen resultierenden Spannungen die Grenze der Tragfähigkeit der eingesetzten Baumaterialien überschreiten entstehen Risse, die zu einer weiteren Lastumlagerung und ggf. zu weiteren Rissen führen.

Vorher

Nachher

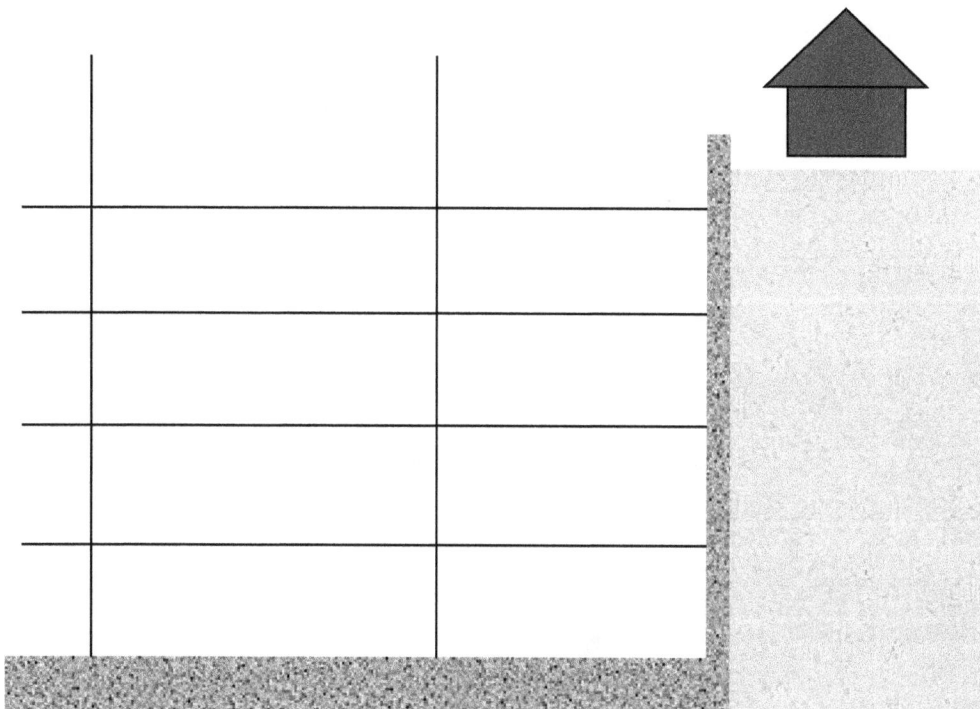

- **Gründungsschäden**

Die Ursache von Gründungsschäden kann aus einer Vielzahl von unterschiedlichen Einflüssen und Veränderungen der Baugrund- und Grundwasserverhältnisse resultieren.

z.B.:

- Änderungen bei den Wasserverhältnissen
- Änderung des Spannungszustandes im Untergrund
- Gering tragfähige Baugrundschichten
- Unterfangungsmaßnahmen
- Alterung (Holzpfähle / Holzrost) und Korrosionserscheinungen
- Erschütterungen

Während ein Teil der Schäden durch benachbarte Baumaßnahmen verursacht werden, können Gründungsschäden jedoch auch prinzipiell unabhängig von Baumaßnahmen sein.

Vorher

Nachher

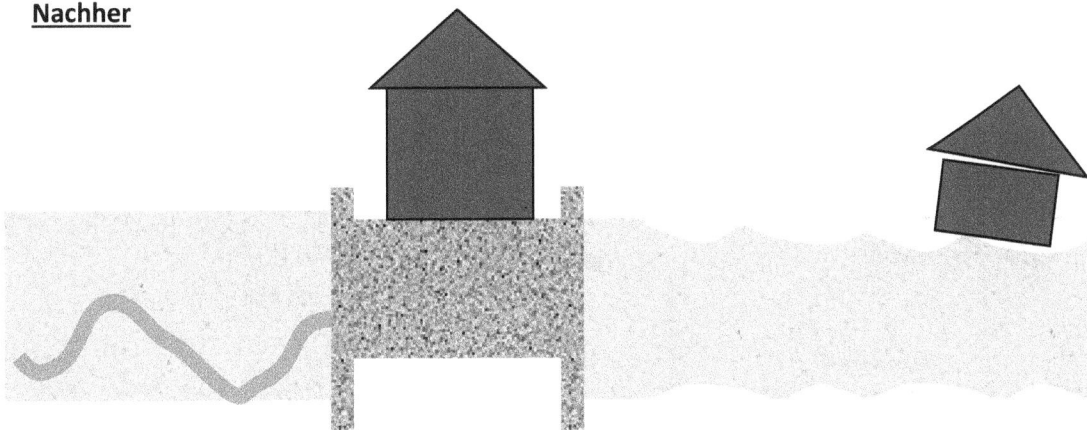

Erweiterung der Nachhaftung auf 5 Jahre

Unter Nachhaftung versteht man gesetzliche Tatbestände, die die Haftung einer Person über den Zeitpunkt der tatsächlichen Gefahrtragung hinaus verlängern.

Der Versicherungsschutz geht zeitliche über den Zeitraum der Wirksamkeit des Versicherungsvertrages hinaus (z. B. in der Architektenhaftpflichtversicherung).

Wichtig: Es müssen 3 Faktoren zusammen treffen !

Ein Versicherter Schaden (1) wird ursächlich **während des laufenden Haftpflichtvertrages (2)** vom VN gesetzt und wird aber erst **nach dem Ende des Haftpflichtvertrages (3)** bemerkt !

Verlängerung der gesetzlichen Gewährleistungsfrist auf 5 Jahre

Die Gewährleistung (oder auch Mängelhaftung oder Mängelbürgschaft) bestimmt Rechtsfolgen und Ansprüche, die dem Käufer im Rahmen eines **Kaufvertrages** zustehen, bei dem der Verkäufer eine mangelhafte Ware oder Sache geliefert hat.

Beim **Werkvertrag** gibt es eine Gewährleistung für Mängel des hergestellten Werks.

Von der gesetzlich vorgeschriebenen Gewährleistung ist die Garantie zu unterscheiden.

Die Verjährungsfrist darf zwei Jahre ab Lieferung nicht unterschreiten und innerhalb der ersten sechs Monate muss die Beweislast beim Verkäufer liegen. Die Gewährleistungsansprüche bestehen gegenüber dem Verkäufer, nicht dem Hersteller der Ware !

Das BGB verwendet den Begriff „Gewährleistung" selbst nur am Rande (z.B. § 358 + 365 BGB). Im BGB wird eher das Wort „Mängelansprüche" genutzt.

| Weiterer Rechtsbezug: | Kaufrecht | = | § 437 BGB |
| | Werkvertragsrecht | = | § 634 BGB |

Mängelrechte / Kaufrecht:

• Anspruch auf Nacherfüllung	§ 439 BGB
• Rücktrittsrecht	§ 323, 326, 440 BGB
oder Minderung	§ 441 BGB
• Anspruch auf Schadensersatz	§ 437 BGB
• Ersatz vergeblicher Aufwendungen	§ 284 BGB

Mängelrechte / Werkvertragsrecht:

• Anspruch auf Nacherfüllung	§ 635 BGB
• Ersatz der Aufwendungen und Vorschuss bei Selbstvornahme	§ 637 BGB
oder Rücktrittsrecht	§ 634 BGB
oder Minderung	§ 638 BGB
• Anspruch auf Schadensersatz	§ 634 BGB

Weitere Anwendungsgebiete des Gewährleistungsrechts sind z.B. Reise-, Miet- und Schenkungsverträge.

Unterscheidung von Gewährleistung und Garantie

Im Sprachgebrauch werden beide Begriffe vermischt.

Kurz gesagt:

Eine Garantie ist eine freiwillig vereinbarte Verpflichtung, während die Gewährleistung direkt aus dem Gesetz abzuleiten ist.

Im Einzelnen:

Die Gewährleistung umschreibt die gesetzlichen Regelungen, die dem Käufer im Rahmen eines Kaufvertrags zur Seite stehen, bei dem der Verkäufer eine mangelhafte Ware oder Sache geliefert hat.

Eine Gewährleistung bedeutet, dass der Verkäufer dafür einsteht, dass die verkaufte Sache frei von Sach- und Rechtsmängeln ist.

Der Verkäufer haftet also daher für alle Mängel, die schon zum Zeitpunkt des Verkaufs bestanden haben, auch für solche versteckte Mängel, die erst später bemerkbar werden.

Eine Gewährleistungsfrist beträgt 24 Monate (§ 438 BGB) und kann zwischen beiden Parteien auf 12 Monate verkürzt werden.

Eine Garantie ist eine zusätzlich zur gesetzlichen Gewährleistungspflicht gemachte freiwillige und frei gestaltbare Dienstleistung eines Händlers oder Herstellers gegenüber dem Kunden.

Garantie:

- sichert eine unbedingte Schadensersatzleistung zu.

- bezieht sich zumeist auf die Funktionsfähigkeit bestimmter Teile (oder des gesamten Gerätes) über einen bestimmten Zeitraum.

- der Zustand der Ware zum Zeitpunkt der Übergabe an den Kunden spielt keine Rolle, da die Funktionsfähigkeit für den Zeitraum garantiert wird.

- „ist Sache des Herstellers".

Gewährleistung:

- definiert eine zeitlich befristete Nachbesserungsverpflichtung ausschließlich für Mängel, die zum Zeitpunkt des Verkaufs bereits bestanden.

- „ist Sache des Händlers".

Versehensklausel

„Schutz des VN vor den Folgen des VVG."

Kann der Versicherungsnehmer nachweisen, dass sein Versäumnis einer Obliegenheit nachzukommen nur auf einem Versehen beruht hat, treffen ihn die ansonsten üblichen Folgen nicht, sofern die o.g. Position mitversichert gilt.

Allerdings wird in dieser Klausel auch festgelegt, dass der Versicherungsnehmer verpflichtet ist, sobald er sich des Versäumnisses bewusst geworden ist, wesentliche gefahrerhöhende Änderungen oder Erweiterungen dem Versicherer unverzüglich zum Zwecke der Überprüfung der Prämie und der Bedingungen anzuzeigen.

Verzicht auf Untersuchungs- / Rügepflichten

Bei der Mängelrügeobliegenheit (§ 377 HGB) handelt es sich um eine Sonderregelung, die bei einem Handelsgeschäft zwischen Kaufleuten zur Anwendung kommt.

Beim sog. Handelskauf hat der Käufer die Obliegenheit, die Ware unverzüglich zu untersuchen und, wenn er Mängel feststellt, diese zu rügen.

Unterlässt er dies, verliert er u.a. sein Recht auf Gewährleistung.

Je nach Art des Mangels wird unterschieden:

- Ein **offener Mangel** ist *unverzüglich* zu rügen.

- Ein **versteckter Mangel** ist *unverzüglich nach Entdeckung* zu rügen, jedoch innerhalb der Gewährleistungsfrist (2 Jahre gemäß § 438 BGB).

Die Art und Weise der „Wareninspizierung" richtet sich nach der Zumutbarkeit.

Bei größeren Mengen sind Stichproben ausreichend.

Originalverpackte Ware ist i. d. R. nicht zu überprüfen, wenn der Käufer als Zwischenhändler fungiert und der Verkäufer dies weiß.

Aktive Werklohnklage

Hier hilft am besten ein Beispiel:

Ein Kunde beanstandet nach der Abnahme der Arbeiten einen Mangel und verrechnet den Werklohnanspruch des Handwerkers (z.B. 10.000 €) mit dem Schadensersatzanspruch (3.000 €).

Der Versicherer übernimmt die Kosten einer aktiven Werklohnklage (also die Kosten für den Rechtsanwalt – nicht den verrechneten Schadensersatzanspruch !) im Verhältnis, in dem der Schadensersatzanspruch zum geltend gemachten Werklohn steht.

Hier also konkret: 3.000 € von 10.000 € sind 30 % !
                       Der VR übernimmt also 30 % von den anfallenden Rechtsanwaltskosten.

Erläuterung der wichtigsten mitversicherten Positionen für produzierende Betriebe / Handwerksbetriebe und Handelsbetriebe

Erweiterte Produkthaftpflicht (ePH)

Die erweiterte **Produkthaftpflichtversicherung** ist eine Zusatzdeckung zu der bestehenden Betriebshaftpflicht.

Innerhalb der ePH wird mit eigenständigen Versicherungssummen gearbeitet, die i.d.R. von der Versicherungssumme in der BHV abweichen (in der ePH geringer).

Die ePH bietet **keinen** Versicherungsschutz für Hersteller, die Endprodukte (z.B. Küchenradio, Blumentöpfe, Anziehsachen usw.) liefern.

Sie ist für die Produzenten gedacht, **deren Produkte durch Dritte verändert oder verbaut (!)** werden.

Mit Blick auf das Thema von diesem Buch seien hier daher exemplarisch Kieswerke, Betonwerke, Hersteller von Fenstern, Heizungssystemen, Fliesen etc. genannt.

Die ePH besteht aus folgenden Bausteinen:

4.1   Personen- und Sachschäden aufgrund Fehlens vereinbarter Eigenschaften.

4.2   Vermögensschäden aus Verbinden, Vermischen und Verarbeitung von VN-Erzeugnissen mit anderen Produkten zu einem neuen Gesamtprodukt eines Dritten.

4.3   Vermögensschäden aus Weiterver- und bearbeitungsschäden von VN-Erzeugnissen ohne Zugabe eines anderen Produktes.

4.4   Vermögensschäden aufgrund von Ein- und Ausbaukosten. Das neue Gesamtprodukt eines Dritten ist wegen dem VN-Anteil mangelhaft.
       Aber: Die Produktanteile müssen trennbar sein ! Ansonsten wird Baustein 4.2 angesprochen !

4.5   Vermögensschäden aufgrund einer mangelhaften Maschine, die vom VN gewartet, geliefert, hergestellt oder montiert wurde und aufgrund des Mangels (Kausalität !) fehlerhafte Produkte herstellt bzw. be- oder verarbeitet.

4.6   Vermögensschäden aufgrund von Prüf- und Sortierkosten für hergestellte- und bereits weiterverarbeitete Produkte.

Begriffe, die im Zuge der Produkthaftpflicht immer mal vorkommen können und schnell miteinander verwechselt werden:

Erzeugnis: wird von VN geliefert

Produkt: was andere liefern

Gesamtprodukt: was bei Dritten entstanden ist

Im Einzelnen beinhalten diese Bausteine (gemäß Musterbedingungen GDV) folgende Leistungen:

4.1   Personen- oder Sachschäden aufgrund von Sachmängeln infolge Fehlens von vereinbarten Eigenschaften

Eingeschlossen sind - insoweit abweichend von Ziff. 1.1, 1.2 und 7.3 AHB - auf Sachmängeln beruhende Schadensersatzansprüche Dritter im gesetzlichen Umfang wegen Personen-, Sach- und daraus entstandener weiterer Schäden, wenn der Versicherungsnehmer aufgrund einer Vereinbarung mit seinem Abnehmer über bestimmte Eigenschaften seiner Erzeugnisse, Arbeiten und Leistungen dafür verschuldensunabhängig einzustehen hat, dass diese bei Gefahrübergang vorhanden sind.

4.2 Verbindungs-, Vermischungs-, Verarbeitungsschäden

4.2.1 Eingeschlossen sind gesetzliche Schadensersatzansprüche Dritter wegen der in Ziff. 4.2.2 genannten Vermögensschäden im Sinne von Ziff. 2.1 AHB infolge Mangelhaftigkeit von Gesamtprodukten Dritter, die durch eine aus tatsächlichen oder wirtschaftlichen Gründen nicht trennbare Verbindung, Vermischung oder Verarbeitung von mangelhaft hergestellten oder gelieferten Erzeugnissen mit anderen Produkten entstanden sind.
Erzeugnisse im Sinne dieser Regelung können sowohl solche des Versicherungsnehmers als auch Produkte Dritter sein, die Erzeugnisse des Versicherungsnehmers enthalten. Mängel bei der Beratung über die An- oder Verwendung der vom Versicherungsnehmer hergestellten oder gelieferten Erzeugnisse sowie Falschlieferungen stehen Mängeln in der Herstellung oder Lieferung gleich.
Versicherungsschutz besteht insoweit auch - abweichend von Ziff. 1.1, 1.2 und 7.3 AHB - für auf Sachmängeln beruhende Schadensersatzansprüche Dritter im gesetzlichen Umfang, wenn der Versicherungsnehmer aufgrund einer Vereinbarung mit seinem Abnehmer über bestimmte Eigenschaften seiner Erzeugnisse, Arbeiten und Leistungen dafür verschuldensunabhängig einzustehen hat, dass diese bei Gefahrübergang vorhanden sind.

4.2.2 Gedeckt sind ausschließlich Schadensersatzansprüche wegen

4.2.2.1 der Beschädigung oder Vernichtung der anderen Produkte, soweit hierfür nicht bereits Versicherungsschutz nach Ziff. 1 oder 4.1 besteht;

4.2.2.2 anderer für die Herstellung der Gesamtprodukte aufgewendeter Kosten mit Ausnahme des Entgeltes für die mangelhaften Erzeugnisse des Versicherungsnehmers;

4.2.2.3 Kosten für eine rechtlich gebotene und wirtschaftlich zumutbare Nachbearbeitung der Gesamtprodukte oder für eine andere Schadenbeseitigung (siehe aber Ziff. 6.2.8). Der Versicherer ersetzt diese Kosten in dem Verhältnis nicht, in dem das Entgelt für die Erzeugnisse des Versicherungsnehmers zum Verkaufspreis der Gesamtprodukte (nach Nachbearbeitung oder anderer Schadenbeseitigung) steht;

4.2.2.4 weiterer Vermögensnachteile (z. B. entgangenen Gewinnes), weil die Gesamtprodukte nicht oder nur mit einem Preisnachlass veräußert werden können (siehe aber Ziff. 6.2.8). Der Versicherer ersetzt diese Vermögensnachteile in dem Verhältnis nicht, in dem das Entgelt für die Erzeugnisse des Versicherungsnehmers zu dem Verkaufspreis steht, der bei mangelfreier Herstellung oder Lieferung der Erzeugnisse des Versicherungsnehmers für die Gesamtprodukte zu erzielen gewesen wäre;

4.2.2.5 der dem Abnehmer des Versicherungsnehmers unmittelbar entstandenen Kosten durch den Produktionsausfall, der aus der Mangelhaftigkeit der Gesamtprodukte herrührt. Ansprüche wegen eines darüber hinausgehenden Schadens durch den Produktionsausfall sind nicht versichert.

4.3   Weiterver- oder -bearbeitungsschäden

4.3.1   Eingeschlossen sind gesetzliche Schadensersatzansprüche Dritter wegen der in Ziff. 4.3.2 genannten Vermögensschäden im Sinne von Ziff. 2.1 AHB infolge Weiterverarbeitung oder -bearbeitung mangelhaft hergestellter oder gelieferter Erzeugnisse, ohne dass eine Verbindung, Vermischung oder Verarbeitung mit anderen Produkten stattfindet. Erzeugnisse im Sinne dieser Regelung können sowohl solche des Versicherungsnehmers als auch Produkte Dritter sein, die Erzeugnisse des Versicherungsnehmers enthalten. Mängel bei der Beratung über die An- oder Verwendung der vom Versicherungsnehmer hergestellten oder gelieferten Erzeugnisse sowie Falschlieferungen stehen Mängeln in der Herstellung oder Lieferung gleich.

Versicherungsschutz besteht insoweit auch - abweichend von Ziff. 1.1, 1.2 und 7.3 AHB - für auf Sachmängeln beruhende Schadensersatzansprüche Dritter im gesetzlichen Umfang, wenn der Versicherungsnehmer aufgrund einer Vereinbarung mit seinem Abnehmer über bestimmte Eigenschaften seiner Erzeugnisse, Arbeiten und Leistungen dafür verschuldensunabhängig einzustehen hat, dass diese bei Gefahrübergang vorhanden sind.

4.3.2   Gedeckt sind ausschließlich Schadensersatzansprüche wegen

4.3.2.1 Kosten für die Weiterverarbeitung oder -bearbeitung der mangelhaften Erzeugnisse mit Ausnahme des Entgeltes für die mangelhaften Erzeugnisse des Versicherungsnehmers, sofern die verarbeiteten oder bearbeiteten Erzeugnisse unveräußerlich sind;

4.3.2.2 Kosten für eine rechtlich gebotene und wirtschaftlich zumutbare Nachbearbeitung der weiterverarbeiteten oder -bearbeiteten Erzeugnisse oder für eine andere Schadenbeseitigung (siehe aber Ziff. 6.2.8). Der Versicherer ersetzt diese Kosten in dem Verhältnis nicht, in dem das Entgelt für die Erzeugnisse des Versicherungsnehmers zum Verkaufspreis der weiterverarbeiteten oder -bearbeiteten Erzeugnisse (nach Nachbearbeitung oder anderer Schadenbeseitigung) steht;

4.3.2.3 weiterer Vermögensnachteile (z. B. entgangenen Gewinnes), weil die weiterverarbeiteten oder -bearbeiteten Erzeugnisse nicht oder nur mit einem Preisnachlass veräußert werden können (siehe aber Ziff. 6.2.8). Der Versicherer ersetzt diese Vermögensnachteile in dem Verhältnis nicht, in dem das Entgelt für die Erzeugnisse des Versicherungsnehmers zu dem Verkaufspreis steht, der bei mangelfreier Herstellung oder Lieferung der Erzeugnisse des Versicherungsnehmers nach Weiterverarbeitung oder -bearbeitung zu erwarten gewesen wäre.

4.4 Aus- und Einbaukosten

4.4.1 Eingeschlossen sind gesetzliche Schadensersatzansprüche Dritter wegen der in Ziff. 4.4.2 und 4.4.3 genannten Vermögensschäden im Sinne von Ziff. 2.1 AHB infolge Mangelhaftigkeit von Gesamtprodukten Dritter die durch den Einbau, das Anbringen, Verlegen oder Auftragen von mangelhaft hergestellten oder gelieferten Erzeugnissen entstanden sind. Erzeugnisse im Sinne dieser Regelung können sowohl solche des Versicherungsnehmers als auch Produkte Dritter sein, die Erzeugnisse des Versicherungsnehmers enthalten. Mängel bei der Beratung über die An- oder Verwendung der vom Versicherungsnehmer hergestellten oder gelieferten Erzeugnisse sowie Falschlieferungen stehen Mängeln in der Herstellung oder Lieferung gleich.

Versicherungsschutz besteht insoweit auch – abweichend von Ziff. 1.1, 1.2 und 7.3 AHB – für auf Sachmängeln beruhende Schadensersatzansprüche Dritter im gesetzlichen Umfang, wenn der Versicherungsnehmer aufgrund einer Vereinbarung mit seinem Abnehmer über bestimmte Eigenschaften seiner Erzeugnisse, Arbeiten und Leistungen dafür verschuldensunabhängig einzustehen hat, dass diese bei Gefahrübergang vorhanden sind.

4.4.2 Gedeckt sind ausschließlich Schadensersatzansprüche wegen

4.4.2.1 Kosten für den Austausch mangelhafter Erzeugnisse (nicht jedoch von deren Einzelteilen), d.h. Kosten für das Ausbauen, Abnehmen, Freilegen oder Entfernen mangelhafter Erzeugnisse und das Einbauen, Anbringen, Verlegen oder Auftragen mangelfreier Erzeugnisse oder mangelfreier Produkte Dritter. Vom Versicherungsschutz ausgenommen bleiben die Kosten für die Nach- und Neulieferung mangelfreier Erzeugnisse oder mangelfreier Produkte Dritter.

4.4.2.2 Kosten für den Transport mangelfreier Erzeugnisse oder mangelfreier Produkte Dritter mit Ausnahme solcher an den Erfüllungsort der ursprünglichen Lieferung des Versicherungsnehmers. Sind die Kosten für den direkten Transport vom Versicherungsnehmer bzw. vom Dritten zum Ort des Austausches geringer als die Kosten des Transportes vom Erfüllungsort der ursprünglichen Lieferung des Versicherungsnehmers zum Ort des Austausches, sind nur die Kosten des Direkttransportes versichert.

4.4.3 Ausschließlich für die in Ziff. 4.4.2 genannten Kosten besteht in Erweiterung der Ziff. 4.4.1 - und insoweit abweichend von Ziff. 1.1 und 1.2 AHB - Versicherungsschutz auch dann, wenn sie zur Erfüllung einer gesetzlichen Pflicht zur Neulieferung oder zur Beseitigung eines Mangels des Erzeugnisses des Versicherungsnehmers von diesem oder seinem Abnehmer aufgewendet werden.

4.4.4 Kein Versicherungsschutz besteht, wenn

4.4.4.1 der Versicherungsnehmer die mangelhaften Erzeugnisse selbst eingebaut oder montiert hat oder in seinem Auftrag, für seine Rechnung oder unter seiner Leitung hat einbauen oder montieren lassen; dies gilt nicht, wenn der Versicherungsnehmer beweist, dass die Mangelhaftigkeit nicht aus dem Einbau, der Montage oder Montageleitung, sondern ausschließlich aus der Herstellung oder Lieferung resultiert;

4.4.4.2 sich die Mangelbeseitigungsmaßnahmen gemäß Ziff. 4.4.1 bis 4.4.3 auf Teile, Zubehör oder Einrichtungen von Kraft-, Schienen-, oder Wasserfahrzeugen beziehen, soweit diese Erzeugnisse im Zeitpunkt der Auslieferung durch den Versicherungsnehmer oder von ihm beauftragte Dritte ersichtlich für den Bau von oder den Einbau in Kraft-, Schienen- oder Wasserfahrzeugen bestimmt waren;

4.4.4.3 Ziff. 6.2.8 eingreift.

4.5   Schäden durch mangelhafte Maschinen *(fakultativ = freiwillig)*

4.5.1   Eingeschlossen sind gesetzliche Schadensersatzansprüche Dritter wegen der in Ziff. 4.5.2 genannten Vermögensschäden im Sinne von Ziff. 2.1 AHB infolge Mangelhaftigkeit von Produkten, die durch vom Versicherungsnehmer mangelhaft hergestellte, gelieferte, montierte oder gewartete Maschinen produziert, be- oder verarbeitet wurden. Mängel bei der Beratung über die An- oder Verwendung der vom Versicherungsnehmer hergestellten, gelieferten, montierten oder gewarteten Maschinen sowie Falschlieferungen stehen Mängeln in der Herstellung oder Lieferung gleich.
Versicherungsschutz besteht insoweit auch - abweichend Ziff. 1.1, 1.2 und 7.3 AHB - für auf Sachmängeln beruhende Schadensersatzansprüche Dritter im gesetzlichen Umfang, wenn der Versicherungsnehmer aufgrund einer Vereinbarung mit seinem Abnehmer über bestimmte Eigenschaften seiner Erzeugnisse, Arbeiten und Leistungen dafür verschuldensunabhängig einzustehen hat, dass diese bei Gefahrübergang vorhanden sind.

4.5.2   Gedeckt sind ausschließlich Schadensersatzansprüche wegen

4.5.2.1 der Beschädigung oder Vernichtung der mittels der Maschine hergestellten, be- oder verarbeiteten Produkte, soweit hierfür nicht bereits Versicherungsschutz nach Ziff. 1 oder 4.1 besteht;

4.5.2.2 anderer für die Herstellung, Be- oder Verarbeitung der Produkte nutzlos aufgewendeter Kosten;

4.5.2.3 Kosten für eine rechtlich gebotene und wirtschaftlich zumutbare Nachbearbeitung der mittels der Maschinen des Versicherungsnehmers hergestellten, be- oder verarbeiteten Produkte oder für eine andere Schadenbeseitigung;

4.5.2.4 weiterer Vermögensnachteile (z. B. entgangenen Gewinnes), weil die mittels der Maschinen des Versicherungsnehmers hergestellten, be- oder verarbeiteten Produkte nicht oder nur mit einem Preisnachlass veräußert werden konnten;

4.5.2.5 der dem Abnehmer des Versicherungsnehmers unmittelbar entstandenen Kosten infolge eines sich aus Mängeln der hergestellten, be- oder verarbeitenden Produkte ergebenden Produktionsausfalles. Ansprüche wegen eines darüber hinausgehenden Schadens durch den Produktionsausfall sind nicht versichert;

4.5.2.6 weiterer Vermögensnachteile, weil die mittels der Maschinen des Versicherungsnehmers mangelhaft hergestellten, be- oder verarbeiteten Produkte mit anderen Produkten verbunden, vermischt, verarbeitet (Ziff. 4.2) oder weiterverarbeitet oder -bearbeitet (Ziff. 4.3), eingebaut, angebracht, verlegt oder aufgetragen (Ziff. 4.4) werden. Dieser Versicherungsschutz wird im Umfang der vorgenannten Ziff. 4.2 ff. gewährt.

4.6 Prüf- und Sortierkosten *(fakultativ)*

Besteht Versicherungsschutz nach den vorangehenden Ziff. 4.2 ff., gilt:

4.6.1 Eingeschlossen sind gesetzliche Schadensersatzansprüche Dritter wegen der in Ziff. 4.6.2 und 4.6.3 genannten Vermögensschäden infolge der Überprüfung von Produkten der Dritten auf Mängel, wenn die Mangelhaftigkeit einzelner Produkte bereits festgestellt wurde und aufgrund ausreichenden Stichprobenbefundes oder sonstiger nachweisbarer Tatsachen gleiche Mängel an gleichartigen Produkten zu befürchten sind. Die Überprüfung muss der Feststellung dienen, welche der Produkte mit Mangelverdacht tatsächlich mangelhaft sind und bei welchen dieser Produkte die nach den Ziff. 4.2 ff. versicherten Maßnahmen zur Mangelbeseitigung erforderlich sind. Produkte im Sinne dieser Regelung sind solche, die aus oder mit Erzeugnissen des Versicherungsnehmers hergestellt, be- oder verarbeitet wurden.

4.6.2 Gedeckt sind ausschließlich Schadensersatzansprüche wegen Kosten der Überprüfung der Produkte mit Mangelverdacht. Zur Überprüfung gehören auch ein notwendiges Vorsortieren zu überprüfender und Aussortieren von überprüften Produkten sowie das infolge der Überprüfung erforderliche Umpacken der betroffenen Produkte.

4.6.3 Ist jedoch zu erwarten, dass die Kosten der Überprüfung der Produkte mit Mangelverdacht zzgl. der nach Ziff. 4.2 ff. gedeckten Kosten auf Basis der festgestellten oder nach objektiven Tatsachen anzunehmenden Fehlerquote höher sind, als die nach Ziff. 4.2 ff. gedeckten Kosten im Falle der tatsächlichen Mangelhaftigkeit aller Produkte mit Mangelverdacht, so beschränkt sich der Versicherungsschutz auf die Versicherungsleistungen nach Ziff. 4.2 ff. In diesen Fällen oder wenn eine Feststellung der Mangelhaftigkeit nur durch Zerstörung des Produktes möglich ist, bedarf es keines Nachweises, dass die Produkte mit Mangelverdacht tatsächlich Mängel aufweisen.
Ist eine Feststellung der Mangelhaftigkeit nur nach Ausbau der Erzeugnisse möglich und wäre bei tatsächlicher Mangelhaftigkeit der Austausch dieser Erzeugnisse die notwendige Mangelbeseitigungsmaßnahme nach Ziff. 4.4, so beschränkt sich der Versicherungsschutz ebenfalls auf die Versicherungsleistungen nach Ziff. 4.4. Auch in diesen Fällen bedarf es keines Nachweises, dass die Produkte mit Mangelverdacht tatsächlich Mängel aufweisen.

4.6.4 Ausschließlich für die in Ziff. 4.6.2 und 4.6.3 genannten Kosten besteht in Erweiterung der Ziff. 4.6.1 - und insoweit abweichend von Ziff. 1.1 und 1.2 AHB - Versicherungsschutz auch dann, wenn sie zur Erfüllung einer gesetzlichen Pflicht zur Neulieferung oder zur Beseitigung eines Mangels des Erzeugnisses des Versicherungsnehmers von diesem oder seinem Abnehmer aufgewendet werden.

4.6.5 Auf Ziff. 6.2.8 wird hingewiesen.

Nicht versichert

Angemerkt sei noch der Punkt 6 der GDV-Musterbedingungen (Risikoabgrenzungen):

6.1 Nicht versichert sind

6.1.1   Ansprüche, soweit diese nicht in Ziff. 4 ausdrücklich mitversichert sind,

- auf Erfüllung von Verträgen, Nacherfüllung, aus Selbstvornahme, Rücktritt, Minderung, auf Schadensersatz statt der Leistung;
- wegen Schäden, die verursacht werden, um die Nachbesserung durchführen zu können;
- wegen des Ausfalls der Nutzung des Vertragsgegenstandes oder wegen des Ausbleibens des mit der Vertragsleistung geschuldeten Erfolges;
- auf Ersatz vergeblicher Aufwendungen im Vertrauen auf ordnungsgemäße Vertragserfüllung;
- auf Ersatz von Vermögensschäden wegen Verzögerung der Leistung;
- wegen anderer an die Stelle der Erfüllung tretender Ersatzleistungen.

Dies gilt auch dann, wenn es sich um gesetzliche Ansprüche handelt;

6.1.2   im Rahmen der Versicherung gemäß Ziff. 4.2 ff. Ansprüche wegen Folgeschäden (z. B. Betriebsunterbrechung oder Produktionsausfall), soweit diese nicht in den Ziff. 4.2 ff. ausdrücklich mitversichert sind.

6.2   Ausgeschlossen vom Versicherungsschutz sind

6.2.1   Ansprüche aus Garantien oder aufgrund sonstiger vertraglicher Haftungserweiterungen, soweit es sich nicht um im Rahmen der Ziff. 4 versicherte Vereinbarungen bestimmter Eigenschaften von Erzeugnissen, Arbeiten und Leistungen bei Gefahrübergang handelt, für die der Versicherungsnehmer verschuldensunabhängig im gesetzlichen Umfang einzustehen hat;

6.2.2   Ansprüche, die daraus hergeleitet werden, dass gelieferte Sachen oder Arbeiten mit einem Rechtsmangel behaftet sind (z. B. Schäden aus der Verletzung von Patenten, gewerblichen Schutzrechten, Urheberrechten, Persönlichkeitsrechten, Verstößen in Wettbewerb und Werbung);

6.2.3   Ansprüche wegen Schäden gemäß Ziff. 7.8 AHB;

6.2.4   Ansprüche gegen den Versicherungsnehmer oder jeden Mitversicherten, soweit diese den Schaden durch bewusstes Abweichen von gesetzlichen oder behördlichen Vorschriften sowie von schriftlichen Anweisungen oder Bedingungen des Auftraggebers herbeigeführt haben;

6.2.5   Ansprüche aus Sach- und Vermögensschäden durch Erzeugnisse, deren Verwendung oder Wirkung im Hinblick auf den konkreten Verwendungszweck nicht nach dem Stand der Technik oder in sonstiger Weise ausreichend erprobt waren.
Dies gilt nicht für Schäden an Sachen, die mit den hergestellten oder gelieferten Erzeugnissen weder in einem Funktionszusammenhang stehen noch deren bestimmungsgemäßer Einwirkung unterliegen;

6.2.6 Ansprüche aus

- Planung oder Konstruktion, Herstellung oder Lieferung von Luft- oder Raumfahrzeugen sowie von Teilen von Luft- oder Raumfahrzeugen, soweit diese Teile im Zeitpunkt der Auslieferung durch den Versicherungsnehmer oder von ihm beauftragte Dritte ersichtlich für den Bau von Luft- oder Raumfahrzeugen sowie den Einbau in Luft- oder Raumfahrzeuge bestimmt waren,

- Tätigkeiten, (z. B. Montage, Wartung, Inspektion, Überholung, Reparatur, Beförderung) an Luft- oder Raumfahrzeugen sowie Luft- oder Raumfahrzeugteilen.

6.2.7 Ansprüche wegen Vermögensschäden im Sinne von Ziff. 2.1 AHB, die von Unternehmen, die mit dem Versicherungsnehmer oder seinen Gesellschaftern durch Kapital mehrheitlich verbunden sind oder unter einer einheitlichen unternehmerischen Leitung stehen, geltend gemacht werden.

6.2.8 Ansprüche wegen Kosten gemäß Ziff. 4.2.2.3, 4.3.2.2, 4.4 und - soweit vereinbart - Ziff. 4.6 sowie Ansprüche wegen Beseitigungs- bzw. Vernichtungskosten im Rahmen der Ziff. 4.2.2.4 und 4.3.2.3, die im Zusammenhang mit einem Rückruf von Erzeugnissen geltend gemacht werden. Erzeugnisse im Sinne dieser Regelung können sowohl solche des Versicherungsnehmers als auch Produkte Dritter sein, die Erzeugnisse des Versicherungsnehmers enthalten. Rückruf ist die auf gesetzlicher Verpflichtung beruhende Aufforderung des Versicherungsnehmers, zuständiger Behörden oder sonstiger Dritter an Endverbraucher, Endverbraucher beliefernde Händler, Vertrags- oder sonstige Werkstätten, die Erzeugnisse von autorisierter Stelle auf die angegebenen Mängel prüfen, die ggf. festgestellten Mängel beheben oder andere namentlich benannten Maßnahmen durchführen zu lassen.

Zusammenspiel zwischen BHV und ePH

Eine Betriebshaftpflicht ohne ePH ist wie folgt strukturiert:

BHV	Produkthaftpflicht
Betriebsstättenrisiko	Produktrisiko
Personen-, Sach- und Vermögensschäden	Personen-, Sach- und Vermögensschäden

Zur Erläuterung: „Betriebsstättenrisiko" sichert Schäden ab, soweit sie im Zusammenhang mit den Produkten, Leistungen oder Arbeiten des stehen, die VOR der Auslieferung (inkl. Transportweg) entstanden sind.

„Produktrisiko" beinhaltet Schäden, soweit diese durch

- hergestellte oder gelieferte Erzeugnisse

  oder

- erbrachte Arbeiten oder sonstige Leistungen

NACH Ausführung der Leistung oder NACH Abschluss der Arbeiten entstehen.

Nun muss darauf hingewiesen werden, dass die vorgenannten Bausteine der ePH (4.1, 4.2 usw.) nicht komplett zu „der ePH" gehören !

Diese Bausteine werden nämlich in **3 Gruppen** aufgeteilt:

4.1	Personen- und Sachschäden aufgrund Fehlens vereinbarter Eigenschaften.

=> integriert in die BHV

4.2	Vermögensschäden aus Verbinden, Vermischen und Verarbeitung von VN-Erzeugnissen mit anderen Produkten zu einem neuen Gesamtprodukt eines Dritten.
4.3	Vermögensschäden aus Weiterver- und bearbeitungsschäden von VN-Erzeugnisse ohne Zugabe eines anderen Produktes.
4.4	Vermögensschäden aufgrund von Ein- und Ausbaukosten. Das neue Gesamtprodukt eines Dritten ist wegen dem VN-Anteil mangelhaft.

Aber: Die Produktanteile müssen trennbar sein ! Ansonsten wird Baustein 4.2 angesprochen !

=> bekannt als „die ePH" !

4.5	Vermögensschäden aufgrund einer mangelhaften Maschine, die vom VN gewartet, geliefert, hergestellt oder montiert wurde und aufgrund des Mangels (Kausalität !) fehlerhafte Produkte herstellt bzw. be- oder verarbeitet.
4.6	Vermögensschäden aufgrund von Prüf- und Sortierkosten für hergestellte und bereits weiterverarbeitete Produkte.

=> jeweils fakultativ (also freiwillig) versicherbar.

Die vorgenannte Struktur einer Betriebshaftpflicht **ohne ePH** ist daher wie folgt zu ergänzen:

BHV	Produkthaftpflicht	
Betriebsstättenrisiko	Produktrisiko	4.1
Personen-, Sach- und Vermögensschäden	Personen-, Sach- und Vermögensschäden	Personen- oder Sachschäden aufgrund Fehlens vereinbarter Eigenschaften

Eine Betriebshaftpflicht **mit ePH** hingegen sieht wie folgt aus:

BHV	Produkthaftpflicht	
Betriebsstättenrisiko	Produktrisiko	4.1
Personen-, Sach- und Vermögensschäden	Personen-, Sach- und Vermögensschäden	Personen- oder Sachschäden aufgrund Fehlens vereinbarter Eigenschaften
	Erweiterte Produkthaftpflicht	
	4.2	Vermögensschäden aus Verbinden, Vermischen und Verarbeitung von VN-Erzeugnissen mit anderen Produkten zu einem neuen Gesamtprodukt eines Dritten.
	4.3	Vermögensschäden aus Weiterver- und bearbeitungsschäden von VN-Erzeugnisse ohne Zugabe eines anderen Produktes.
	4.4	Vermögensschäden aufgrund von Ein- und Ausbaukosten. Das neue Gesamtprodukt eines Dritten ist wegen dem VN-Anteil mangelhaft. Aber: Die Produktanteile müssen trennbar sein ! Ansonsten wird Baustein 4.2 angesprochen !

Eine Betriebshaftpflicht mit **allen Bausteinen der ePH**:

BHV	Produkthaftpflicht	
Betriebsstättenrisiko	Produktrisiko	4.1
Personen-, Sach- und Vermögensschäden	Personen-, Sach- und Vermögensschäden	Personen- oder Sachschäden aufgrund Fehlens vereinbarter Eigenschaften
	Erweiterte Produkthaftpflicht (obligatorisch = verpflichtend)	
	4.2	Vermögensschäden aus Verbinden, Vermischen und Verarbeitung von VN-Erzeugnissen mit anderen Produkten zu einem neuen Gesamtprodukt eines Dritten.
	4.3	Vermögensschäden aus Weiterver- und bearbeitungsschäden von VN-Erzeugnisse ohne Zugabe eines anderen Produktes.
	4.4	Vermögensschäden aufgrund von Ein- und Ausbaukosten. Das neue Gesamtprodukt eines Dritten ist wegen dem VN-Anteil mangelhaft. Aber: Die Produktanteile müssen trennbar sein ! Ansonsten wird Baustein 4.2 angesprochen !
	Erweiterte Produkthaftpflicht (fakultativ = freiwillig)	
	4.5	Vermögensschäden aufgrund einer mangelhaften Maschine, die vom VN gewartet, geliefert, hergestellt oder montiert wurde und aufgrund des Mangels (Kausalität !) fehlerhafte Produkte herstellt bzw. be- oder verarbeitet.
	4.6	Vermögensschäden aufgrund von Prüf- und Sortierkosten für hergestellte und bereits weiterverarbeitete Produkte.

Hinweis: **Grundsätzlich geht die Sachschadendeckung der Deckung für reine Vermögensschäden vor !**

Sofern ein Sachschaden eintritt, muss gemäß Sachschadendeckung reguliert werden, sofern dies für den VN günstiger ist.

Versicherungsfall / Schadeneintritt - Definitionen

So unterschiedlich wie die einzelnen Leistungen sind auch die Versicherungsfälle definiert.

BHV	Produkthaftpflicht	
Betriebsstättenrisiko	Produktrisiko	**4.1**
Personen-, Sach- und Vermögensschäden	Personen-, Sach- und Vermögensschäden	Personen- oder Sachschäden aufgrund Fehlens vereinbarter Eigenschaften
Definition:		
Schadenereignistheorie (Occurrence)		
„..mit dem Zeitpunkt, in der die reale Verletzung des Rechtsgutes eintritt".		„äußerer Vorgang, der zu Drittschäden geführt hat".

Für die Bausteine 4.2. - 4.6. gilt:

Weil ein "äußerer" Vorgang nicht oder nur schwer zeitlich fixierbar ist, werden **je Baustein individuelle Regelungen** angesetzt !

4.2 Vermögensschäden aus Verbinden, Vermischen und Verarbeitung von VN-Erzeugnissen mit anderen Produkten zu einem neuen Gesamtprodukt eines Dritten.

Definition: **Weiterverwendung des Erzeugnisses**

4.3 Vermögensschäden aus Weiterver- und bearbeitungsschäden von VN-Erzeugnisse ohne Zugabe eines anderen Produktes.

Definition: **Weiterverwendung des Erzeugnisses**

4.4 Vermögensschäden aufgrund von Ein- und Ausbaukosten. Das neue Gesamtprodukt eines Dritten ist wegen dem VN-Anteil mangelhaft.
Aber: Die Produktanteile müssen trennbar sein ! Ansonsten wird Baustein 4.2 angesprochen !

Definition: **Einbau des Erzeugnisses**

4.5 Vermögensschäden aufgrund einer mangelhaften Maschine, die vom VN gewartet, geliefert, hergestellt oder montiert wurde und aufgrund des Mangels (Kausalität !) fehlerhafte Produkte herstellt bzw. be- oder verarbeitet.

Definition: **Produktion des „Fehl"-Produktes mit der besagten Maschine.**
Ausnahme: 4.5.2.6 => Verweisung auf den jeweiligen Baustein 4.2. – 4.4.

4.6 Vermögensschäden aufgrund von Prüf- und Sortierkosten für hergestellte und bereits weiterverarbeitete Produkte.

Definition: **Verweisung auf den jeweiligen Baustein 4.2. – 4.4.**

Betriebsstätten im Ausland

I.d.R. sind die Betriebshaftpflichtverträge über den Umsatz der VN gesteuert. Eine gesonderte Anmeldung einzelner Betriebsstätten im Inland (!) kann daher meistens unterbleiben.

Allerdings sollte zwischen rechtlich selbstständigen Betriebsstätten und unselbstständigen Betriebsstätten unterschieden werden.

Unselbstständig sind Betriebsstätten dann, wenn es um weitere Standorte der VN handelt wie z.B. Verwaltung, Lager, Produktion, Filialen usw.

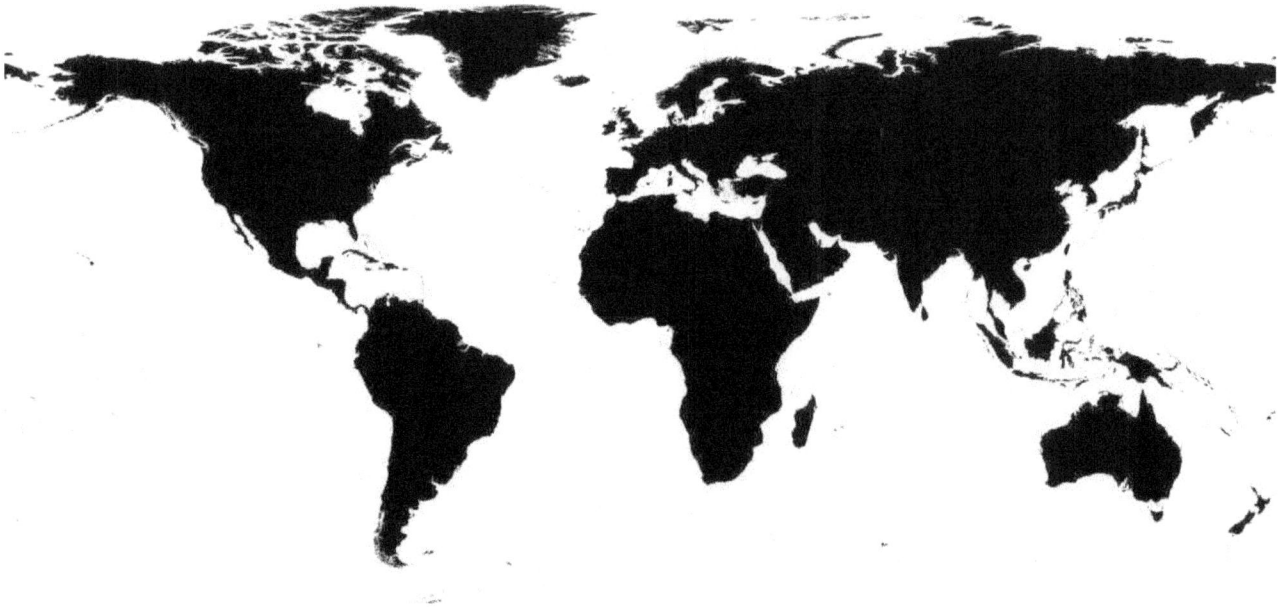

Rechtlich selbstständig sind Betriebsstätten dann, wenn die VN direkt oder indirekt nur gewisse Anteile an der jeweiligen Firma hält und / oder die unternehmerische Führung ausübt.

Eine Mitversicherung ist üblicher Weise kein Problem, sofern der VN-Anteil an der Firma mind. 51% beträgt.

So oder so wird allerdings ein einheitlicher Betriebscharakter voraus gesetzt. Wenn das Tätigkeitsfeld des „Mutterkonzerns" (z.B. Hochbau) von den einzelnen Töchtern (z.B. Taxibetrieb, Steinbruch und Lkw-Vermietung) abweicht, sollte dies unbedingt dem besitzenden Versicherer angezeigt werden.

Bei einer Betriebsstätte im Ausland unbedingt darauf achten, ob es sich ggf. hier um ein Non-admitted-Land handelt !

Internationale Konzepte

Ein internationales Versicherungsprogramm setzt sich zusammen aus:

a)   Mastervertrag, ggf. mit DIC-Klausel (Difference in Conditions = Konditionsdifferenzdeckung) **und/oder (!)** DIL-Klausel (Difference in Limits = Summendifferenzdeckung)

b)   Lokalpolicen und

c)   ggf. Policen auf Basis der Dienstleistungsfreiheit, den sogenannten FOS-Policen

zu a)   Mastervertrag, ggf. mit DIC-Klausel (Difference in Conditions = Konditionsdifferenzdeckung) **und/oder (!)** DIL-Klausel (Difference in Limits = Summendifferenzdeckung)

Die Lokalpolice für das Mutterhaus hat in der Regel eine Doppelfunktion. Sie fungiert zum einen als traditionelle Lokalpolice für die Mutter und gleichzeitig als Master-Vertrag in der Funktion einer Deckungsdifferenzversicherung für die Auslandslokationen.
Ziel ist es, mit dieser Deckungsdifferenzversicherung eine Harmonisierung des Deckungsumfangs für alle Risiken einer Unternehmensgruppe zu erzielen. Diese Differenzdeckung erstreckt sich in der Regel sowohl auf den Deckungsumfang (DIC) als auch auf die Entschädigungsbegrenzungen (DIL).

Vorteil für den Kunden:

Der Deckungsumfang und die Vertragskonditionen werden zentral mit einem Versicherer für die ganze Unternehmensgruppe definiert.

Die Prämie für diese Differenzdeckung über den Master ist den einzelnen versicherten Risiken zuzuordnen. Ebenso sind entsprechende lokale Steuern und steuerähnliche Abgaben zu erheben.

zu b)   Lokalpolicen

Für ausländische Standorte sind außerhalb der EU Lokalpolicen erforderlich. Der Deckungsumfang dieser Lokalpolicen sollte weitestgehend dem Deckungsumfang des Masters entsprechen, um größere Deckungsdifferenzen innerhalb der Unternehmensgruppe bereits über die Lokalpolicen zu vermeiden. Mindestanforderung an den lokalen Deckungsumfang ist eine gute landesübliche Deckung zu marktüblichen Bedingungen, dem sogenannten „good local standard".

Lokal zu- und niedergelassene Erstversicherer sind berechtigt Lokalpolicen auszufertigen.

Ist der programmführende Versicherer in diesen Ländern nicht zugelassen, so muss er einen Kooperationspartner, auch Frontingpartner genannt, zur Vorzeichnung vor Ort einschalten.

Der lokale Versicherer zediert dann in der Regel das Risiko an den programmführenden Versicherer. Diese Vorzeichnung durch einen lokalen Versicherer bezeichnet man auch als „Fronting".

zu c)   Policen auf Basis der Dienstleistungsfreiheit, den sogenannten FOS-Policen

Innerhalb der EU sind alternativ zur Lokalpolice auch Policen im Rahmen der Dienstleistungsfreiheit (FOS) aus dem Land des Mutterhauses heraus möglich.

In der Praxis werden europäische Auslandstöchter dann oftmals in die Police des Mutterhauses als mitversicherte Unternehmen eingeschlossen.

Somit gilt für FOS-Policen in der Regel das Recht des Landes, in dem die Policen erstellt werden, wahlweise können sich die Vertragsparteien Versicherer und Versicherungsnehmer aber auch auf einen anderen Gerichtsstand einigen.

Versicherungsnehmer und damit Prämienschuldner einer in Deutschland erstellten FOS-Police ist der deutsche Kunde. Auf die Prämien für die Deckung der Auslandstöchter (über FOS) entfallen die jeweilige lokale Versicherungssteuer und sonstige landesspezifische Pflichtabgaben, die an die lokalen Steuerbehörden abzuführen sind. Das gilt auch für die programmbeteiligten Konsorten. Zu beachten ist hier ebenso die Einhaltung der meist kurzen Fristen zur Steuerabführung.

Vorteil einer FOS-Police:

Volle Kontrolle über den Deckungsumfang, gesteuert vom Mutterhaus. Es gilt ein einheitliches Bedingungswerk. Versicherungsnehmer ist ausschließlich das Mutterhaus, das seine Auslandstöchter mitversichert.

Hinweise zur FOS-Police:

Es ist jedoch zu bedenken, dass bei einer FOS-Police landesübliche Besonderheiten, wie z. B. Haftpflichtansprüche Dritter in Belgien, Frankreich oder Italien, nicht gedeckt sind.

Ebenso können die Definitionen der versicherten Gefahren von Land zu Land abweichen, wodurch Deckungslücken entstehen können.

Als aufwendig oder gar schwierig in der Umsetzung kann sich die Befriedigung lokaler Besonderheiten wie Pflichtdeckungen oder Bedienung/Nutzung von Poollösungen erweisen, z. B. Consorcio in Spanien, GAREAT in Frankreich.

Zu berücksichtigen ist auch die erschwerte Schadenregulierung eines Auslandsschadens, ohne notwendige Kenntnisse des lokalen Rechtsrahmens.

Der fehlende „Vor-Ort-Service" kann ggf. problematisch werden und das Geschäftsklima zwischen Versicherer und Versicherungsnehmer trüben.

Daher ist eine eingehende Kundenberatung zur Darstellung aller Vor- und Nachteile von Policen auf Basis der Dienstleistungsfreiheit (FOS) ratsam.

Programm-Modelle

Was verbirgt sich hinter dem Terminus „Internationales Versicherungsprogramm" ?

Eine mögliche Definition:

„Ein Internationales Programm ist ein länderübergreifendes Versicherungskonzept für Firmen- und Industriekunden mit Risiken im In- und Ausland mit dem Ziel einer zentralen Steuerung der Versicherungsbelange.

Die Vereinheitlichung des Deckungsumfangs zur Umsetzung einer einheitlichen Risikomanagementphilosophie und der Einbindung aller Risikostandorte weltweit – soweit möglich und sinnvoll ist hierbei in Abhängigkeit von der Unternehmensstruktur und -philosophie unterschiedlich stark ausgeprägt."

Zentral gesteuert soll Risikoadäquater Versicherungsschutz für die gesamte Unternehmensgruppe erzielt werden.

Die Versicherungspraxis kennt vier grundlegende Modelle von internationalen Versicherungslösungen:

a) Das unkoordinierte Programm

b) Das koordinierte Programm

c) Das integrierte Programm

d) Das teilintegrierte Programm

zu a) Das unkoordinierte Programm

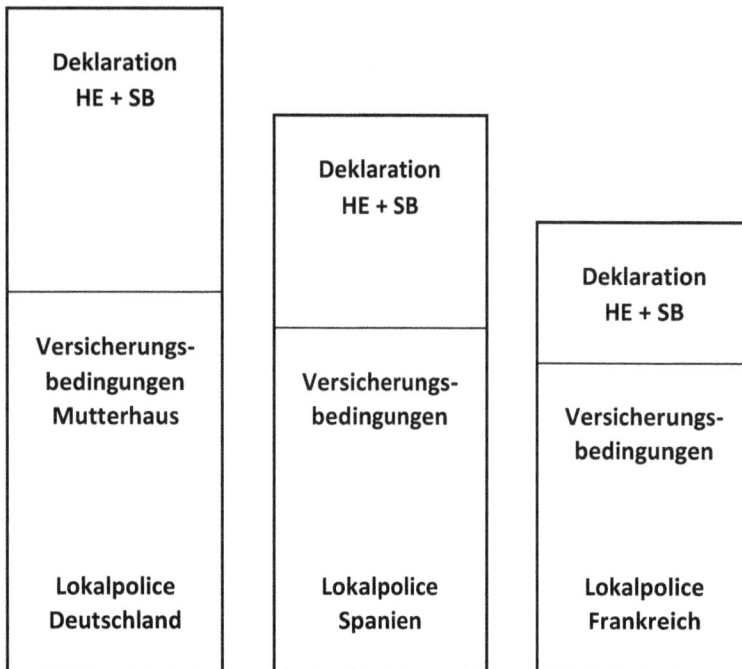

Das unkoordinierte „Programm" zeichnet sich durch separate Lokalpolicen pro Land und Risiko aus, die von unterschiedlichen Lokalversicherern zu individuellen landesüblichen Bedingungen erstellt werden.

Es gibt keinen Mastervertrag in der Funktion einer Konditionsdifferenzdeckung für alle Lokalpolicen.

Man spricht demnach von sogenannten „stand alone Policen" mit individuellem Deckungsumfang, Selbstbehaltsregelungen (SB), Haftungsbegrenzungen / Höchstentschädigungen (HE) und Prämiengestaltungen. Versicherungsschutz wird von den lokalen Unternehmenstöchtern in Eigenregie ohne Abstimmung mit dem Mutterhaus eingekauft.

Auf diese Weise können zwar alle länderspezifischen Besonderheiten berücksichtigt und der Deckungsschutz auf das jeweilige lokale Risiko abgestimmt werden, aber eine Steuerungsmöglichkeit seitens des Mutterhauses ist hier nur sehr eingeschränkt gegeben.

Andererseits ist bei diesem Modell sicher gestellt, dass allen aufsichts- und steuerrechtlichen Auflagen entsprochen wird.

zu b) Das koordinierte Programm

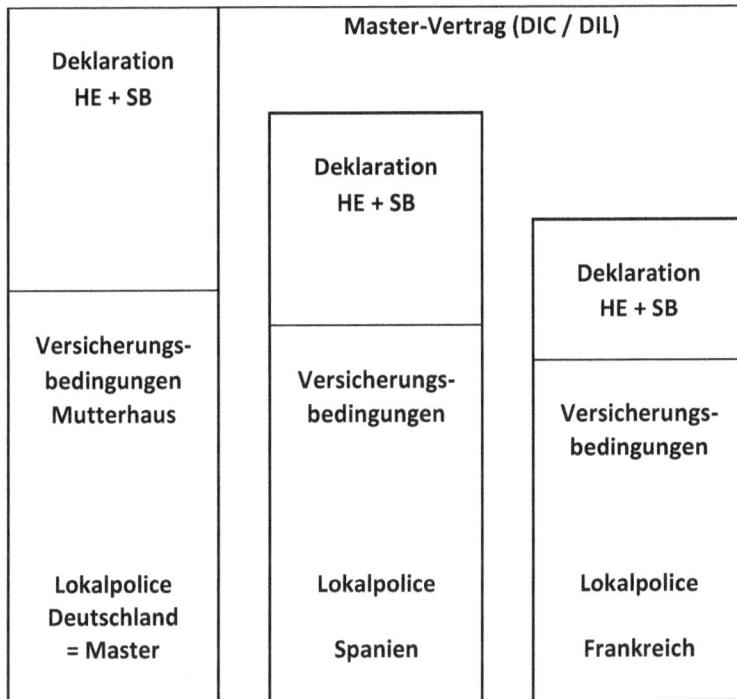

Master-Vertrag (DIC / DIL)		
Deklaration HE + SB		
	Deklaration HE + SB	
		Deklaration HE + SB
Versicherungs-bedingungen Mutterhaus	**Versicherungs-bedingungen**	**Versicherungs-bedingungen**
Lokalpolice Deutschland = Master	**Lokalpolice Spanien**	**Lokalpolice Frankreich**

Bei einem koordinierten Programm gewährt das Mutterhaus den ausländischen Tochterunternehmen die Freiheit, eigenständig lokal Versicherungsschutz einzukaufen.

Das Mutterhaus schließt einen Mastervertrag ggf. einschließlich einer Konditionsdifferenzdeckung (DIC/DIL) ab.

Die Koordination erfolgt dann über diesen Mastervertrag und die Definition von Gruppenstandards für die gesamte Unternehmensgruppe über Richtlinien und Vorgaben für das Risk-Management.

Vorteile dieses Modells sind die Berücksichtigung landesspezifischer Besonderheiten in den Lokalpolicen, risikospezifische Prämienfindung sowie in der Regel ein Deckungsdifferenzausgleich über den Mastervertrag.

Die lokalen Deckungen werden jedoch von unterschiedlichen Versicherern gehalten, was beispielsweise die Schadenregulierung im Falle eines DIC-/DIL-Schadens erschwert. Die Steuerungsmöglichkeiten des Mutterhauses sowie des Versicherers des Mutterhauses sind hier sehr eingeschränkt.

zu c) Das integrierte Programm

Master-Vertrag DIC / DIL		
Deklaration HE + SB	DIL	DIL
	Deklaration HE + SB	Deklaration HE + SB
Versicherungs-bedingungen Mutterhaus	DIC	DIC
	Versicherungs-bedingungen	Versicherungs-bedingungen
Lokalpolice Deutschland = Master	Lokalpolice Spanien	Lokalpolice Frankreich

Dies ist das Modell eines internationalen Versicherungsprogramms in Reinkultur.

Der Versicherungsnehmer verhandelt mit einem Versicherer ein Deckungskonzept für die gesamte Unternehmensgruppe.

Die Police des Mutterhauses fungiert in Doppelfunktion zum einen als Lokalpolice für das Mutterhaus und zum anderen als Mastervertrag in der Funktion der Konditionsdifferenzdeckung für das gesamte internationale Versicherungsprogramm.

Die Auslandstöchter werden entweder über Lokalpolicen oder – soweit möglich – innerhalb der EU im Rahmen der Dienstleistungsfreiheit über das Mutterhaus mitversichert. Die lokalen Deckungen sollten weitestgehend, sofern lokal möglich, dem Deckungsumfang des Mastervertrags entsprechen.

Alle Risiken fließen in das internationale Versicherungsprogramm, das zentral vom Versicherer des Mutterhauses gesteuert wird. Durch die DIC-/DIL-Funktion des Mastervertrags wird global ein nahezu einheitlicher Versicherungsschutz erzielt; länderspezifische Besonderheiten werden im Lokalvertrag abgebildet.

Die vollständige Kontrolle über die Versicherungsbelange einer Unternehmensgruppe kann über ein voll integriertes Programm erreicht werden.

Nachteilig kann sich jedoch die Komplexität eines voll integrierten Programms auswirken. Der führende Versicherer sollte über ein adäquates Netzwerk und eine ausreichende interne Infrastruktur verfügen.

Ferner sind Know-how in Underwriting, Risk Management, Claims Management und Administration erforderlich, um ein solches Programm zur Zufriedenheit des Kunden steuern und verarbeiten zu können.

zu d) Das teilintegrierte Programm

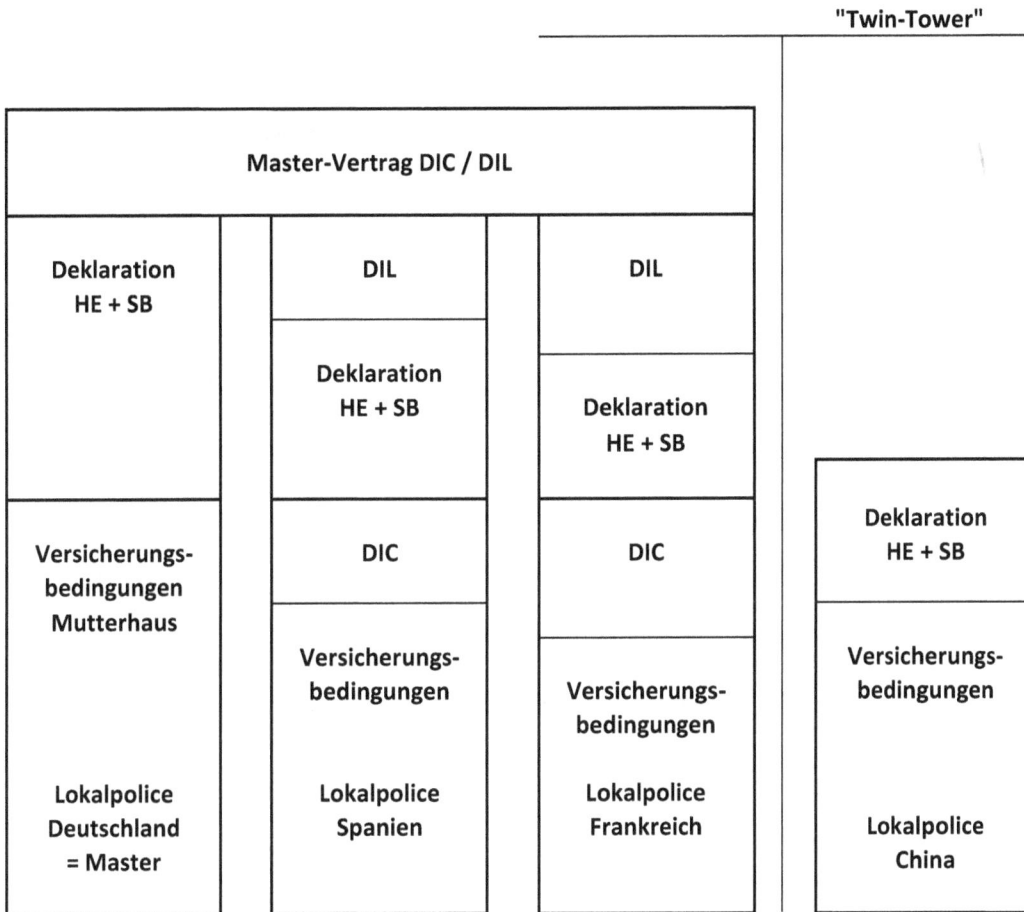

			"Twin-Tower"

Master-Vertrag DIC / DIL			
Deklaration HE + SB	DIL	DIL	
	Deklaration HE + SB	Deklaration HE + SB	
Versicherungs-bedingungen Mutterhaus	DIC	DIC	Deklaration HE + SB
	Versicherungs-bedingungen	Versicherungs-bedingungen	Versicherungs-bedingungen
Lokalpolice Deutschland = Master	Lokalpolice Spanien	Lokalpolice Frankreich	Lokalpolice China

Wie bereits aus der Bezeichnung „teilintegriert" zu erkennen ist, erfasst diese Form des internationalen Versicherungsprogramms nicht alle Risiken eines Versicherungsnehmers.

Diese Mischform ist das internationale Programm-Modell, das der Realität am nächsten kommt, sobald ein Unternehmen auch Töchter in Übersee oder dem asiatischen Raum unterhält.

In den meisten asiatischen Ländern, wie z. B. China oder Indien, ist als Versicherungslösung nur eine Lokalpolice zulässig. Versicherungsdeckungen aus dem Ausland heraus sind nicht erlaubt, eine Retrozession* dieser Risiken an das Programmkonsortium außerhalb dieser Länder ist folglich auch nicht möglich.

In diesen Fällen spricht man auch vom sogenannten „Twin Tower" (Zwillingsturm). Unabhängig nebeneinander besteht in solchen Fällen meist ein Internationales Versicherungsprogramm für die europäischen Lokationen ohne non admitted-Verbot und Lokaldeckungen für die Überseelokationen, die lokale Versicherungslösungen zwingend vorschreiben.

*Retrozession ist eine „Weiterrückversicherung" - zur Verkleinerung und Streuung des Risikos. Dabei gibt z. B. ein Rückversicherer Teile seines Risikos an den Retrozessionar (Rückversicherer) weiter.
Technisch handelt es sich um Rückversicherungsgeschäft, das bereits rückversichert ist, was der finanziellen Entlastung des Erst-Rückversicherers dient.

Welche Stufen der Zulassung zur lokalen oder grenzüberschreitenden Geschäftstätigkeit gibt es im Versicherungswesen?

• **admitted**

>Hier gewährt ein lokal zugelassener (= admitted) Versicherer Versicherungsschutz. Innerhalb der EU ist dies im Rahmen der EU-Dienstleistungsfreiheit auch ohne lokale Niederlassung grenzüberschreitend möglich.

• **non admitted**

>Ein lokal nicht zugelassener (= non admitted) Versicherer stellt Versicherungsschutz zur Verfügung. Dies ist beispielsweise der Fall bei DIC-/DIL-Deckungen über einen Mastervertrag, der mit dem Mutterhaus eines Versicherungsnehmers geschlossen wird.
>Die Grunddeckung erfolgt über einen lokalen Versicherer. Auf dieser Grunddeckung wird dann mittels einer DIC/DIL-Deckung das Niveau des Mastervertrages geschaffen.

• **non admitted-Verbot**

>Viele Länder verbieten grenzüberschreitende Versicherungsdeckungen ohne lokale Zulassung des Versicherers. Es darf hier kein Versicherungsschutz aus dem Ausland heraus für ein lokales Risiko geboten werden. Dies gilt auch für DIC-/DIL Deckungen.
>Ansonsten verstößt der Versicherer gegen geltendes Recht.

• **erlaubte non admitted-Deckung**

>In manchen Ländern kann über Ministerien oder lokale Aufsichtsbehörden unter Auflagen eine Sondererlaubnis für eine grenzüberschreitende Deckung ohne generelle lokale Zulassung eingeholt werden. Dies nennt man eine erlaubte „non admitted-Deckung".

Bei internationalen Versicherungskonzepten stellt sich also die Frage, in welchen Ländern was zulässig ist und in welcher Weise dem Kunden Versicherungsschutz geboten werden kann und darf.

Grundsätzlich ist festzuhalten:

Innerhalb der EU ist eine Geschäftstätigkeit im Rahmen der Dienstleistungsfreiheit (FOS-Police) wie auch selbstverständlich über lokale Niederlassungen (Lokalpolice) legal möglich.

Weltweit gesehen ist jedoch in den meisten Ländern nur lokal nieder- und zugelassenen Versicherern gestattet, Versicherungsschutz zu gewähren. Hier handelt es sich um die sogenannten non-admitted-Verbotsländer.

Mehr als 140 Staaten gehören in diese Kategorie.

Dazu zählen Länder wie:

Brasilien,
Russland,
Indien,
China und
Südafrika.

Die Anfangsbuchstaben geben dieser Staatengruppe auch die Bezeichnung BRICS-Staaten.

Ferner sind

USA
England
Schweiz
Türkei
Japan
Malaysia
Mexiko und
Thailand

zu den non-admitted-Länder zu zählen.

Da in diesen Ländern nur Lokaldeckungen zulässig sind, ist die Einbindung dieser Deckungen in ein Internationales Versicherungsprogramm schwierig.

Aus rechtlicher Sicht ist daher zu lokalen Deckungen durch lokal zugelassene Versicherer zu raten. Dies widerspricht jedoch dem Ziel eines zentral gesteuerten Internationalen Versicherungsprogramms mit möglichst einheitlichem Deckungsumfang für alle Lokationen einer Unternehmensgruppe.

Financial Interest Cover

Eine Lösungsmöglichkeit zur Deckung von Risiken in non-admitted-Verbotsländern ist die Versicherung des finanziellen Interesses der Muttergesellschaft an ihren Auslandstöchtern, d. h. ihrer Investitionen in oder Beteiligung an ihren Auslandstöchtern.

Im Rahmen dieses „Financial Interest Covers" sind ausschließlich die finanziellen Auswirkungen eines bei einer ausländischen Tochter eingetretenen Schadens auf das Mutterhaus gedeckt, also Vermögensschäden.

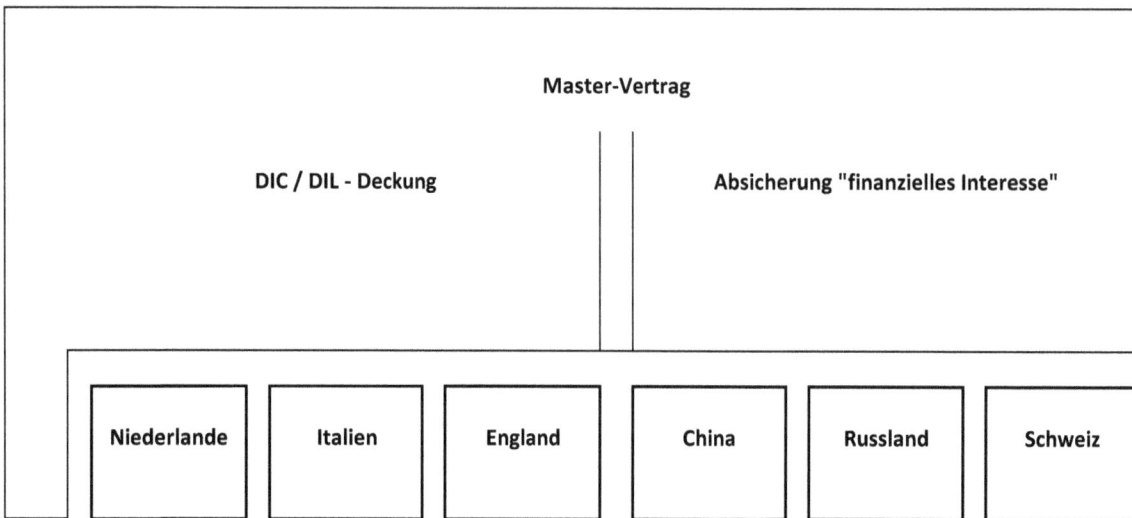

```
                              Master-Vertrag

        DIC / DIL - Deckung            Absicherung "finanzielles Interesse"


  [Niederlande]  [Italien]  [England]     [China]  [Russland]  [Schweiz]
```

Versicherungsnehmer und Prämienschuldner ist die Konzernmutter.

Die ausländischen Tochterunternehmen werden ausschließlich über Lokalpolicen versichert.

Es gibt keine versicherungsvertragliche Verbindung zur Tochtergesellschaft, so dass jedwede Versicherungsleistung aus dem Financial Interest Cover im Entschädigungsfall ausschließlich an die Muttergesellschaft erfolgt.

Voraussetzung für eine Entschädigungsleistung ist, dass der Mutter selbst infolge eines Schadens bei der Auslandstochter ein Schaden entsteht. Die Entschädigung bemisst sich an der schadenbedingten Minderung des Beteiligungswertes an der Tochter. Sie entspricht der hypothetischen Entschädigungsleistung aus einer DIC-/DIL-Deckung, wenn diese rechtlich wirksam hätte vereinbart werden können.

Das Eigeninteresse der Mutter muss klar definiert sein, um jedweder Unterstellung von Fremdversicherung entgegen zu wirken. Es handelt sich um eine „simulierte Fremdversicherung durch Eigenversicherung".

De facto wird die Muttergesellschaft der ausländischen Tochter einen Schadenausgleich in der Regel in Höhe der Entschädigung aus dem Financial Interest Cover zukommen lassen. Dieser Schadenausgleich wird steuerrechtlich jedoch als Investition und nicht als Versicherungsleistung behandelt.

Er unterliegt daher einer höheren Besteuerung. Fraglich ist, welche Lösung für diese erhöhten Transferkosten gefunden werden kann.

Aufgrund dieser Gemengelage ist die Frage zu stellen, ob ein Financial Interest Cover eine aufsichtsrechtlich lupenreine Versicherungslösung ist ?

Länderspezifika

Die jeweils nationale Gesetzgebung sieht für bestimmte Deckungen lokale Zwangs- oder Monopolversicherung vor.

Beispiele hierfür sind Terrorismus- und Elementargefahrendeckungen.

Nicht betrachtet werden in diesem Zusammenhang generelle Erst- und Rückversicherungsausschlüsse, die auch im Inland zu beachten sind, wie Krieg oder Kernenergie.

Im Folgenden wird ein Überblick ausgewählter landesspezifischer Versicherungslösungen für bestimmte Gefahren gegeben. Diese Aufstellung erhebt keinen Anspruch auf Vollständigkeit. Es handelt sich – Irrtum und Auslassung vorbehalten – um die im Augenblick bekannten Lösungen.

Länder	Gefahr			
	Terror	Elementar	Politische Risiken	Haftpflicht-ansprüche
Belgien	für einfaches Geschäft			Code Napoléon
Dänemark	für Gebäude	Sturmflut		
Frankreich	Pool GAREAT	Cat. Nat.	Pflichtdeckung	Code Napoléon
Großbritannien	Pool RE			
Norwegen		Sturm, Überschwemmung, Erdrutsch, Frost, Erdbeben		
Spanien	Consorcio	Consorcio	Consorcio	
Südafrika Namibia			SASRIA, NASRIA Political Riot	
USA	TRIPRA SFP-Staaten	NFIP Nationales Flutprogramm der US-Regierung		

a) Belgien

Terror

In Belgien gibt es eine obligatorische Terrordeckung für einfaches Geschäft (< 1,3 Mio. EUR Versicherungssumme) und spezielle Risiken (> 44 Mio. EUR Versicherungssumme) wie Krankenhäuser, Kirchen, Schulen oder Museen.

Über den Rückversicherungspool „TRIP" kann Deckung eingekauft werden. Die Poolhaftung ist auf 1 Mrd. EUR limitiert.

Haftpflichtansprüche Dritter

In die Sachdeckung eingeschlossen wird in der Regel die Haftpflicht des Versicherungsnehmers für Ansprüche Dritter (Mieter, Vermieter, Nachbar) auf Grund von Schäden durch Feuer oder sonstige versicherte Gefahren, die durch einen Sachschaden beim Versicherungsnehmer ausgelöst werden.

Diese Regelung basiert auf dem Code Napoléon, der Grundlage des belgischen Zivilrechts. Der Versicherungsnehmer in der Rolle des Vermieters haftet gegenüber seinen Mietern für Schäden an deren Sachen als Folge eines Konstruktionsfehlers oder mangelhafter Instandhaltung des Gebäudes.

b) Dänemark

Sturmflut

Seit 1991 gilt für alle Sach- und BU-Policen (privat wie gewerblich) eine gesetzliche Deckungserweiterung auf Sturmflut; von der Deckung ausgeschlossen bleiben jedoch Überschwemmungsschäden in Folge von Hochwasser von Flüssen und/oder Seen.

Für diese Zwangsdeckung fällt eine pauschale Abgabe an. Sie ist auf alle lokal wie auch im Rahmen der Dienstleistungsfreiheit im europäischen Ausland ausgestellte Policen zu erheben und an den staatlich verwalteten Pool „Stormradet" abzuführen. Im Schadenfall hat der Erstversicherer in Vorleistung zu gehen. Eine Kompensation kann dann vom Pool eingefordert werden.

c) Frankreich

Terror

Terrordeckungen sind für Sachversicherungen obligatorisch (= verpflichtend). Die Deckung ist weitergehend als beispielsweise die EXTREMUS-Deckung auf dem deutschen Markt, denn sie schließt ABC-Risiken und „Dirty Bombs" ein.

Darüber hinaus umfasst der vom Gesetzgeber vorgegebene Deckungsumfang auch Auswirkungen von terroristischen Anschlägen im Ausland auf Risiken, die auf französischem Grund gelegen sind. Für diese Deckung bietet der französische Markt eine Poollösung, den GAREAT (= Gestion de l'Assurance et de la Réassurance des risques Attentats et actes de Terrorisme).

Es ist ein Rückversicherungspool, der verpflichtend ist für Risiken > 20 Mio. EUR Versicherungssumme. Der Beitritt zum GAREAT ist für in Frankreich niedergelassene Versicherer verpflichtend, für alle anderen optional.

Werden Risiken nicht an GAREAT zediert (überlassen), so trägt der Erstversicherer das Risiko im Eigenbehalt.

Die Poolhaftung ist stufenweise aufgebaut:

- Der 1. Layer, < 400 Mio. EUR, wird von den Poolmitgliedern im Verhältnis des von ihnen eingebrachten Geschäfts getragen.

- Die Haftungsstrecke zwischen 400 Mio. EUR und 2,2 Mrd. EUR ist über den Pool rückversichert.

- Oberhalb 2,2 Mrd. EUR setzt eine unlimitierte Staatshaftung ein.

Catastrophes Naturelles („Cat. Nat.")

Auf gesetzlicher Grundlage sind seit 1982 bestimme Naturgefahren im Rahmen einer Sachversicherung obligatorische Deckungsbestandteile. Ob ein Naturereignis zur Cat. Nat. erklärt wird, entscheidet die Regierung per interministeriellen Erlass.

Versichert sind Gebäude und bewegliche Sachen, die gegen Feuer- oder sonstige Sachschäden und – sofern vereinbart – gegen Betriebsunterbrechung versichert werden. Es gelten die Bedingungen des Grundvertrags.

Die Gesetze vom 25.6.1990 und 16.7.1992 definieren als „über den Grundvertrag unversicherbare Schäden" z. B. Überschwemmung und/oder Schlammbewegungen, Erdbeben, Erdrutsch, Sturmflut, Wasser-, Schlamm- oder Lavaströme, Treibeis und Schneeverwehungen.

Diese Risiken sind als versicherte Gefahren unter dem Cat. Nat.-Reglement absicherbar.

Der Gesetzgeber gibt die Prämie für die Cat. Nat.-Deckung vor: Sie beträgt zurzeit 12 % der in der Grundpolice vereinbarten Nettoprämie. Sie unterliegt der Versicherungssteuer, die von jedem beteiligten Versicherer für seinen Anteil abzuführen ist.

Rückversicherung kann über die CCR (Caisse Centrale de Réassurance) oder anderweitig eingekauft werden. **Allein die CCR verfügt jedoch über eine Staatsgarantie mit unbegrenzter Deckung.**

Frankreich

Haftpflichtansprüche Dritter

Wie auch in Belgien beruht in Frankreich das Zivilrecht auf dem Code Napoléon.

Daher besteht auch hier die Pflichtdeckung für die Haftpflicht des Versicherungsnehmers auf Grund von Sachschäden durch Feuer oder sonstige versicherte Gefahren am Eigentum Dritter (Mieter, Vermieter, Nachbar), ausgenommen Zufall oder höhere Gewalt.

Die Beweislast liegt hier beim Versicherungsnehmer.

Der Versicherungsnehmer in der Rolle des Vermieters haftet gegenüber seinen Mietern für Mietsachschäden, die vom Mieter nicht verschuldet wurden.

Exkurs: Code Civil

Der **Code Civil** (CC) (1807–1815 und kurzzeitig zwischen 1853 und 1871 in **Code Napoléon** umbenannt) ist das französische Gesetzbuch zum Zivilrecht, das durch Napoléon Bonaparte am 21. März 1804 eingeführt wurde. Mit dem Code Civil schuf Napoleon ein bedeutendes Gesetzeswerk der Neuzeit. In Frankreich ist es in wesentlichen Teilen noch heute gültig.

Frankreich

Décennale

Décennale – die wohl markanteste Besonderheit für die Baubranche in Frankreich – beinhaltet eine 10 jährige (in Deutschland max. 5 Jahre) Gewährleistungspflicht.

Das Prinzip dieser „Erbauer"-Haftung beruht auf den rechtlichen Grundlagen, die bereits 1804 im Code Civil (bürgerliches Gesetzbuch) verankert wurden.

Das französische System wurde entwickelt um dem Eigentümer eines Gebäudes einen wirksamen Schutz vor gravierenden Schäden zu bieten, die im Laufe der zehn auf die Erbauung folgenden Jahre auftreten können.

Die Haftung der Erbauer unterliegt in Frankreich **zwingendem** Recht. Bei der gesetzlichen Zehnjahres-Bauhaftung, die in § 1792 und § 1792-2 des Code Civil festgelegt ist, wird das Prinzip der Haftung auf eine Zeitdauer von zehn Jahren festgelegt. Diese Zeitdauer kann **nicht** verkürzt werden.

Die Unternehmen müssen eine Décennale abschließen, wenn in Frankreich **Neubauten oder Renovierungen** vorgenommen werden bzw. an solchen Tätigkeiten beteiligt sind.

Um von dieser **unbeschränkten Haftung** freigestellt zu werden, muss ein Beweis her, dass die Schäden auf eine andere Ursache zurückzuführen sind, z.B. auf höhere Gewalt, das Verschulden eines Dritten oder des Geschädigten.

Bei Nichtabschluss der Décennale droht dem VN

- Geldstrafe
- Haftstrafe (für den Fall der wirtschaftlichen Gefährdung des Bauherrn)
- Verweigerung der Werklohnleistung durch den Bauherrn
- Verbot weiterer wirtschaftlicher Tätigkeiten in Frankreich

Garantiedauer / Versicherungspflicht

Die o.g. Aussage, dass eine 10 jährige Gewährleistungspflicht besteht, ist in einigen Punkten zu relativieren.

Nicht immer beträgt die Gewährleistungspflicht 10 Jahre und nicht immer besteht eine Versicherungspflicht !

Grundsätzlich sei erst einmal festgestellt, dass die Décennale nur (!) dann abgeschlossen werden muss, wenn die Leistung des VN mit **dem französischen Boden dauerhaft** verbunden ist.

Ein VN, der z.B. „nur" Mobiliar wie Stühle etc. nach Frankreich liefert, benötigt daher keine Décennale ! Bei diesen Sachen handelt es sich nicht um eine dauerhafte Verbindung mit dem französischen Boden, sondern können einfach wieder entfernt werden.

Weitere Unterschiede (ohne Architektenleistungen):

Gewerk:	Gewährlst. in Jahren	Versicherungspflicht
Vollständige Bauwerke:	10	**Ja**
Bestandteile eines Bauwerkes (Dach, Fundament, Klinker etc.)	10	**Ja**
Ausstattungsmerkmale, die		
- untrennbare mit dem Bauwerk verbunden sind (Treppen, Heizung, Fenster etc.)	10	**Ja**
- trennbare mit dem Bauwerk verbunden sind (Badewanne, Heizkörper, Türklinken etc.)	2	Nein

Es wird daher unterschieden in:

a) Deckungen, die der Erbauer

und

b) Deckungen, die der Bauherr

abschließen muss.

a) **Deckungen, die der Erbauer** (Architekten usw.) abschließen muss:

Garantie décennale
10 jährige Baugewährleistung
Versicherungspflicht: Ja

Garantie de bon fonctionnement
2 jährige Baugewährleistung
sog. Garantie der guten Funktionstüchtigkeit
Versicherungspflicht: Nein

Garantie de parfait achèvement
1 jährige Baugewährleistung
sog. Garantie der vertragsgemäßen Fertigstellung
Versicherungspflicht: Nein

b) **Deckungen, die der Bauherr** abschließen muss:

Dommages-Ouvrage   Versicherungspflicht: Ja

Der Zweck dieser Versicherung ist es, den Bauherrn im Falle eines Baumangels so zu stellen, dass er diesen Schaden auch über seine eigene Versicherung laufen lassen kann. Dies erspart dem Bauherrn einen langen und ggf. mühsamen „Kampf" mit den Bauunternehmen oder mit Architekten usw.

Unter Umständen könnte es Jahre dauern, bis der Bauherr eine „Wiedergutmachung" erhält. Dank der bestehenden Deckung ist mit einer zügigen Regulierung zu rechnen.

Ferner lässt sich das Objekt innerhalb der ersten 10 Jahre einfacher verkaufen, wenn eine derartige Deckung besteht. Der Versicherungsschutz geht auf den Erwerber über !!!

Einer Versicherungspflicht unterliegen folgende Gewerke **nicht:**

- Bauvorhaben auf dem Meer, auf Seen und Flüssen

- Bauvorhaben für den Bau von Straßen, Häfen, Flughäfen, Hubschrauberlandeplätzen, Eisenbahnen

- Wiederaufbereitungsanlagen von kommunalem Müll, Industrieabfällen und von Abwasser sowie deren sekundäre Einrichtungen/Einrichtungselemente von diesen Bauwerken

- Straßennetze, Fußgängerzonen, Parkplätze, sonstige Netze, Kanalisationen

- Leitungen oder Kabel und deren Träger

- Gebäude für den Transport, die Produktion, Lagerung und Verteilung von Strom

- Anlagen zur Lagerung und Wiederaufbereitung von Schüttladungen, Flüssigkeiten

- Telekommunikationsanlagen

- nicht überdachte sportliche Einrichtungen

Die Ausstattung dieser Bauwerke ist ebenfalls von der gesetzlichen Versicherungspflicht ausgeschlossen, außer im Fall, dass das Bauvorhaben/-teil oder das Ausstattungselement zu einem der Pflichtversicherung unterliegenden Bauwerk gehören.

Französische Sprache

Selbst wenn es sich um ein **deutsches** Bauunternehmen und einen **deutschen** Bauherren handelt, ist die „Amtssprache" Französisch !

Somit müssen alle Dokumente (Verträge, Rechnungen etc.) auf Französisch ausgestellt werden, damit von Anfang an eine gerichtsfeste (Gerichtsstand ist Frankreich) Unterlage entsteht.

Wen betrifft diese Haftung?

Der Erbauer haftet automatisch gegenüber dem Bauherrn für alle, einschließlich auf Bodenmängel zurück zu führenden Schäden, welche die Standfestigkeit des Bauwerks oder seine Nutzung zum Verwendungszweck beeinträchtigen.

Als **Erbauer** wird betrachtet:

- Architekt

- Bauunternehmer

- Techniker

- oder jede andere Person, die mit dem Bauherren einen Bauvertrag abgeschlossen hat.

Ferner kommen für eine Décennale in Betracht:

- Verkäufer eines Bauwerks, der es erbaut hat oder hat erbauen lassen.

- Verkäufer eines zu erstellenden Bauwerks (Nach-Plan-Verkauf: Verkauf an einen oder mehrere zukünftige Eigentümer unter Zahlung nach Baufertigstellung oder auf Teilzahlungsbasis je nach erreichtem Bauzustand)

- Erbauer von Einfamilienhäusern

- technische Kontrolleure

- Baustoffhersteller
    - Sage- und Holzindustriewerke
    - Hersteller von Betonteilen ohne statische Anforderung / ohne Armierung
    - Hersteller von Fenster-, Türen- und Rollladen
    - Hersteller von Betonfertigteilen
    - Hersteller von Sanitäranlagen

- Generalunternehmer, Generalübernehmer, Bauträger (C.N.R. = Constructeur Non Realisateur)

- Fertighaushersteller (CMI = Constructeur de Maisons Individuelles)

- Photovoltaik- und Thermosolarinstallateure

Beginn der Haftung

Die **Décennale** muss

- von dem Erbauer **vor dem Beginn der Bauarbeiten abgeschlossen** und entsprechend nachgewiesen werden können.
  Der **Versicherungsschutz beginnt allerdings erst nach der Bauabnahme** !

- von dem Architekten **vor Annahme des Auftrages bzw. Abschluss des Werkvertrages** abgeschlossen werden.
  Der **Versicherungsschutz beginnt ebenfalls erst nach der Bauabnahme** !

Die **Dommages-Ouvrage** muss

- von dem Bauherren **vor Beginn der Bauarbeiten abgeschlossen** sein.
  Der Versicherungsschutz **beginnt hingegen mit dem Baubeginn.**

Versicherungsschutz der Architekten und Ingenieure

Analog der Haftungssituation in Deutschland, haften Architekten in Frankreich ebenfalls mit den anderen Baubeteiligten gesamtschuldnerisch.

Allerdings deutlich unterschiedlich ist die Haftpflichtabsicherung von Architekten in Frankreich aufgebaut.

Sie besteht nämlich aus 3 Bausteinen:

- La responsabilité civile exploitation   = „Bürohaftpflicht" + Drittschäden

- La responsabilité civile professionnelle   = Planungsschäden

- La responsabilité civile décennale   = Gewährleistungsschäden

Was ist versichert ?

Das französische Bauversicherungssystem ist ein Zweistufensystem:

- Der Bauschaden-Versicherer entschädigt den Eigentümer in der Frist und zu den Bedingungen, die in den Standardklauseln festgelegt sind.

- Anschließend wendet sich der Bauschaden-Versicherer gemäß der Zehnjahres-Bauhaftung gegen die verantwortlichen Erbauer und ihre Versicherer.

Dieses System ermöglicht eine schnelle Entschädigung des Bauherren und gewährleistet so einen wirksamen Verbraucherschutz.

Versicherer

Der Produktgeber muss in Frankreich zugelassen sein ! Es gibt deutsche Haftpflichtversicherer, die hier über entsprechende Niederlassungen weiterhelfen können.

Versicherte Leistungen

Die vom VN ausgeführten Leistungen müssen **genau** definiert sein, da diese exakte Bauleistungsbeschreibung im Versicherungsschein aufgeführt wird !

Wenn der VN Arbeiten ausführt, die nicht angegeben wurden, sind diese Leistungen im Schadensfall nicht versichert.

Neben der ausgeübten Tätigkeit (Unternehmensgegenstand) sind u.a. auch Angaben zu

- der Unternehmensentwicklung (Gründungsdatum der Firma, Anzahl der Beschäftigten, Umsatz, Beginn der Aktivität)

- Berufserfahrung in dem betreffenden Fachbereich (Lebenslauf, Referenzen zu ausgeführten Bauvorhaben usw.)

- sowie über die Versicherungsvorgeschichte bzw. bisherige Schadensfälle

erforderlich.

Erforderliche Fachkompetenzen

Die Ausübung der Berufe des Bauwesens in Frankreich erfordert eine berufliche Qualifikation, die mindestens den

- **französischen Abschlüssen CAP (Certificat d'Aptitude Professionnelle)**

- **oder BEP (Brevet d'Enseignement Professionnel)**

in der betreffenden Sparte entspricht.

Alternativ reicht ggf. auch der Nachweis einer Berufserfahrung von mindestens drei Jahren (als Selbstständiger oder Angestellter) in einem Mitgliedstaat der EU aus.

Versicherbare Bautechniken

Nur Verfahren und / oder Produkte, die nach den vertraglich anerkannten Verarbeitungsstandards identifizierbar sind, können versichert werden.

Zu diesen Standards gehören:

- **DTU** **Documents Techniques Unifiés – Einheitliche Technische Dokumente**
  oder
  NF DTU **anerkannte französische Normen in einem europäischen Umfeld**

- **ATec** **Avis Techniques – Technische Gutachten**

- **DTA** **Documents Techniques d'Application – Technische Ausführungsdokumente**

- **ATEX** **Appréciation Technique d'Expérimentation - Technische Versuchsbeurteilung**

- **ETN** **Enquête de Technique Nouvelle – Untersuchung zu einer Neuen Technik**

- **Innovationspass**

Im Einzelnen:

- **DTU (Documents Techniques Unifiés – Einheitliche Technische Dokumente) oder NF DTU (anerkannte französische Normen in einem europäischen Umfeld)**

In dieser Dokumentation sind die Durchführungsbedingungen der traditionellen Produkte und die anerkannten fachgerechten Arbeitsregeln festgelegt.

- **ATec (Avis Techniques – Technische Gutachten)**

Diese offiziellen Dokumente bestätigen die Eignung eines neuen Produkts oder Verfahrens und dies auch nur für einen bestimmten Zeitraum.
Jedes Technische Gutachten besteht aus Arbeitsunterlagen, die vom Antragstellenden Hersteller verfasst werden. Es wird durch ein Begleitheft technischer Vorgaben ergänzt. Es enthält u.a. Angaben darüber, inwiefern das Verfahren oder Produkt die geltenden Vorschriften erfüllt und zum Einsatz in Bauvorhaben geeignet ist, sowie über seine Haltbarkeit unter Verwendungsbedingungen. Die Technischen Gutachten dienen zur Information. Sie sind nicht zwingend und entfalten keine Rechtswirkung.

- **DTA (Documents Techniques d'Application – Technische Ausführungsdokumente)**

Eine Sonderform des Technischen Gutachtens. Sie betreffen die Verwendung eines Produktes oder Bestandteils mit CE-Kennzeichnung.

- **ATEX (Appréciation Technique d'Expérimentation - Technische Versuchsbeurteilung)**

Diese vom CSTB ausgegebenen Dokumente betreffen innovative Techniken, für die noch kein Technisches Gutachten existiert und die einen experimentellen Einsatz auf der Baustelle erfordern. Die ATEX wird nur für spezifische Bauarbeiten ausgestellt.

- **ETN (Enquête de Technique Nouvelle – Untersuchung zu einer Neuen Technik)**

Von einem anerkannten Kontrollbüro auf der Grundlage eines vom Hersteller erstellten Pflichtenhefts ausgeführte Untersuchung.

- **Innovationspass**

Vorläufiges Gutachten über die Eigenschaften eines innovativen Produkts oder Verfahrens. Es ist Bestandteil des Standardverfahrens und dient nicht dazu, ein ATec zu ersetzen.
Es handelt sich um eine auf Experteneinschätzungen basierende Analyse einer Innovation, für die bereits Referenzen bestehen. Es beinhaltet nicht die Durchführung zusätzlicher Versuche.

Handling einer Décennale

Nach der Bauabnahme beginnen **immer (!)** 3 Gewährleistungsfristen:

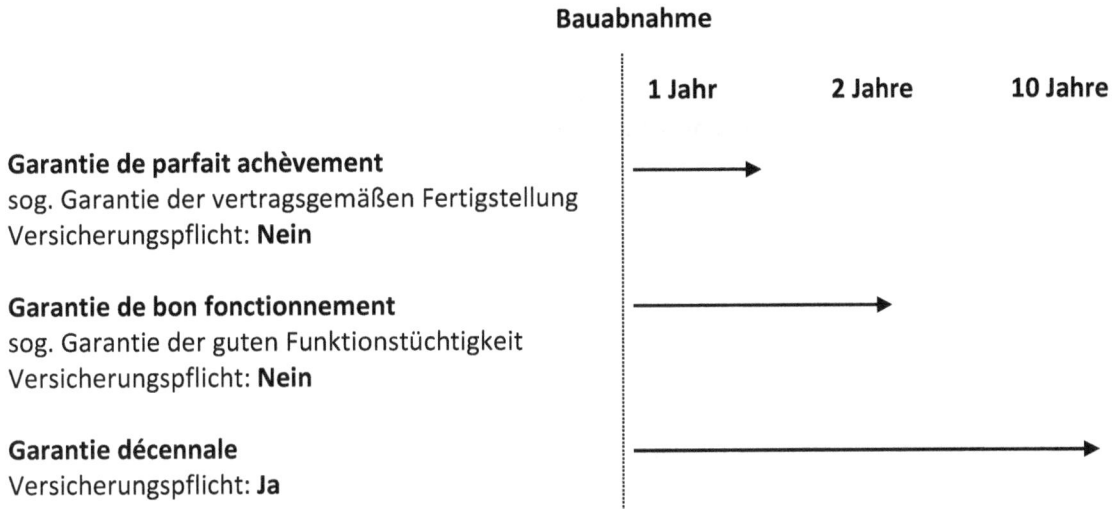

Bauabnahme

	1 Jahr	2 Jahre	10 Jahre

Garantie de parfait achèvement
sog. Garantie der vertragsgemäßen Fertigstellung
Versicherungspflicht: **Nein**

Garantie de bon fonctionnement
sog. Garantie der guten Funktionstüchtigkeit
Versicherungspflicht: **Nein**

Garantie décennale
Versicherungspflicht: **Ja**

Nach Ablauf der einjährigen Garantie ist der Erbauer aus dem Risiko raus !

Lediglich der Décennale-Versicherer bleibt einzig und allein als Ansprechpartner in Schadensfällen während der restlichen Garantiezeit übrig.

Im Schadensfall wendet sich der Bauherr (Eigentümer) entweder an den Dommages-Ouvrage-Versicherer oder an den Risikoträger der Décennale.

Der Versicherer wiederum wendet sich an eine von den französischen Versicherern geschaffene Stelle (CRAC), die dann einen Sachverständigen einschalten.

Je nach Schadenbild wird das Gewerk für die Reparatur von dem Versicherer ausgeschrieben. Hier kann sich auch der Erbauer als möglicher Schadenverursacher einbringen !

Wenn bis hier hin der Dommage-Ouvrage-Versicherer der Leistungsträger war, wird er sich nach der Schadenregulierung zwecks Regress an den Décennale-Versicherer halten.

Frankreich

Zusammentreffen von Montageversicherung und Décennale-Deckung

Kann eine Doppelversicherung vorliegen, wenn eine Handwerksfirma für ein Montageobjekt sowohl eine Montageversicherung als auch eine Décennale-Deckung hat ?

Die **Montagedeckung** ist eine zeitlich begrenzte Allgefahrenversicherung des Montageobjekts gegen Sachschäden **bis zur offiziellen Fertigstellung und Abnahme.**

Die **RC Décennale** ist eine Pflichtversicherung u.a. in Frankreich und **gewährt erst Versicherungsschutz ab Abnahme des Objektes.**

Es wird davon ausgegangen, dass der Erbauer / Errichter während der zehn auf die Bauabnahme folgenden Jahre einer rechtlich zwingenden Haftung unterliegt. Dieser Haftungsgrundsatz kann vertraglich nicht abbedungen werden.

Um von dieser unbeschränkten Haftung freigestellt zu werden, muss der Beweis geführt werden, dass die Schäden auf eine andere Ursache zurückzuführen sind, wie beispielsweise auf höhere Gewalt, das Verschulden eines Dritten oder des Geschädigten.

Das allgemeine Pflichtversicherungssystem in Frankreich dient dazu, den materiellen und finanziellen Schutz der Verbraucher zu gewährleisten. Gesetze und Standardklauseln bestimmen die Minimalabdeckung, die alle Versicherungsverträge beinhalten müssen.

Das französische System wurde entwickelt um dem Eigentümer eines Gebäudes einen wirksamen Schutz vor gravierenden Schäden zu bieten, die im Laufe der zehn auf die Erbauung folgenden Jahre auftreten können.

Die Haftung der Erbauer unterliegt in Frankreich zwingendem Recht. Bei der gesetzlichen Zehnjahres-Bauhaftung, die in § 1792 und § 1792-2 des Code Civil festgelegt ist, wird das Prinzip der Haftung auf eine Zeitdauer von zehn Jahren festgelegt. Diese Zeitdauer kann nicht verkürzt werden.

Antwort:

Es gibt keine Überschneidung mit einer Betriebshaftpflichtversicherung bzw. mit einer RC Décennale Versicherungslösung.

d) Großbritannien

Terror

Der Beitritt zum Terrorpool „Pool RE" ist optional. Pool Re bietet für England, Schottland und Wales eine Poolhaftung von 100 Mio. GBP pro Ereignis, 200 Mio. GBP pro Jahr mit Staatsgarantie. Die Deckung Feuer, Explosion, All Risks, Flugzeugabsturz und Flut wird auf alle in den Pool eingebrachten Sach- und BU-Versicherungen von gewerblichen und industriellen Risiken gewährt.

Hinweis: Jeder Betrieb in GB, der dem PAYE-Verfahren unterliegt (Steuerabzug vom Lohn), also Angestellte beschäftigt und entsprechende Steuern der Arbeitnehmer abführt, erhält eine „ERN".

Die ERN ist die Employe Reference Number.

I.d.R. wollen die Versicherer diese Nummer bei Angebotserstellung haben !

Financial Lines / UK Bribary Act

Das in 2011 verabschiedete britische Gesetz „Bribary Act" zur Korruptionsbekämpfung hat erhebliche Auswirkungen auch auf deutsche Unternehmen, sofern sie eine Tochtergesellschaft, unselbstständige Betriebsstätten oder Zweigniederlassungen in UK oder geschäftliche Verbindungen nach Großbritannien haben.

Straftatbestände

Der „Bribery Act" regelt vier Delikte:

- die allgemeinen Straftatbestände des Zahlens von Bestechungen und

- Empfangens von Bestechungen

- die Bestechung ausländischer Amtspersonen sowie

- ein „Unternehmensdelikt" (corporate offence), welches das betroffene Unternehmen dann begeht, wenn jemand für das Unternehmen oder in dessen Namen eine Bestechung vornimmt. Ausnahme: Das Unternehmen kann die Anwendung von „adäquaten Präventionsmaßnahmen" nachweisen. Diese sind bislang jedoch nicht genau definiert und bieten deswegen reichlich Diskussionsstoff. So wird ein kleineres mittelständisches Unternehmen wohl nicht die gleichen Anforderungen erfüllen müssen wie ein multinationaler Konzern.

Anwendungskreis

Das Gesetz findet Anwendung auf

- UK-Organisationen,
- UK-Staatsbürger und
- UK-Einwohner innerhalb des vereinigten Königreichs und im Ausland.

Darüber hinaus kann jedes nicht britische Unternehmen, das auch nur Teile seines Geschäftes in UK abwickelt von dem neuen Gesetz betroffen sein.

Auch diese überregionale Gerichtsbarkeit geht weiter als die des FCPA (sein Pendant in den USA, der „US Foreign Corrupt Practices Act" (FCPA), er wirkt sich allerdings nur auf den öffentlichen Sektor aus.)

<u>Großbritannien</u>

Beteiligte Personen

Wenn ein Unternehmen nicht verhindert, dass seine Mitarbeiter oder die von ihm beauftragten externen Personen, z.B. Berater oder Subunternehmer („associated persons" nach britischem Gesetz) in ihrem Auftrag eine Korruptionsstraftat begehen, kann das Unternehmen sich hierdurch im Rahmen der beschriebenen „Corporate Offence" strafbar machen.

Gerade in Bezug auf Sub-Unternehmer und Lieferanten oder auch im Rahmen von Joint-Venture-Beteiligungen sind deshalb besonders sorgfältige Kontrollen wichtiger als je zuvor.

Welches Maß an Kontrolle als eine „adäquate Präventionsmaßnahme" für die Korruptionsstraftaten angesehen werden kann, wird noch diskutiert.

In der Zusammenarbeit mit Drittunternehmen sollte in jedem Fall ein entsprechendes Anti-Korruptions-Verhalten verpflichtend sein und diese Verpflichtung dann auch einer ständigen Kontrolle unterzogen werden.

Mit der D&O-Versicherung schützen Unternehmen ihre Führungskräfte gegen Ansprüche, die nach einem beruflichen Fehler vom Arbeitgeber selbst oder von Dritten an sie gestellt werden können.

Manager lösen eine Firmenhaftung u. a. dann aus, wenn sie einer Bestechung einwilligen oder diese dulden. Die D&O-Versicherung übernimmt als eine spezielle Haftpflichtversicherung neben dem Schadenausgleich auch die Abwehr von unberechtigten Ansprüchen. Bezüglich beider Komponenten sollte die bestehende D&O-Versicherung in Hinblick auf den „UK Bribery Act" angepasst werden.

Eine D&O-Versicherung wird die Kosten einer Verteidigung allerdings unter den Tatbeständen des Gesetzes nur decken, wenn der Manager nicht von einem Gericht wegen vorsätzlicher bzw. wissentlicher Pflichtverletzung verurteilt wird.

In diesem Fall müssen die Verteidigungskosten zurückerstattet werden.

Die D&O-Versicherung sollte daher folgende Punkte beinhalten, um Vorstände gegen Vorwürfe aus diesem Gesetz zu schützen:

- Alle Vorstände von britischen Konzerngesellschaften sowie deren lokale und internationale Tochterunternehmen sollten in die Police aufgenommen werden.

- Eine Deckungserweiterung in Bezug auf das neue Gesetz durch eine entsprechende Klausel in der Police ist empfehlenswert.

- Eine umfassendere Definition von Schaden („Financial Loss") sollte in der Klausel definiert werden, um zivile Anklagen und Strafen gegen versicherte Personen unter dem Deckungsschutz aufzunehmen.

- Ein entsprechendes Sublimit für einzelne Manager und für alle Manager insgesamt könnte ebenfalls erwogen werden, damit nicht die gesamte Deckungssumme der Police aufgebraucht werden kann.

Großbritannien

Ein betroffener Manager sollte in keinem Fall gleich ein Schuldanerkenntnis abgeben, sondern zeitnah entsprechende Beratung suchen. Andernfalls könnten Einschränkungen im Versicherungsschutz die Folge sein.

Im Falle einer Anklage gegen einen Manager wegen Korruptionsvergehen werden die oben aufgeführten Punkte helfen, Rechtskosten bis zu einer möglichen Entscheidung vor Gericht abzudecken. Relevant ist dies auch bei einem durchaus üblichen Interessenskonflikt zwischen Versicherungsnehmer (die Gesellschaft) und versicherte Person (ehemaliges, jetziges und zukünftiges Vorstandsmitglied) im Schadenfall.

Das ist besonders dann wichtig, wenn der Manager nicht länger in der Firma arbeitet und keinen Zugriff mehr auf die Versicherungspolice hat.

e) Norwegen

Elementargefahren

Mit Abschluss einer Feuerversicherung für Gebäude und Inhalt wird auch die Pflichtversicherung für Elementargefahren gewährt, so Gesetz Nr. 70 vom 16.6.1989. Die Deckung umfasst die Gefahren Erdrutsch, Überschwemmung, Sturm/Orkan, Erdbeben, Vulkanausbruch, Frost und ähnliche Ereignisse.

Sie gilt nur für Sachschäden.

Die Deckung muss beim Norsk Naturskadepool rückversichert werden, wodurch automatisch eine Poolmitgliedschaft begründet wird. Schließt ein Versicherungsnehmer eine Feuerversicherung bei einem Nicht-Poolmitglied ab, so steht dem Pool dennoch ein Entgelt ohne Gegenleistung in Höhe des Poolbeitrags zu.

Es empfiehlt sich daher Sachrisiken bei einem lokalen Versicherer einzudecken, der über den Pool die Pflichtdeckung bieten kann.

f) Spanien

Consorcio

Das Concorcio de Compensación de Seguros ist eine staatliche Monopolversicherungsanstalt über die beim Abschluss einer Sach- oder BU-Versicherung eine Deckung für Elementargefahren (Überschwemmung, Erdbeben, Vulkanausbruch, Sturm) und für politische Risiken (gewalttätige Ausschreitungen wie z. B. Terror, innere Unruhe) einzudecken ist.

Für die Consorcio-Deckung gibt es ein eigenständiges bindendes Bedingungswerk, das auch FOS-Policen im Originaltext (also in spanischer Sprache) beigefügt werden muss. Die Prämie wird vom Consorcio bestimmt und ist vom Führenden Versicherer zu 100 % innerhalb 10 Tage ab Deckungsbeginn abzuführen, um diesen Deckungsschutz sicherzustellen. Dies gilt für Lokalpolicen wie auch für FOS-Policen. Zu beachten ist hier die extrem kurze Frist für den Prämientransfer!

Calamidad Nacional (Nationaler Notstand)

Um im Katastrophenfall das Consorcio gegen Überbeanspruchung zu schützen, kann die Regierung den nationalen Notstand ausrufen. Es tritt dann eine reine Staatshaftung in Kraft. Diese größte anzunehmende Katastrophe wird als nicht versicherbar angesehen und ist daher aus den Versicherungsdeckungen generell auszuschließen.
Bislang wurde in Spanien aber noch nie der nationale Notstand ausgerufen.

g) Südafrika / Namibia

Political Riot

Nationale staatliche Institutionen – SASRIA in Südafrika und NASRIA in Namibia – bieten Deckungen bei Sachschäden, die durch politisch motivierte Anschläge im Sinne der lokalen Begriffsdefinitionen von Political Riot verursacht werden, sowie daraus resultierender Betriebsunterbrechungsschäden.

h) USA

Terrordeckung in SFP-Staaten

In 28 US-Staaten gelten die sogenannten „standard fire policy"-Mindestbedingungen, wonach eine Ausschlussmöglichkeit für Feuerschäden in Folge von Terrorismus grundsätzlich nicht möglich ist. Im Rahmen eines staatlichen Programms wird auf gesetzlicher Grundlage (TRIA, TRIPRA) durch die US-Regierung Rückversicherungsschutz gegen Terrorschäden gewährt.

Diese Staatshaftung setzt bei 5 Mio. USD bei Gesamtschäden > 100 Mio. USD ein.

Der Sach- und Haftpflichtversicherer muss diese Terrordeckung anbieten, der Versicherungsnehmer kann sie aber ablehnen. Sie hat also für den Versicherungsnehmer nur optionalen Charakter.

Diese Regelung gilt für gewerbliche und industrielle Risiken. Der Deckungsumfang richtet sich nach der dem Risiko zu Grunde liegenden Police. Die Staatshaftung ist auf insgesamt 100 Mrd. USD begrenzt.

Elementar

Bei nationalen Flutkatastrophen (z.B. 10 Mrd. USD durch Sturm „Sandy" im Oktober 2012) greift das nationale Flutprogramm der US-Regierung (NFIP).

Allerdings fungiert NFIP lediglich als Rückversicherer für die Erstversicherer und kommt automatisch zu 100 % für alle Flutschäden auf.

USA

Betriebshaftpflicht

Sofern der VN mit einer Niederlassung in den USA tätig ist, kann die lokale Deckung nur über einen US-Versicherer erfolgen.

Hier gibt es folgende Möglichkeiten:

Variante 1)   Risikoträger in den USA wird über einen US-Versicherungsmakler gesucht

---

US-Risiko

CUL   Commercial General Liability (Umbrella)

CGL	Commercial General Liability	= Betriebshaftpflicht
EBL	Employers benefit Liablity	= Arbeitgeber-Zusatzversicherung
WC	Worker´s Compensation	= Berufsunfallversicherung *[Art „gesetzliche Unfallversicherung"]* Hinweis: Pflichtversicherung, allerdings abhängig vom Bundesstaat
EL	Employer´s Liablity	= Haftpflichtversicherung für den Arbeitgeber bei Arbeitsunfällen des Arbeitsnehmers Hinweis: Pflichtversicherung !
Regulierungsbasis:		compensatory damages = Ersatz des tatsächlichen Schadens

Die o.g. Positionen verfügen i.d.R. über 1 Mio. US-$ Versicherungssumme. Über die Umbrella-Deckung (CUL) wird jede Position auf z.B. 5 Mio. US-$ aufgefüllt.

US-Risiko / ausschließlich Punitiv- and exemplary damages
Entschädigung mit Strafcharakter / Bußgeld
[Entschädigung über den eigentlich entstandenen Schaden hinaus]

Risiko wird vom deutschen Betriebshaftpflichtversicherer getragen, da diese Deckung in den USA verboten ist (soll ja eine Strafe sein !)

Variante 2)   Risikoträger ist sowohl in den USA als auch in Deutschland tätig / niedergelassen

Deutsche Grunddeckung mit weltweitem Geltungsbereich / ex USA

Versicherungssumme Grunddeckung:

5 Mio. EUR

10 Mio. EUR

Über Niederlassung des Risikoträger in den USA:			DIC / DIL-Anschlussdeckung über die deutsche Grunddeckung
CGL	Commercial General Liability = Betriebshaftpflicht	= 1 Mio. US-$	
CUL	Commercial General Liability (Umbrella)	+ 4 Mio. US-$	
		= 5 Mio. US-$	inkl.:
EBL	Employers benefit Liablity = Arbeitgeber-Zusatzversicherung	= 1 Mio. US-$	compensatory-, punitive- und
CUL	Commercial General Liability (Umbrella)	+ 4 Mio. US-$	exemplary damages
		= 5 Mio. US-$	

Über US-Versicherungsmakler:

WC   Worker´s Compensation
       = Berufsunfallversicherung
       [Art „gesetzliche Unfallversicherung"]
       Hinweis: Pflichtversicherung,
                  allerdings abhängig vom Bundesstaat

EL   Employer´s Liablity
       = Haftpflichtversicherung für den Arbeitgeber bei
       Arbeitsunfällen des Arbeitnehmers
       Hinweis: Pflichtversicherung !

für die Niederlassung in USA
bis zur vollen VS des
deutschen Grundvertrages

Hinweis:

Angabe von Versicherungssummen:	z.B. 1 Mio. US $ per occ. / Aggr.	
Lesart:	per occurrence =	je Schadenereignis
	per Aggregrate =	Maximierung der Versicherungssumme je Vertragsjahr

USA

Exkurs: Produkthaftpflicht

Rechtliche Aspekte der US-Produkthaftung

Die USA ist eine Bundesrepublik von derzeit 50 teilsouveränen Bundesstaaten. Es gibt eine klare Trennung der Machtbefugnisse zwischen den Teilstaaten und dem Bund: Entsprechend der Verfassung besitzt der Bund nur jene gesetzgeberischen Kompetenzen, die ihm durch die Verfassung eindeutig übertragen wurden, der Rest fällt in die Zuständigkeit der Bundesstaaten.

Jeder Bundesstaat hat ein eigenes unabhängiges politisches System mit einer eigenen Verfassung, einem direkt gewählten Gouverneur, einer Legislative, einer staatlichen Verwaltung und einer eigenen Judikative.

Aufgrund dieser recht weitgehenden Autonomie hat sich das US-Produkthaftungsrecht in den einzelnen Bundesstaaten teilweise uneinheitlich entwickelt.

Neben den verschiedenen bundesstaatlichen Ausprägungen des Produkthaftungsrechts gibt es auf Bundesebene diverse föderale Spezialgesetze wie etwa den Consumer Product Safety Act von 1992.

Hinzu kommt, dass in den USA zwei Rechtssysteme nebeneinander existieren. Neben dem kodifizierten Recht (Civil law oder statutory law), das sich ausgehend vom römischen Recht entwickelt hat und in Kontinentaleuropa vorherrscht, existiert in den USA traditionell das Richterrecht (common law), welches in der angelsächsischen Rechtstradition steht.

In diesem Rechtssystem unterscheidet sich die Stellung der Gerichte grundsätzlich von der, die Gerichte in kontinentaleuropäischen Staaten innehaben:

In den USA kommt diesen eine ihnen durch das common law zugewiesenen Rolle als Rechtsetzungsinstanz zu und nicht „nur" die einer das Recht anwendenden Institution. Durch diese Fortentwicklung im Rahmen der Rechtsprechung erfährt das Produkthaftungsrecht in den einzelnen Bundesstaaten ein zusätzliches divergentes Element.

Dieses Geflecht an verschiedenen bundesstaatlichen und föderalen rechtlichen Regelungen bedingt es, dass das US-Produkthaftungsrecht als außerordentlich unübersichtlich und intransparent gilt.

Grundlagen der Produkthaftung

Wie im deutschen Recht existieren auch in nahezu allen US-Bundesstaaten drei Anspruchsgrundlagen, die der Kläger in der Regel kumulativ geltend machen kann.

Die **Gefährdungshaftung ("strict liability")** stellt die wichtigste Anspruchsgrundlage im US-Produkthaftungsrecht dar, da der Hersteller unabhängig davon haftet, ob er schuldhaft gehandelt hat oder nicht. Wesentlich für die Bejahung einer Gefährdungshaftung ist die Frage, ob das Produkt als „unangemessen gefährlich" zu betrachten ist, wobei ein (Fehl-)Gebrauch für den Hersteller vorhersehbar gewesen sein muss. Ein Produkt ist zum Beispiel immer dann „unangemessen gefährlich", wenn die Gefahr einer Verletzung besonders groß ist, ein gleichwertiges Produkt mit demselben Verwendungszweck ein wesentlich geringeres Verletzungsrisiko in sich birgt oder das Produkt nicht dem Stand der Technik entspricht.

Die **Haftung aus Verschulden ("negligence")** stellt die älteste und auch nach der Entwicklung der Gefährdungshaftung immer noch sehr wichtige Haftungsgrundlage dar.

Der Kläger kann sich auf einen Anspruch aus "negligence" immer dann stützen, wenn der Hersteller bei der Konstruktion, Fabrikation, Instruktion oder Wartung nicht die Sorgfalt angewendet hat, die nach allgemeiner Verkehrsauffassung im konkreten Fall hätte angewendet werden müssen. Liegt eine Sorgfaltspflichtverletzung vor und ist diese für den dem Kläger entstandenen Schaden kausal, so ist der Hersteller ersatzpflichtig.

Die **Gewährleistung ("breach of warranty")** ist in den §§ 2-313 bis 2-318 des Uniform Commercial Code (UCC) geregelt.

Dieses Modellgesetz ist in allen Bundesstaaten bis auf Louisiana umgesetzt. Der UCC bietet in § 2-318 den Einzelstaaten drei Optionen zur Umsetzung an, die den Schutzbereich der Zusicherungshaftung unterschiedlich ausdehnen.

Die Gewährleistung ist dabei nicht auf Kaufleute beschränkt, d. h. Hersteller und Händler haften auch gegenüber Nichtkaufleuten nach den Vorschriften des UCC.

Schadensersatzarten

Das US-Produkthaftpflichtrecht sieht eine Vielzahl von Schadensersatzarten vor, die dem Kläger zugesprochen werden können. Diese lassen sich in drei Kategorien einordnen:

Beim **materiellen Schadensersatz** wird zum Beispiel der Ersatz der Kosten für eine medizinische Heilbehandlung oder für einen dem Geschädigten entstandenen Sachschaden geleistet. In diese Kategorie fällt auch der Ersatz des (zukünftigen) Verdienstausfalls.

Unter die Kategorie des **immateriellen Schadensersatzes** fallen nicht nur die Ansprüche des Verletzten auf Schmerzensgeld, sondern zum Beispiel auch die Ansprüche der jeweiligen Familienangehörigen auf Ersatz des Verlustes oder der Einschränkung des ehelichen und geschlechtlichen Zusammenlebens, den Ersatz für den Verlust der elterlichen Fürsorge oder wegen emotionaler Irritation.

Die dritte Kategorie, der **Strafschadensersatz ("punitive damages")**, hat als Zweck die Bestrafung, Abschreckung oder Vergeltung: Es soll „bestraft" werden, dass ein Hersteller den Profit an einem Produkt vor dessen Sicherheit gestellt hat. Die Rechtsgrundlage hierfür bilden einzelstaatliche Gesetze oder das in den Bundesstaaten geltende Richterrecht. Eine bundesweite gesetzliche Grundlage des Strafschadensersatzes gibt es bis heute nicht.

Spezifika des US-Produkthaftpflichtrisikos

Die im Vergleich zum deutschen Recht deutlich höheren Haftungsrisiken der Hersteller werden durch die Besonderheiten des US-amerikanischen Prozessrechts erheblich verschärft. Die zentralen Elemente der US-Prozessführung sind die Klageerhebung, Klagezustellung, Klageerwiderung, das vorprozessuale Beweisermittlungsverfahren (pretrial discovery) und – schließlich – das Gerichtsverfahren (trial). Verhandelt wird vor einer Jury, deren Mitglieder unter den Bürgern am Gerichtsort nach dem Zufallsprinzip ausgesucht werden. Besondere Bedeutung kommt im US-amerikanischen Prozess der pretrial discovery zu, die sehr kostenintensiv und zeitraubend sein kann.

USA

Im Durchschnitt sind die Prozesskosten in den USA deutlich höher als etwa in Deutschland. Es gilt der Grundsatz, dass jede Partei – auch die obsiegende – ihre eigenen Kosten trägt.

Charakteristisch für Produkthaftpflichtschäden gerade im Zusammenhang mit in hoher Stückzahl hergestellten und vertriebenen Konsumgütern ist, dass eine hohe Anzahl von Verbrauchern potentiell geschädigt ist. Für solche Fälle sieht das US-amerikanische Prozessrecht die Möglichkeit zu sogenannten Sammelklagen (class actions) vor.

Bei einer Sammelklage bringt eine Vielzahl von Klägern ihren Anspruch gemeinsam gegen einen oder mehrere Beklagte vor. Die Idee hinter dieser Regelung ist, die auf ein und denselben Produktfehler zurückzuführenden Schadensersatzansprüche in einem Verfahren zu verhandeln, um die Gerichte zu entlasten und den privaten Endverbrauchern zu ersparen, jeweils als Einzelkämpfer ihre Ansprüche durchzusetzen.

Die Initiative zur Erhebung einer Sammelklage geht oft von Klägeranwälten aus.

Dabei gibt ihnen die oben beschriebene Prozesskostenregelung einen taktischen Vorteil an die Hand: Aufgrund des geringen Prozesskostenrisikos, welches in der Regel von den Klägeranwälten für die Anspruchsteller durch die Vereinbarung von reinen Erfolgshonoraren zusätzlich marginalisiert wird, gelingt es oft leicht, eine hohe Anzahl von Anspruchstellern in einem Sammelklageverfahren zu bündeln und damit einen erheblichen Druck auf den Beklagten auszuüben.

Mögliche Präventionsmaßnahmen

Die Präsenz auf dem US-amerikanischen Markt erhöht das Risiko einer Inanspruchnahme aufgrund eines Produktfehlers für den Hersteller, aber auch für einen Händler erheblich.

Gerade kleineren und mittelgroßen Unternehmen ist oft nicht bewusst, dass die amerikanische Rechtsprechung erhebliche Anforderungen an die Instruktionspflicht des Herstellers eines Produktes stellt. Weiterhin ist zu bedenken, dass im Falle einer pretrial discovery weitreichende Auskunftspflichten gegenüber der Anspruchstellerpartei bestehen, die auch die Herausgabe interner Dokumente umfasst.

Dies sollte bei der unternehmensinternen Kommunikation berücksichtigt werden. Es ist daher dringend zu empfehlen, vor der Aufnahme des Produktexportes in die USA mit einem fachkundigen Berater über geeignete Präventionsmaßnahmen zu sprechen.

Erste Hinweise geben oft auch Publikationen von Industrie - und Handelskammern oder die Bundesagentur für Außenwirtschaft.

Indirekter Export von Produkten in die USA

In den im deutschen Markt üblicherweise verwendeten Allgemeinen Versicherungsbedingungen für die Haftpflichtversicherung (AHB) ist die gesetzliche Haftpflicht des Versicherungsnehmers wegen im Ausland vorkommender Versicherungsfälle ausgeschlossen (s. z. B. Ziff. 7.9 der AHB – Bedingungsempfehlung des GDV).

Eine solch enge Ausgestaltung des Versicherungsschutzes ist seit langem nicht mehr zeitgemäß. Aus diesem Grund wird der territoriale Geltungsbereich der Produkthaftpflichtversicherung in den marktüblichen Versicherungsprodukten für gewerbliche Versicherungsnehmer gegenüber der AHB-Regelung erweitert. Üblicherweise werden dort Produkthaftpflichtansprüche aufgrund des sogenannten indirekten Exports in die USA, d. h. durch Erzeugnisse, die ins Ausland gelangt sind, ohne dass der Versicherungsnehmer dorthin geliefert hat oder hat liefern lassen, mitversichert.

Unter „liefern lassen" wird dabei auch der Umstand verstanden, dass der Versicherungsnehmer seine Erzeugnisse an einen inländischen Abnehmer liefert, der diese dann mit dem Wissen und Wollen des Versicherungsnehmers in das Ausland exportiert.

Direkter Export von Produkten in die USA

Der direkte Export in die USA, d. h. der Export von Produkten durch den Versicherungsnehmer selber, wird – anders als der indirekte Export – nicht pauschal im Rahmen der Produkthaftpflichtversicherung mitversichert. Vielmehr wird der Haftpflichtversicherer nach gesonderter Prüfung des spezifischen US-Produktrisikos des Versicherungsnehmers über eine Mitversicherung dieses Risikos im Einzelfall entscheiden.

Bei einer Mitversicherung des US-Produkthaftpflichtrisikos sind mindestens die folgenden zusätzlichen Vereinbarungen in den Versicherungsvertrag mit aufzunehmen:

• Der Ausschluss von Ansprüchen auf Entschädigungen mit Strafcharakter (punitive und exemplary damages),

• die Anrechnung von Abwehrkosten auf die Versicherungssumme (cost inclusive clause)

• und die Haftpflichtversicherung für Betriebsstätten, die ihren Sitz in den USA, in US-Territorien und Kanada haben, wird ausgeschlossen. Versichert wird somit nur das reine Produkthaftpflichtrisiko durch den direkten Export.

Da das Produkthaftpflichtrisiko in den USA deutlich höher als in anderen Märkten zu bewerten ist, ist bei der Mitversicherung des US-Exports ein Zuschlag zum Prämiensatz des Versicherungsvertrags zu erheben.

Zweckmäßigerweise orientiert man sich dabei an den im US-Markt üblichen Bedarfssätzen, die zum Beispiel von dem Insurance Services Office (ISO) ermittelt und veröffentlicht werden. Das ISO ist ein kommerzieller Anbieter von statistischen Daten, aktuariellen Dienstleistungen und Underwriting Informationen in den USA.

Es bietet eine breite Produktpalette „rund um die Versicherung" an, zum Beispiel das Verfassen und die Pflege von Musterbedingungen, aktuariellen Unterstützung bei Tarifentwicklungen oder die Bereitstellung von Schadenstatistiken.

USA

Vertreibt der Hersteller seine Erzeugnisse in den USA über einen Vertriebspartner oder über ein Netz unabhängiger Händler, so stellt sich erfahrungsgemäß die Frage nach einer vertraglichen Regelung bezüglich des Haftungsrisikos. Hier sind zwei verschiedene Möglichkeiten gebräuchlich.

Zum einen kann der Versicherungsnehmer in Abstimmung mit seinem Haftpflichtversicherer gegenüber seinem Vertriebspartner im Rahmen der Vertriebsvereinbarung eine Freistellungserklärung (Hold Harmless Agreement) abgeben, mit der der Versicherungsnehmer diesen in Hinblick auf ausschließlich solche Produktfehler freistellt, die er als Produzent zu vertreten hat.

Der Produkthaftpflichtversicherer wird dann dem Versicherungsnehmer Versicherungsschutz für solche Ansprüche gewähren, die auf der Basis der abgestimmten Freistellungserklärung erhoben werden.

Eine zweite, gerade von US-amerikanischen Vertriebspartnern häufig gewünschte Regelung sieht den Einschluss des Vertriebspartners als mitversicherte Person (Additional Insured) in die Produkthaftpflichtpolice des Herstellers im Rahmen eines sogenannten Vendors Endorsement vor.

Bei der Formulierung eines solchen Einschlusses ist große Sorgfalt geboten, um eine saubere Abgrenzung der Produkthaftpflichtdeckung vom originären Händlerrisiko zu gewährleisten. Zu empfehlen ist dabei eine Orientierung an dem vom ISO formulierten Standardtext, mit dem im Rahmen der Haftpflichtpolice des Herstellers das Vertriebsrisiko der Händler mitversichert ist.

Kein Versicherungsschutz besteht, wenn das Produkt, die Verpackung oder die Dokumentation vom Vertriebshändler abgeändert wird.

Die Regelung über eine Freistellungserklärung hat für den Produkthaftpflichtversicherer gegenüber dem Einschluss des Vertriebspartners als mitversicherte Person den Vorteil, dass auf diese Weise eine potentielle Zuständigkeit amerikanischer Gerichte in eventuell auftretenden deckungsrechtlichen Fragen vermieden wird. Der Haftpflichtversicherer wird der ersten Variante daher immer den Vorzug geben.

Niederlassungen und Betriebsstätten in den USA

Unterhält der Versicherungsnehmer Betriebsstätten oder sogar selbstständige Niederlassungen in den USA, wird dessen Versicherungsbedarf in der Regel über ein sogenanntes Internationales Programm gestaltet. Dabei werden in den Ländern, in denen das Unternehmen durch Tochterunternehmen oder Niederlassungen aktiv ist, sogenannte Lokaldeckungen installiert.

Diese Lokaldeckungen sind mit einer Versicherungssumme ausgestattet, die für die zu erwartenden Frequenzschäden ausreichend ist. Im Anschluss an diese Lokaldeckungen wird ein zentraler, sogenannter Master Cover – im deutschen Sprachgebrauch auch „Globale Anschlussdeckung" genannt – installiert, der die Lokaldeckungen bis zur benötigten bzw. gewünschten Versicherungssummenhöhe ergänzt.

Die Steuerung eines internationalen Programms stellt hohe fachliche und administrative Anforderungen an die Organisation eines Versicherers.

Neben den versicherungstechnischen Spezifika der verschiedenen lokalen Versicherungsmärkte sind rechtliche, regulatorische und fiskalische Aspekte zu beachten. Voraussetzung für das Management eines internationalen Programms ist daher, dass die Organisation des programmführenden Versicherers Zugriff auf ein geeignetes internationales Netzwerk hat.

Mittlerweile ist es marktüblich, globale Anschlussdeckungen als Kongruenzdeckungen anzubieten.

Unter einer solchen Konstruktion – oft mit dem englischen Begriff "Reversed DIC" bezeichnet – werden die Bedingungsinhalte der Lokalpolice, die über den Bedingungsumfang des Master Covers hinausgehen, in diesen übernommen. Zur Gestaltung einer Reversed DIC-Deckung ist daher eine genaue Kenntnis der unterliegenden Deckung zwingend erforderlich.

In den USA finden die sogenannten "Commercial General Liability" (kurz CGL) Bedingungen weitverbreitet Anwendung.

Bei diesem Bedingungswerk handelt es sich um einen vom ISO für den US-amerikanischen Markt entwickelten Standard zur Versicherung von Betriebs- und Produkthaftpflichtrisiken, der – zumindest materiell – einheitlich oder ähnlich von allen Versicherern in den USA angeboten wird.

Das Wording der CGL-Musterpolice wird regelmäßig durch die ISO geprüft und gegebenenfalls angepasst.

Neben den CGL-Musterbedingungen hat das ISO eine Vielzahl von Sonderklauseln wie zum Beispiel das im vorherigen Abschnitt erwähnte Vendors Endorsement entwickelt, mit denen die Standardbedingungen an die spezifischen Bedürfnisse des Versicherungsnehmers angepasst werden können.

Der Deckungsumfang einer CGL-Police entspricht nicht in allen Bereichen dem der im deutschen Markt gebräuchlichen AHB, auf denen in der Regel die Ausgestaltung der Bedingungen des Master Covers aufbaut.

Beispielsweise ist in der CGL-Police unter bestimmten Umständen die Gebrauchsunfähigkeit von Sachen, die auf Mängel der gelieferten Produkte zurückzuführen ist, mitversichert. Dieser mit dem Begriff "loss of use" bezeichnete Schadentyp ist in einem AHB-basierten Bedingungswerk grundsätzlich nicht versichert.

Weiterhin ist zu beachten, dass sich die Versicherungsfalldefinition der Grunddeckung von der des Master Covers unterscheiden kann.

So existieren zum Beispiel zwei Versionen der CGL-Police. Neben dem ursprünglichen Konzept, das als Versicherungsfalldefinition das Schadenereignis (occurence) vorsieht, gibt es seit 1986 auch eine auf dem Anspruchserhebungsprinzip (Claims made) basierende Version der CGL-Police.

Häufig werden die Versicherungssummen der CGL-Deckung mit einer sogenannten excess liability form oder Umbrella Police aufgestockt.

Der Begriff "Umbrella" wurde geprägt, weil die entsprechende Versicherungssumme als Aufstockung für verschiedene unterliegende Versicherungen zur Verfügung steht, wobei es sich typischerweise um Haftpflichtversicherungen handelt, zum Beispiel "commercial auto liability" oder "employers liability"-Deckungen.

Bei dem Aufsetzen einer Anschlussdeckung auf eine solche Umbrella Police mit einer Reversed DIC-Regelung wären diese Versicherungen neben anderen „unerwünschten" Bedingungselementen grundsätzlich von der Höherdeckung im Rahmen des Master Covers mit umfasst.

Um dem zu begegnen werden Kongruenzdeckungsregelungen unter Einschluss von US-Lokaldeckungen immer mit mindestens den folgenden Ausschlüssen ergänzt:

- Worker's Compensation (Arbeiterunfall)

- Employers Liability (Arbeitgeberhaftpflicht)

- Employers Practise Liability (EPLI = ähnlich unserer AGG-Deckung)

- Auto Liability (Kfz-Haftpflicht),

- Environmental impairment (Umwelthaftpflicht)

- Pure Financial Losses (reine Vermögensschäden)

- Professional Indemnity (PI)

- Errors & Omissions - E&O (Berufshaftpflicht)

- Asbest

- Toxic Mold (Haftpflicht wegen Schäden im Zusammenhang mit Schimmelbefall von Gebäuden)

- Punitive/Exemplary damages (Entschädigungsleistungen mit Strafcharakter)

- Lokale Pflichtversicherungen

- Recall (Rückrufdeckungen)

- Product guarantee (Produktgarantie)

- Loss of use (Haftpflicht aus Nutzungsausfall)

- Terrorismus

Arbeitsmaschinen

„**Selbstfahrende Arbeitsmaschinen** sind Kraftfahrzeuge, die nach ihrer Bauart und ihren besonderen, mit dem Fahrzeug fest verbundenen Einrichtungen zur Verrichtung von Arbeiten, jedoch **nicht** zur Beförderung von Personen oder Gütern bestimmt und geeignet sind".
(§2 Nr. 17 Fahrzeugzulassungsverordnung FZV)

Arbeitsmaschinen im Straßenverkehr

Eine selbstfahrende Arbeitsmaschine benötigt nur dann eine Ausnahmegenehmigung gemäß § 70 StVZO sowie eine Erlaubnis nach § 29 Abs. 3 StVO, wenn sie die Bauvorschriften der StVZO bzw. die Vorgaben der entsprechenden EU-Richtlinien nicht einhalten kann (Gesamtmasse, Breite, Länge, Achslasten, Sichtfeld, Beleuchtung).

Ansonsten reicht bis zu einer Höchstgeschwindigkeit von 20 km/h eine Betriebserlaubnis.

Für selbstfahrende Arbeitsmaschinen gilt:

- Auf nicht öffentlich zugänglichem Gelände ist für das Fahren kein Führerschein vorgeschrieben.

- Auf öffentlichem Gelände gelten wie für jedes Fahrzeug und für den Fahrer die StVO sowie die Führerscheinverordnung. Dabei sind unterschiedliche Führerscheine für Geräte bis 25 km/h und über 25 km/h notwendig.

- 20 km/h-Maschinen arbeiten mit der Betriebserlaubnis und sind zulassungsfrei.

- Arbeitsmaschinen über 20 km/h benötigen eine Straßenzulassung mit Nummernschild.

Zu dem weiteren Feld der Arbeitsmaschinen gehören z.B.:

- Bohrgerät auf Lkw-Fahrgestell

- Erntemaschinen

- Schienenreinigungsfahrzeuge

- Mähdrescher

- Autokräne

- Übertragungswagen

- Baumaschinen

Zulassung oder nicht ?

Selbstfahrende Arbeitsmaschinen sind gemäß §3 Abs. 2 Nr. 1a FZV zulassungsfrei und dementsprechend i.S.d. §3 Nr. 1 Kraftfahrzeugsteuergesetz (KraftStG) von der Kraftfahrzeugsteuer befreit.

Alle selbstfahrenden Arbeitsmaschinen mit einer bauartbedingten Höchstgeschwindigkeit (BbH) von bis zu 20 km/h müssen eine gültige Betriebs- oder Einzelbetriebserlaubnis vorweisen, um in Betrieb gesetzt werden zu dürfen.

Liegt eine BbH von mehr als 20 km/h vor, muss zudem ein amtliches Kennzeichen der örtlichen Zulassungsbehörde beantragt werden.

Durch die Steuerbefreiung wird in diesen Fällen ein grünes Kennzeichen vergeben (§§4 Abs.2 Nr. 1, 9 Abs.2 FZV).

Bei einer Höchstgeschwindigkeit von maximal 20 km/h muss der Halter des Fahrzeugs seinen vollständigen Namen und seinen Wohnort oder die Firmenanschrift zumindest auf der linken Seite des Fahrzeugs dauerhaft und deutlich lesbar anbringen, um in Schadensfällen eventuelle Haftungsangelegenheiten ermöglichen zu können (§4 Abs. 4 FZV).

Für selbstfahrende Arbeitsmaschinen mit Kennzeichen wird eine Zulassungsbescheinigung Teil 1 ausgegeben, die beim Betrieb des Fahrzeugs ständig mitzuführen und auf Verlangen auszuhändigen ist.

Bei Maschinen bis 20 km/h BbH genügt das Mitführen der Übereinstimmungsbescheinigung oder Einzelgenehmigung.

Hinweis: Werden selbstfahrende Arbeitsmaschinen entgegen ihrer Bestimmung zweckentfremdet und beispielsweise für Güterverkehr eingesetzt, entfällt die Steuerfreiheit. Dies kann als Steuerhinterziehung bestraft werden.

Deutsches Versicherungsrecht

Selbstfahrende Arbeitsmaschinen mit mehr als 20 km/h Höchstgeschwindigkeit müssen eine Kfz.-Haftpflichtversicherung vorweisen.

Liegt die bauartbedingte Höchstgeschwindigkeit bei maximal 20 km/h, besteht keine Versicherungspflicht (gemäß §2 Abs.1 Nr.6 Pflichtversicherungsgesetz).

In diesen Fällen können Schadensfälle unter Umständen von der Betriebshaftpflichtversicherung gedeckt sein.

Gabelstapler

Auf Staplerfahrzeuge (die für das Aufnehmen, Heben, Bewegen und Positionieren von Lasten bestimmt und geeignet sind; gemäß §2 Nr.18 FZV) sind die obigen Vorschriften entsprechend anzuwenden.

Baumaschinen

Als Baugeräte gelten ferner stationäre, semimobile oder mobile Maschinen, die mit Verbrennungsmotoren oder Elektromotoren angetrieben werden und mit denen

- Baustoffe be- und verarbeitet

- Bauhilfsstoffe transportiert und

- Bauaufgaben

ausgeführt werden.

Viele Baumaschinen lassen sich nicht nur dem Bauwesen zuordnen, weil sie neben ihrem Einsatz in der Bauwirtschaft auch in der Gewinnungsindustrie (Bergbau oder Tagebau), in der Landwirtschaft, im Deponiebetrieb sowie in weiteren Industriezweigen verwendet werden.

Diese **Liste von Baumaschinen und Baugeräten** eröffnet einen Überblick über die Vielfalt von Baumaschinen und Baugeräten der Gegenwart und nennt deren typische Einsatzgebiete.

Kleingeräte, Bauhilfsstoffe (Schalung und Gerüste) oder Werkzeuge sowie Gleisbaugeräte und Wasserbaufahrzeuge sind nicht Teil dieser Liste. Auch Bergbaumaschinen, wie Schaufelradbagger, werden nicht in der Liste erwähnt.

Klassifikationen von Arbeitsmaschinen

Eine Unterteilung kann wie folgt vorgenommen werden:

- Erdbaugeräte

- Bohr- und Schlitzwandgeräte

- Transportgeräte

- Maschinen für Transport und Verarbeitung von Beton und Mörtel

- Hebezeuge

- Ramm- und Ziehgeräte

- Geräte im Verkehrswegebau

- Kanal- und Rohrleitungsbau

- Verdichtungsgeräte

- Tunnelbaugeräte

- Kompressorgeräte

Klassifikation „Erdbaugeräte"

Erdbaugeräte dienen zum Lösen, Laden, Transportieren, Einbauen und Verdichten von Erdmassen oder Schüttgütern auf kurzen Strecken.

Für die Arbeit im Erdbau sind die Geräte mit unterschiedlichen Fahrwerken und Anbaugeräten ausgestattet.

Die Bauart ist abhängig von dem anstehenden Bodenmaterial und dessen Lösbarkeit. Ferner beeinflussen Förderstrecke und Tragfähigkeit des Fahrweges die Maschinenwahl.

Einige Geräte sind universell verwendbar, sodass ihr Einsatz über den Erdbau hinaus in andere Aufgabengebiete reicht.

Grundsätzlich wird zwischen

- Standbagger

- Fahrbagger

- und Flachbaggern

unterschieden.

Standbagger

Standbagger verrichten ihre hauptsächliche Arbeitsaufgabe, das Lösen und Laden von Boden, weitgehend an einer Stelle.

Die Bewegung der Maschine erfolgt unabhängig davon. Fördervorgänge sind nur über sehr kurze Strecken wirtschaftlich, da die Fahrgeschwindigkeit und die Fördermenge gering sind.

In der Regel findet auch kein Transport im Sinne eines Verfahrens von Gütern statt, vielmehr werden diese unter Nutzung der Anbauwerkzeuge umgesetzt oder gezogen.

- **Hydraulikbagger**

  Hydraulikbagger gibt es in vielen verschiedenen Baugrößen und Leistungsklassen. Mit unterschiedlichen Fahrwerken (Raupen-, Ra- oder Zweiwegefahrwerk) und vielfältigen Arbeitseinrichtungen eignet sich dieses Gerät für nahezu jede Geländeform und Bauaufgabe.

  Das Gerät besteht aus einem Unterwagen mit dem Fahrwerk und einem schwenkbaren Oberwagen mit dem Fahrerhaus und der Arbeitseinrichtung (Ausleger mit einem Anbaugerät, zum Beispiel mit einem Grabgefäß).

- **Seilbagger**

Seilbagger werden sowohl mit Raupen- als auch mit Radfahrwerk hergestellt und eignen sich für den Einsatz im Bagger- und Kranbetrieb sowie bei der Materialförderung und als so genanntes Trägergerät für Spezialtiefbauaufgaben. Das Gerät ist ähnlich aufgebaut wie der Hydraulikbagger, arbeitet jedoch mit Hilfe einer Seilwinde. Als Arbeitseinrichtung dient beim Seilbagger ein Gittermast mit Grabwerkzeug (Schleppschaufel oder Greifer) oder ein Trägermast mit Anbaugeräten (Ramm-, Zieh- und Bohrgeräte).

Hinweis: Als Spezialtiefbau werden Verfahren und Methoden bezeichnet, die spezielle Kenntnisse und in der Regel auch spezielle Maschinen zu ihrer Ausführung benötigen und deren Risiken nur durch darauf spezialisierte Unternehmen beherrscht werden. Das Produkt, also beispielsweise ein Düsenstrahlkörper oder ein Bohrpfahl, liegen so tief im Baugrund, dass eine direkte Prüfung der Abmessungen und der Funktionsfähigkeit nicht möglich ist. Aufgrund der stetig fortschreitenden Entwicklung der Technik im Bauwesen lässt sich der Bereich des Spezialtiefbaus nicht immer klar vom allgemeinen Tiefbau abgrenzen.
Dem Spezialtiefbau werden etwa Techniken zur Erstellung von Bohrpfählen, Schlitzwänden und Baugrubenwänden, Hochdruckinjektionsverfahren sowie Böschungs- und Hangsicherungsverfahren zugerechnet.

- **Schreitbagger**

Der Schreitbagger besitzt eine ähnliche Funktionsweise wie der Hydraulikbagger, er ist jedoch mit Schreitbeinen ausgestattet. Mit diesen Schreitbeinen kann das Gerät in unwegsamem oder steilem Gelände arbeiten. Dabei kann der Geräteführer jedes Schreitbein einzeln steuern. Für einen raschen Ortswechsel des Gerätes in flachem Terrain sind an den Schreitbeinen absenkbare Räder angebracht.

- **Minibagger**

Der Minibagger mit Raupen- oder Radfahrwerk besitzt äußerst geringe Abmessungen sowie ein geringes Betriebsgewicht und ist daher für Bauaufgaben mit stark eingeengten Platzverhältnissen geeignet. Neben seiner Verwendung im Garten- oder Grabenbau kann sich der Minibagger auch innerhalb von Gebäuden ohne Probleme fortbewegen und arbeiten. Die Leistungsfähigkeit ist aufgrund der geringen Größe jedoch eingeschränkt.

- **Kompaktbagger**

Der Kompaktbagger befindet sich hinsichtlich der Baugröße und Leistungsfähigkeit zwischen dem Minibagger und dem konventionellen Hydraulikbagger. Der Oberwagen ist oft so konzipiert, dass er geschwenkt werden kann, ohne über den Unterwagen hinauszuragen. In diesem Fall wird er auch als Hüllkreisbagger bezeichnet. Ähnlich dem Hydraulikbagger steht eine Vielzahl von Anbaugeräten zur Auswahl.

- **Teleskopbagger**

Der Teleskopbagger ist eine Abwandlung des Hydraulikbaggers. Er gleicht ihm in Aufbau und Leistung, besitzt jedoch statt einem starren Ausleger einen Teleskopausleger. Durch dieses Bauteil erweitert sich der Aktionsradius des Gerätes gegenüber einem Gerät mit Standardausleger wesentlich.

Fahrbagger

Im Gegensatz zum Standbagger ist der Fahrbagger nur durch die Bewegung der gesamten Maschine zur Verrichtung seiner Arbeitsaufgaben in der Lage. Er ist für Transporte über kurze Distanzen geeignet. Ausschlaggebend für die Wirtschaftlichkeit beim Transport sind u.a. das Beschleunigungsvermögen, die Endgeschwindigkeit sowie das Ladevolumen.

- **Radlader**

  Dieses Universalgerät kann mit Hilfe verschiedener Anbaugeräte Erdreich und Schüttgüter lösen, laden und einbauen sowie über mittlere Distanzen fördern. Die Anbaugeräte können mit einer Schnellwechseleinrichtung rasch gewechselt werden. Je nach Bauaufgabe steht eine Vielzahl von Radladerbaugrößen und Leistungsklassen zur Auswahl. Die Maschine kann entweder einen starren Rahmen mit Radlenkung oder einen geteilten Rahmen mit Knicklenkung besitzen. Bei der Schaufelkinematik unterscheidet man die Parallel- und die Z-Kinematik. Eine Sonderbauform stellt der Schwenkschauffellader dar, dessen Arbeitseinrichtung nach beiden Seiten geschwenkt werden kann.

- **Baggerlader**

  Dieses Mehrzweckgerät stellt eine Kombination zwischen konventionellem Hydraulikbagger und Radlader dar. Dieses überwiegend im Graben- und Rohrleitungsbau eingesetzte Gerät wird dabei vollständig vom Fahrerhaus bedient, der Fahrersitz kann je nach Arbeitsrichtung gedreht werden. Um die Stabilität zu verbessern sind am Heck zwei hydraulische Abstützungen angebracht. Zusätzlich ist die Heckbaggereinrichtung seitlich mit Hilfe eines Schlittens verschiebbar.

- **Laderaupe**

  Die Laderaupe ähnelt der Planierraupe, besitzt jedoch an der Front eine Ladeschaufel. Am Heck kann ein Einzel- oder Mehrzahnaufreißer angeordnet sein. Der Motor liegt im hinteren Teil der Maschine und dient so als Gegengewicht zur aufgenommenen Ladung. Der Raupenlader ist im Gegensatz zum Radlader in wenig tragfähigen Böden durch den geringen Flächendruck der Kettenlaufwerke einsatzfähig. Zudem kann er dicht gelagerte Böden besser lösen und laden.

- **Kompaktlader**

  Der Kompaktlader (engl.: Skid-Steer) wird zu ähnlichen Aufgaben wie ein Radlader eingesetzt, kann aber vergleichbar den Minibaggern aufgrund der geringen äußeren Abmessungen und des niedrigen Betriebsgewichts auch unter stark eingeengten Platzverhältnissen oder in Gebäuden eingesetzt werden. Für Kompaktlader ist ebenfalls eine große Vielfalt an Anbaugeräten verfügbar, die auch Geräte für Warenumschlag, Landwirtschaft (Hoflader), Gartenbau oder Reinigungszwecke mit einschließt.

Flachbagger

Flachbagger arbeiten im Flachab- bzw. auftrag und einige Geräte sind zum Teil für den Materialtransport über weitere Distanzen ausgelegt. Wie beim Fahrbagger ist zum Lösen und Fördern die Bewegung des gesamten Gerätes erforderlich. Flachbagger besitzen eine hohe Motorleistung und erreichen zum Teil mittlere bis hohe Endgeschwindigkeiten.

- **Planierraupe**

  Dieses Baugerät eignet sich für grobe Planierarbeiten und Förderung von Erdreich über kurze Strecken. Zu diesem Zweck wurden Planierraupen in verschiedenen Größen- und Leistungsklassen entwickelt. Je nach Anforderung stehen dabei verschiedene (Planier)Schild-Typen zur Verfügung, des Weiteren kann am hinteren Ende ein Einzel- oder Mehrzahnheckaufreißer angebracht sein. Das Kettenlaufwerk wird in Standard-Bauart oder als Delta-Laufwerk ausgeführt.

- **Grader**

  Die auch Erd- oder Straßenhobel genannte Maschine ist für genaue Planierarbeiten optimiert. Das Hauptschild (die Schar) ist vielseitig hydraulisch beweglich (Lage, Höhe, seitliches Ausschwenken) und vor allem mittig unter dem Fahrzeug mit langem Radstand angeordnet, so dass sich das Überfahren von Bodenunebenheiten erheblich weniger auswirkt als bei einem Frontschild. Durch eine Kombination von Vorderachs- und Knicklenkung können die meisten Grader im Hundegang arbeiten und so das Planum spurfrei halten. Zum Vorplanieren kann ein Frontschild, für das Lösen fester Böden ein Heckaufreißer angebracht werden.

  Hinweis: Hundeganglenkung ist eine vor allem in der Landwirtschaft eingesetzte Lenkung. Dabei werden die Vorderräder und die Hinterräder in die gleiche Richtung verdreht. Das ergibt bei einer Geradeausfahrt eine zur Vorderachse versetzte Hinterachse. Dadurch wird der Boden geschont.

- **Schürfzug**

  Der Schürfzug (auch Scraper genannt) nimmt Erdreich im Flachabtrag auf und kann dieses über weite Distanzen wirtschaftlich fördern. Je nach Lösbarkeit des Bodens können verschiedene Wagentypen eingesetzt werden. Man unterscheidet den Doppelmotor-, Elevator- oder den Schneckenschürfwagen. Bei besonders schwer lösbaren Böden kann eine Schubraupe den Schürfwagen anschieben. Auch eine Kombination von zwei Schürfwägen (so genannter Push-Pull-Betrieb) oder ein Anhängeschürfwagen ist möglich.

- **Schürfkübelraupe**

  Die Schürfkübelraupe vereint die Funktion von Schürfwagen und Planierraupe, das bedeutet sie kann Erdreich lösen, laden, fördern und einbauen sowie Böden planieren. Die Transportstrecken können sich dabei über mittlere Distanzen erstrecken. Vorteilhaft ist auch die Einsatzfähigkeit auf Böden mit geringer Tragfähigkeit oder in Gewässern mit geringer Wassertiefe. So kann das Gerät mit einer speziellen Wateeinrichtung bis unter 1,8 Meter Wassertiefe arbeiten.

Klassifikation „Bohr- und Schlitzwandgeräte"

Für Spezialtiefbauaufgaben, darunter das Herstellen von Schlitzwänden und Bohrpfählen, sind besondere Baugeräte notwendig.

Die Geräte übernehmen dabei das Lösen des Erdreichs und fördern es anschließend an die Oberfläche.

Um ein Einstürzen in wenig tragfähigen Böden zu vermeiden, müssen die Geräte die Bohrlöcher und Schlitzwände während der Herstellung ausreichend abstützen. Dazu kommt entweder im Fall des Bohrpfahls ein Rohr in Fragen, im Fall der Schlitzwand eine Stützflüssigkeit.

- **Drehbohrgerät**

  Mit Hilfe des Drehbohrgerätes lassen sich verrohrte oder unverrohrte Bohrungen im Boden ausführen und das anfallende Bodenmaterial zu Tage fördern. Im Anschluss daran kann je nach Erfordernis ein Bewehrungskorb eingebracht werden und der Bohrpfahl betoniert werden. Wurde zur Stabilisierung des Bohrlochs ein Rohr eingebracht, kann das während des Betonierens mit dem Gerät schrittweise gezogen werden (Kontraktorverfahren). Das Drehbohrgerät besteht im Wesentlichen aus dem so genannten Trägergerät (üblicherweise ein Seilbagger) und dem Mast mit Drehantrieb und Kellystange. Der Boden lässt sich mit einer Vielzahl von Werkzeugen lösen. Man unterscheidet dabei zwischen Bohrgreifern- und -schnecken sowie Rollen- und Fallgewichtsmeißel und Imlochhämmer. Je nach anstehendem Boden ist ein geeignetes Bohrwerkzeug auszuwählen.

- **Schlitzwandgreifer**

  Für die Herstellung von Schlitzwänden werden Schlitzwandgreifer und Schlitzwandfräsen verwendet. Diese aus Trägergerät und Seilgreifer oder Seilfräse bestehenden Geräte lösen das Erdreich und fördern es zu Tage. Dabei kann ein Bentonit-Suspensionskreislauf an das Gerät angeschlossen werden, um den Schlitz temporär abzustützen. Die Schlitzwandfräse arbeitet in kontinuierlichem Betrieb, der Schlitzwandgreifer dagegen arbeitet im Taktbetrieb.

Klassifikation „Transportgeräte"

Der horizontale Transport von Erdmassen oder Schüttgütern sowie Maschinen oder Bauteilen wird mit Hilfe von verschiedenartigen Transportgeräten ausgeführt.

Je nach zu bewegender Materialmenge und des Transportweges (öffentliches Straßennetz oder Privatgelände) kommen unterschiedliche Geräte in Frage.

Eine weitere Möglichkeit, hier jedoch nicht weiter ausgeführt, ist der Transport mit Schienenfahrzeugen im Gleisbetrieb sowie per Schiff.

- **Baustellenkipper**

  Diese spezielle Form des LKWs besitzt eine Straßenzulassung und kann als Mehrachskipper oder Sattelzugmaschine aufgebaut sein. Es ist eine Vielzahl von Bauarten und Leistungsklassen verfügbar, die Ladefläche lässt sich je nach Ausführung nach hinten oder zur Seite entleeren. Das Beladen des Fahrzeugs erfolgt mit Hilfe von Stand- oder Fahrbaggern, die mit ihrem Ausleger über die Bordwand reichen.

- **Schwerkraftwagen / Dumper / Muldenkipper**

  Im Gegensatz zum konventionellen Lkw hat der Schwerkraftwagen (auch *SKW*, *Dumper* oder *Muldenkipper* genannt) aufgrund seiner Abmessungen und seines erhöhten Gewichts keine Straßenzulassung. Die Geräte besitzen starke Motoren und erreichen trotz ihres Gewichtes eine hohe Fahrgeschwindigkeit. Die Ladefläche lässt sich bei diesem Gerät nur nach hinten entleeren. Für das Beladen der Fahrzeuge sind ausreichend große Bagger erforderlich.

- **Vorderkipper / Dumper / Muldenkipper**

  Für Baustofftransporte auf Kleinbaustellen und im Garten- und Landschafsbau kann der Vorderkipper (auch *Dumper*, *Motor-Japaner*, *Muldenkipper* oder *Muli* genannt) verwendet werden. Er besitzt vorne eine schalenförmige Ladefläche, die bei Bedarf gekippt werden kann. Hinter dieser Ladefläche befinden sich der Fahrersitz und die Bedienelemente. Größere Geräte können mit einer Knicklenkung ausgestattet sein und werden aufgrund ihrer Wendigkeit und kompakten Abmessung auch im Tunnelbau eingesetzt.

- **Förderband**

  Das Förderband transportiert kontinuierlich Material sowohl über weite als auch kurze Strecken. Je nach Ausführung erreicht das Förderband unterschiedliche Fördergeschwindigkeiten. Die Schüttgüter müssen ausreichend zerkleinert sein, sodass sie auf dem Förderband Platz finden. Da der Aufwand für den Aufbau recht hoch ist, eignen sich Förderbänder in der Regel nur für Transportaufgaben, welche über einen längeren Zeitraum oder im besonders unwegsamen Gelände zu erledigen sind.

- **Tieflader**

  Der Tieflader dient dem Transport von Baugeräten, welche aufgrund ihrer Größe oder ihres Gewichtes nicht auf öffentlichen Straßen fahren dürfen. Des Weiteren können mit ihm Bauteile oder Bauhilfsstoffe transportiert werden. Zur besseren Gewichtsverteilung werden mehrere Achsen angeordnet, die auch eigens lenkbar sein können. Gezogen wird der Tieflader von einem Lkw oder einer Zugmaschine.

Klassifikation „Maschinen für Transport und Verarbeitung von Beton und Mörtel"

Beton und Mörtel kann entweder in mobilen Mischanlagen oder in stationären Mischwerken hergestellt werden. Für den Transport zur Baustelle und zum Fördern auf der Baustelle sowie für die Betonverarbeitung steht eine Reihe von Maschinen zur Verfügung.

- **Betonmischer**

Betonmischer dienen zum Herstellen von Frischbeton. Die Bestandteile des Betons (Wasser, Gesteinskörnung, Zement und gegebenenfalls Zusatzstoffe oder Betonzusatzmittel) werden in den Mischbehälter gefüllt und gemischt. Im Mischbehälter befinden sich Mischwerkzeuge, die je nach Bauart um eine senkrechte (Tellermischer) Achse oder um eine oder zwei waagerechte Achsen (Trogmischer) rotieren. Der fertig gemischte Beton wird durch eine Bodenöffnung entleert. Es wird zwischen Spielweise und stetig arbeitenden Mischern unterschieden.

- **Fahrmischer / mit Transportband**

-Fahrmischer
Für den Transport des Frischbetons vom Herstellerwerk zur Einbaustelle werden Fahrmischer verwendet. Auf ein Lkw-Fahrgestell ist eine Mischtrommel mit Antriebseinheit und Be- und Entladevorrichtung aufgebaut. Während der Fahrt kann die Trommel gedreht werden, um ein Entmischen des Betons zu verhindern. Die Fahrmischer besitzen eine Straßenzulassung. Wegen der einzuhaltenden Achslasten nimmt mit dem Fassungsvermögen der Trommel die Zahl der Fahrzeugachsen zu. Große Fahrmischer werden als Sattelauflieger ausgeführt. Auf der Baustelle wird der Beton mit einem Krankübel oder einer Betonpumpe, selten über eine Rutsche oder mit einem Förderband in die Schalung gefördert.

-mit Transportband
Für den Transport des Frischbetons vom Herstellerwerk zur Einbaustelle werden in Skandinavien auch Fahrmischer mit Transportband verwendet. Auf ein Lkw-Fahrgestell ist eine Mischtrommel mit Antriebseinheit und Be- und Entladevorrichtung, sowie ein Förderband oder eine hydraulische Teleskoprutsche aufgebaut. Auf der Baustelle wird der Beton über eine Rutsche oder mit einem Förderband mit Fernbedienung in die Schalung gefördert. Diese Fahrzeuge erwiesen
sich in der Vergangenheit als sehr flexible Alternative.

- **Betonpumpe / Mörtelpumpe**

Mit der Betonpumpe wird Frischbeton durch eine stationär verlegte oder durch eine an einem flexibel verstellbaren Verteilermast befestigte Rohrleitung von der Mischanlage oder vom Fahrmischer zur Einbaustelle gefördert. Je nach Ausführung und Leistungsklasse ergeben sich unterschiedliche Förderleistungen und Förderweiten. Betonpumpen können als Fahrzeugaufbau (Autobetonpumpe mit Verteilermast) oder als stationäres Gerät (Baustellenbetonpumpe) hergestellt werden. Fahrmischer können mit einer Betonpumpe und einem Verteilermast zu einer Fahrmischerbetonpumpe kombiniert sein.

Die Mörtelpumpe besteht aus einem Vorratsbehälter und der Pumpeinheit. Mit ihr wird Trockenmörtel mit Wasser gemischt und anschließend an die Einsatzstelle gepumpt. Der Trockenmörtel kann als Sackware oder aus einem Mörtelsilo zugegeben werden.

- **Spritzbetongerät**

  Das Spritzbetongerät wird entweder hand- oder maschinell geführt und dient zum Verarbeiten von Spritzbeton. Je nachdem, ob das Nassspritzverfahren oder das Trockenspritzverfahren angewendet wird, ergibt sich eine unterschiedliche Bedienung des Gerätes. Beide Spitzverfahren benötigen Druckluft, die mit einem Kompressor erzeugt werden muss.

- **Betonsäge**

  Für das Trennen und das Herstellen von (Schein)Fugen in Beton werden spezielle Betonsägen verwendet. Das Trennblatt wird dabei mit Wasser gekühlt. Haupteinsatzgebiet der Betonsäge liegt im Betonfahrbahnbau, da hier in festen Abständen die Betondecke mit Längs- und Querfugen versehen werden muss, um ein unkontrolliertes Entstehen von Rissen zu vermeiden.

- **Flügelglätter**

  Die Flügelglättmaschine glättet die Oberfläche frisch hergestellter Betonböden und Betonfahrbahnen. Es gibt sowohl Handgeführte Glättmaschinen als auch Geräte mit Fahrersitz. Die Geräte lassen sich während des Betriebs leicht in jede beliebige Richtung steuern. Es sind Ausführungen mit einem Rotorblatt oder zwei Rotorblättern möglich.

- **Innenrüttler / Außenrüttler**

  Rüttler dienen zum Verdichten von Frischbeton. Die Maschine ist im Inneren mit einer Unwucht ausgestattet und setzt somit Vibrationen frei. Durch die Vibration wird der frische Beton zur Bewegung angeregt, wodurch Luft aus dem Beton entweichen und er sich dichter lagern kann. Rüttler können sowohl während des Betonierens in das zu betonierende Bauteil gehalten werden (Innenrüttler), als auch an die Schalung angebaut sein (Außenrüttler).

Klassifikation „Hebezeuge"

Hebezeuge dienen dem vertikalen und horizontalen Transport von Baustoffen und Bauhilfsstoffen sowie Personen auf Baustellen.

Hierbei wird zwischen mobilen und stationären Geräten unterschieden. Eine besondere Rolle bei der Gerätewahl spielt die Aufbaugeschwindigkeit und die Anpassung des Gerätes an den Baufortschritt. Entscheiden für die Gerätewahl ist auch die maximal mögliche Hubhöhe und das Lastmoment.

- **Turmdrehkran (Schnellmontagekran)**

  Der Turmdrehkran hat sich als Standard-Hebezeug im Hochbau durchgesetzt und ist in vielen verschiedenen Aufbauarten denkbar. Zunächst wird zwischen einem oben- oder einem unten drehenden Kran unterschieden, der mit einem Katz-, Nadel-, Teleskop- oder Knickausleger ausgestattet sein kann. Des Weiteren kann das Gerät als Kletterkran ausgeführt sein und zusammen mit dem Baufortschritt erweitert werden. Um den Aufbauaufwand zu verkleinern, wurden so genannte Schnellmontagekräne für kleine Bauaufgaben entwickelt.

- **Portalkran (Laufkatze)**

  Der Portalkran besitzt zwei Auflager und kann auf Schienen verfahren werden. Der Hubvorgang wird mit einer Laufkatze bewältigt. Dieses Gerät findet häufig Anwendung auf Bauhöfen oder in Fertigteilwerken, kann aber auch auf Montagebauwerken oder in Hallen eingesetzt werden.

- **Kabelkran (Laufkatze)**

  Der Kabelkran ist mit dem Portalkran verwandt, überspannt jedoch wesentlich weitere Distanzen. Bestandteile der Konstruktion sind ein Pendelturm und ein Maschinenturm, welche über ein Tragseil verbunden sind. Auf dem Tragseil befindet sich eine Laufkatze, welche vom Maschinenturm aus gesteuert wird. Der Kabelkran eignet sich besonders gut für schwer zugängliche Baufelder oder lange linienartige Baustellen wie etwa Staumauer- oder Seilbahnbaustellen.

- **Fahrzeugkran**

  Im Gegensatz zu den oben genannten Geräten kann der Fahrzeugkran (auch Auto- oder Mobilkran genannt) größere Strecken selbstständig zurücklegen und besitzt je nach Ausführung eine Straßenzulassung (Ausnahme Groß- oder Raupenkräne). Das Fahrwerk kann sowohl als Rad- als auch mit Raupenfahrwerk ausgestattet sein. Um die Stabilität während des Hubvorgangs zu verbessern, sind seitliche Abstützungen am Gerät auszufahren.

- **Teleskoplader**

  Dieses Universalgerät erinnert an einen Radlader, ist jedoch mehr für das Heben von Lasten gedacht. Der Teleskopausleger kann ausgefahren werden und je nach Anforderung mit verschiedenartigen Anbaugeräten versehen werden. Besonders für häufig wechselnde Einsatzorte und geringe Lasten eignet sich der Teleskoplader.

- **Bauaufzug**

Für den vertikalen Transport von Personen und Gütern während der Bauzeit können Bauaufzüge eingesetzt werden, die am Ende der Bauzeit wieder abgebaut werden. Es sind dabei unterschiedliche Größen- und Leistungsklassen möglich. Da der Aufzug sich dem Baufortschritt anpassen muss, ist die Konstruktion nach oben hin erweiterbar.

- **Minikran**

Für leichte Hubvorgänge über kurze Distanzen eignen sich Minikräne. Sie wurden für ein rationelles und gesundheitsschonendes Mauern entwickelt. Die Minikräne besitzen ein Radlaufwerk und werden mit einer Fernbedienung gesteuert.

- **Arbeitsbühne**

Dieses Gerät eignet sich für den vertikalen Transport von Personen an schwer zugänglichen Arbeitsstellen in der Höhe. Es kann des Weiteren von der Bühne aus gesteuert werden und lässt sich zur Lagestabilisierung mit seitlichen Abstützungen versehen.

- **Hubarbeitsbühne**

Dieses Gerät eignet sich für den horizontal versetzten vertikalen Transport von Personen an schwer zugänglichen Arbeitsstellen in der Höhe und ist auf Anhängern oder Fahrgestellen (Rahmen) von LKW oder Radbaggern montiert. Es wird vom Arbeitskorb aus gesteuert und hat seitlich ausfahrbare Abstützungen. Unten befindet sich zur Bergung liegengebliebener Geräte eine Notsteuereinheit.

- **Flaschenzug**

Dieses seit dem Altertum bekannte Hebezeug vereinfacht das Heben von Lasten unter geringem Maschinenaufwand. Der Einsatz erfolgt heute bei kleineren Hebevorgängen, wo die oben genannten Maschinen entweder aus Platzgründen oder aus wirtschaftlichen Gründen nicht eingesetzt werden können. Die Ausstattung mit einem Elektromotor ist möglich.

Klassifikation „Ramm- und Ziehgerät"

Für das Erstellen eines Spundwandverbaus oder einer Trägerbohlwand werden Geräte zum Rammen und Vibrieren von Spundwanddielen und Stahlprofilen benötigt.

Diese Geräte werden an ein Trägergerät (meist Raupenbagger) angeschlossen. Die Wahl des passenden Gerätes hängt von den anstehenden Bodenverhältnissen sowie von den Vorgaben bezüglich des Lärmschutzes und den maximal zulässigen Erschütterungen ab.

- **Ramme**

  Mit Hilfe der Ramme lassen sich Spundwände und Stahlträger in den Boden einbringen oder aus diesem herausziehen. Der Antrieb der Ramme kann verschiedenartig ausgebildet sein. Man unterscheidet zwischen

  - Dampframme
  - Dieselramme
  - Pressluftramme
  - Explosionsramme
  - und Vibrationsramme.

  Die Ramme besteht aus dem Träger- oder Grundgerät und der eigentlichen Ramme

Klassifikation „Geräte im Verkehrswegebau"

Die besonderen Anforderungen an den qualitativ hochwertigen Asphalt- und Betonfahrbahnbau erfüllen dafür speziell entwickelte Geräte zur Verarbeitung und Verdichtung von Asphaltmischgut und Frischbeton. Zur Beseitigung der Hohlräume im Asphalt werden unterschiedliche Walzentypen verwendet.

- **Schwarzdeckenfertiger**

  Für die Herstellung von Asphaltdecken wurden Einbaugeräte entwickelt, die das frische Mischgut aufnehmen und auf der eingestellten Breite verteilen und vorverdichten. Dazu gibt der vom Einbaugerät geschobene Lkw das Mischgut in den Aufnahmekübel. Sowohl Raupen- als auch Radlaufwerke werden genutzt.

  Sonderformen:

  - **Kompaktasphaltfertiger (InLine-Pave)**

    Sonderform des Schwarzdeckenfertigers mit Raupenfahrwerk. Entwickelt von den Unternehmen Kirchner und Vögele vereint er zwei Einbaugeräte in einer Maschine und ermöglicht die Binder- und Deckschicht in einem Arbeitsgang „heiß auf heiß" herzustellen. In Serie wird dieser Typ von Dynapac vertrieben und als Kompaktasphaltfertiger bezeichnet. Das später vom Unternehmen Vögele als Alternative entwickelte Verfahren wird abweichend als „InLine-Pave" bezeichnet und setzt dabei auf jeweils zwei separate Fahrzeuge. Der Deckenfertiger fährt hierbei auf der vorverdichteten Binderschicht. Die Mischgutzufuhr erfolgt bei beiden Varianten, aufgrund des Materialbehältereinsatzes mit größerem Fassungsvermögen immer mit Beschicker.

  - **Sprühfertiger**

    Eine weitere Sonderform des Schwarzdeckenfertigers. Ausgestattet mit einem Vorratstank mit Sprühanlage für Bitumenemulsionen wird diese Art für Dünnschichten im Heißeinbau und zum konventionellen Einbau mit Vorsprühen eingesetzt. Um den geringen Emulsionvorrat zu erhöhen gibt es Tankeinsätze für den Materialbehälter. Die Mischgutzufuhr erfolgt dann mit Beschicker.

- **Betonfertiger / Betondeckenfertiger / Gleitschalungsfertiger / Betondeckengleitschalungsfertiger**

  Ähnlich dem Schwarzdeckenfertiger erstellt der Betonfertiger Fahrbahnen, jedoch aus dem Baustoff Beton. Moderne Gleitschalungsfertiger sind größer dimensioniert und untergliedern sich in mehrere Arbeitsstationen. Zunächst wird der Frischbeton von der Maschine grob auf der einzubauenden Länge verteilt. Im nächsten Schritt wird die Oberfläche profilgerecht abgezogen und die Anker und Dübel eingelegt. Im letzten Schritt wird schließlich die Oberfläche geglättet.

  Für den Einbau monolithischer Profile (Bordsteinprofile, Betongleitschutzwände oder Wasserrinnen) im Offset-Verfahren werden ebenfalls auf das Verfahren abgestimmte Gleitschalungsfertiger eingesetzt.

  Brückenfertiger werden von der Bauwirtschaft genutzt um gerade als auch geneigte oder gewölbte Flächen aus Schotter, Beton oder Asphalt herstellen. Eingesetzt werden diese Typen vorrangig beim Bau von Steilwandkurven und bei Kanal- und Talsperrenabdichtungen im Wasserbau.

- **Straßenfräse**

Für das Entfernen von Asphalt- oder Betonschichten in Fahrbahnen werden Fräsmaschinen verwendet. Die Fräse besteht aus einer rotierenden Fräswalze im mittleren oder hinteren Bereich. Durch die Fräswalze wird die Fahrbahnschicht abgefräst und das Fräsgut bei größeren Geräten mittels eines Förderbandes auf einen mitfahrenden Lkw verladen. Es wird zwischen Warmfräse und Kaltfräse unterschieden.

- **Dreiradwalze**

Zur Verdichtung einer frisch eingebauten Asphaltschicht kann eine Dreiradwalze eingesetzt werden. Die Verdichtung erfolgt in diesem Fall über das Gewicht des Gerätes. Die „Räder" der Walze werden als Bandagen bezeichnet und besitzen eine glatte Oberfläche. Zur Erhöhung des Gewichtes können eingebaute Tanks mit Wasser gefüllt werden. Während des Einbaus bitumengebundenen Mischgutes wird das Wasser zur Befeuchtung der Bandagen genutzt.

- **Gummiradwalze**

Ähnlich der Wirkungsweise einer statischen Walze erfolgt die Verdichtung von frischem Asphaltmischgut mit einer Gummiradwalze durch das Gewicht des Gerätes. Jedoch besitzt diese Maschine luftbereifte Räder, deren Luftdruck während des Walzvorgangs eingestellt werden kann. Die Gummiradwalze „knetet" durch ihre Ausführung die Oberfläche und sorgt so für einen Porenschluss der Asphaltfläche.

- **Kombiwalze**

Kombiwalzen vereinen die Verdichtungswirkung einer Gummiradwalze und Tandemvibrationswalze in einem Gerät. Eingesetzt werden sie vorrangig beim Einbau von Asphaltbetondecken.

- **Tandemvibrationswalze**

Im Gegensatz zu den oben genannten Walzen erfolgt die Verdichtung mit einer Tandemvibrationswalze (auch Tandemwalze) durch dynamische Bewegungsvorgänge in den Bandagen. Die Bandagen werden mit Hilfe einer Unwucht in Vibration versetzt und geben diese an die unverdichtete Asphaltschicht weiter. Sie können sowohl vorwärts als auch rückwärts arbeiten und besitzen eine Berieselungsanlage zur Benetzung der Bandagen mit Wasser. Am Heck kann ein Splittstreuer angebracht sein, um die Oberfläche des Asphalts abzustumpfen.

- **Rampenspritzgerät**

Das Rampenspritzgerät dient zum Aufbringen von Bindemittel auf Fahrbahnen. Die Maschine besteht aus dem Lkw-Grundgerät und einem Vorratstank mit Heizmöglichkeiten sowie einer in der Höhe und Breite verstellbaren Spritzbalken am Heck. Dessen geregelte Ansteuerung des Spritzbalkens und der Einzeldüsen erfolgt aus dem Fahrerhaus. Eine manuelle Bedieneinrichtung ist auf einer Arbeitsbühne oberhalb des Spritzbalkens angeordnet.

- **Bankettfertiger**

Der Bankettfertiger stellt das Bankett von Straßen her. Er besitzt ein Radlaufwerk und wird an seiner Vorderseite von einem Lkw mit Bankettmaterial versorgt. Im Inneren der Maschine bringen ein Förderband und eine Schnecke das Material zur Einbauvorrichtung. Diese Vorrichtung baut das Bankettmaterial in der festgelegten Breite ein und sorgt für eine Vorverdichtung.

- **Beschicker**

Ein Beschicker dient als berührungsloses Verbindungselement zwischen Fertiger und den Mischguttransportfahrzeugen. Ursprünglich für den Kompaktasphaltfertiger entwickelt können auch normale Straßenfertiger mit dem Förderband beschickt werden. Durch einen großen Materialbehälter stellt er den ständigen Mischgutnachschub für den einbauenden Fertiger sicher.

- **Pflasterverlegemaschine**

Die Pflasterverlegemaschine vereinfacht die Verlegung großer Pflasterflächen durch eine Steinaufnahmevorrichtung am vorderen Fahrzeugteil, die eine größere Anzahl Pflastersteine gleichzeitig setzt.

- **Bodenstabilisierer (Bodenfräse)**

Der Bodenstabilisierer (auch *Bodenfräse*) verbessert nicht oder schlecht tragfähige Böden durch das Einmischen von stabilisierenden Zusätzen (beispielsweise Kalk). In der Mitte des Geräts befindet sich die Fräse, die Kalk in den Boden einmischt, der dann mittels Vibrationswalze verdichtet wird.

- **Bindemittelstreuer**

Der Bindemittelstreuer wird im Zuge einer Bodenverbesserung bzw. Bodenverfestigung benötigt, um die erforderliche Menge an hydraulischem Bindemittel dosiert auf dem Planum auszustreuen.

- **Kaltmischanlage**

Die Kaltmischanlage wird hauptsächlich zur Herstellung von hydraulisch gebundenen Tragschichten und beim Kaltrecycling eingesetzt. Dieses Verfahren wird auch als Zentralmischverfahren bezeichnet.

- **Gussasphaltkocher**

Der Gussasphaltkocher dient dazu, Gussasphalt aufzuwärmen und zur Einbaustelle zu transportieren.

Hinweis: Gussasphalt ist ein Baustoff und gehört zur Gruppe der Asphalte. Es handelt sich dabei um ein Gemisch aus feinen und groben Gesteinskörnungen und Bitumen, das beim Einbau gieß- und streichbar ist. Daher ist bei Verwendung von Gussasphalt keine Verdichtungsarbeit nötig. Gussasphalt wird eingesetzt als Straßenbelag, als Bodenbelag und für Abdichtungen.

- **Gussasphaltbohle**

Die Gussasphaltbohle dient dazu, Gussasphalt maschinell einzubauen und so auch bei großen Bauvorhaben wirtschaftlich zu sein. Die Arbeitsweise gleicht dem eines Betondeckenfertigers, jedoch ohne Verdichtung.

- **Wasserwagen**

Wasserwagen werden im Erd- und Verkehrswegebau dazu eingesetzt, große Flächen zu wässern. Dies geschieht, um die Staubbildung zu vermindern oder um dem Boden eine bestimmte Wassermenge zuzugeben (optimaler Wassergehalt zur Bodenverbesserung).

- **Heißrecycler**

Heißrecycler oder auch nach dem Verfahren genannte Remixer werden dazu eingesetzt Asphaltdeckschichten zu sanieren. Bei diesem Verfahren werden die Deckschichten zu 100 % wiederverwendet und fehlende Stoffe wie Splitt oder Bitumen zugegeben. Zum Replastifizieren der Asphaltschicht werden Heizmaschinen eingesetzt.

Klassifikation „Kanal- und Rohrleitungsbaugeräte"

Für Bauaufgaben im Kanal- und Rohrleitungsbau wurden spezielle Gerät entwickelt, die einerseits Arbeitssicherheit gewährleisten und auch eine wirtschaftliche Arbeitsweise ermöglichen. Neben den unten genannten Gräten kommen häufig auch noch Verdichtungsgeräte oder Bagger zum Einsatz.

- **Grabenfräse**

  Die Grabenfräse ist mit einem Raupenfahrwerk ausgestattet und dient als kontinuierlich arbeitendes Erdbaugerät. Aufgrund seiner geringen Aushubbreite liegt ihr Hauptanwendungsgebiet im Graben- oder Kabelbau. Wirtschaftlich gestaltet sich der Einsatz, wenn keine störenden Querleitungen die Arbeit behindern. Das Fräsgut wird seitlich ausgeworfen. Die Grabenfräse ist für leicht bis mittelschwer lösbare Böden geeignet.

- **Verbaugerät**

  Mit Hilfe des Verbauwandgerätes lassen sich Gräben sicher abstützen. Das Gerät wird mit einem Hebezeug oder einem Bagger in den Graben gehoben und dient dort zur Aussteifung der Grabenwände. Je nach Grabentiefe und Grabenbreite sind verschiedene Verbaugeräte einzusetzen.

- **Schweißraupe**

  Die Schweißraupe übernimmt Schweißarbeiten im unwegsamen Gelände. Ihr Anwendungsgebiet liegt im Rohrleitungsbau. Je nach Anforderung sind verschiedene Leistungsklassen vorhanden.

- **Rohrleger**

  Der Rohrleger ist ein speziell für das Auslegen von Rohrleitungen konzipierter Raupenkran. Der Kranausleger ist bei diesem Gerät seitlich angebracht, sodass die Maschine neben dem Graben stehen kann und dort die Rohrleitung hinablassen kann.

- **Horizontalbohrgeräte**

  Diese Maschine ermöglicht die Verlegung von Leerrohren und Leitungen ohne die Ausführung eines Grabens. Zu diesem Zweck bohrt die Maschine mit Hilfe des Bodenverdrängungsverfahrens zunächst einen Pilotstollen bis zum Zielschacht und führt anschließend eine Aufweitbohrung durch. Vorteil dieses Gerätes ist der rasche und zuverlässige Rohrleitungsbau, auch wenn hinsichtlich der Bohrdurchmesser und Bodenklassen Grenzen gesetzt sind.

Klassifikation „Verdichtungsgeräte"

Grundlage für dauerhafte und standsichere Bauwerke und Verkehrswege bilden ausreichend verdichtete Böden.

Mit Hilfe der Verdichtungsgeräte werden Porenräume im Boden, welche mit Luft und Wasser gefüllt sind, verringert und so die Tragfähigkeit erhöht und die nachträglichen Setzungen vermindert.

Das Verdichtungsverfahren ist abhängig von der anstehenden Bodenart.

Es wird dabei zwischen bindigen und nichtbindigen Böden unterschieden.
Bindige Böden sind durch knetende und walkende Bewegungsvorgänge zu verdichten, nichtbindige Böden dagegen sind über dynamische Bewegungsvorgänge zu verdichten.

- **Walzenzug**

  Für großflächige Verdichtungsarbeiten im Erdbau werden Walzenzüge verwendet. Sie besitzen vorne eine Walze mit Glatt- oder Schaffußbandage und am Heck eine konventionelle Luftbereifung. Unterhalb des Fahrerhauses befindet sich ein Knickgelenk. Die Verdichtung wird über die Vibrationsarbeit der Bandage erzielt, welche in zwei Frequenzen eingestellt werden kann.
  Diese Geräte werden aktuell mit einer Vielzahl von elektronischen Verdichtungskontrollsystemen ausgestattet (so genannte flächendeckende dynamische Verdichtungskontrolle). Mit diesem System wird die geleistete Verdichtung dokumentiert und flächenbezogen angezeigt.

- **Vibrationsstampfer**

  Für kleine Verdichtungsaufgaben eignet sich der Handgeführte Vibrationsstampfer. Ein Benzin- oder Dieselmotor treibt ein Mehrfeder-Schwingsystem an und dieses überträgt die Kraft auf die Stampfplatte.
  Aufgrund seiner guten Verdichtungsleistung und seiner geringen Arbeitsbreite wird der Vibrationsstampfer häufig in engen Gräben verwendet.

- **Vibrationsplatte**

  Dieses Gerät besteht aus einer Vibrationsplatte, die mit einem Unwuchtschwinger verbunden ist der wiederum von einem Diesel- oder Benzinmotor angetrieben wird.
  Das Gerät wird Handgeführt und besitzt entweder nur einen Vorlauf (eine Bewegungsrichtung) oder einen Vor- und Rücklauf (zwei Bewegungsrichtungen). Je nach Verdichtungsaufgabe kann aus verschiedenen Gerätegrößen ausgewählt werden.

- **Duplexwalze**

  Zwischen Vibrationsplatte und Walzenzug ordnet sich leistungs- und größenmäßig die Duplexwalze ein. Sie ist ebenfalls Handgeführt und besitzt eine oder zwei vibrierende Glattmantelbandagen.

- **Grabenwalze**

Für den Einsatz in engen Gräben ist die Grabenwalze gedacht. Dieses Gerät ist eine Weiterentwicklung der Vibrationswalze. Die vier voneinander unabhängig angetriebenen Schaffußbandagen eignen sich besonders gut für bindige Böden. Die Bedienung erfolgt mit einer Infrarot-Fernbedienung, da sich so der Geräteführer nicht im Graben befinden muss, wo er einer erhöhten Unfallgefahr sowie Abgas- und Lärmemission ausgesetzt ist.

- **Plattenverdichter**

Plattenverdichter dienen zur Verdichtung von ungebundenen Schichten aus Kies oder Schotter. Besonders für die Verdichtung von Feinplanien ist der Plattenverdichter geeignet.

Klassifikation „Tunnelbaugeräte"

In Abhängigkeit vom anstehenden Boden und den Grundwasserverhältnissen werden Maschinen und Bauverfahren für das Auffahren eines Tunnels ausgewählt. Als weiteres Kriterium ist noch die Form des Tunnelquerschnittes zu benennen. Im Wesentlichen wird im Tunnelbau zwischen dem Schildvortrieb, dem Teilschnittvortrieb oder dem Abbau im Sprengvortrieb (auch „Neue Österreichische Tunnelbauweise" genannt) unterschieden.

- **Schildvortriebsgerät**

  Schildvortriebsgeräte nehmen die radialen Drücke des Erdreichs auf und ermöglichen so ein sicheres Arbeiten im Schutz des Schildes. Es werden verschiedene Schilde unterschieden, die in Abhängigkeit von den Boden- und Wasserverhältnissen ausgewählt werden. Bei leicht lösbaren Böden und fehlendem Wasserandrang wird ein Schildvortrieb mit Reiß- und Ladeschaufel gewählt. Bei komplizierteren Boden- und Wasserverhältnissen wird ein Schild mit Schneidrad verwendet. In diesem Fall unterscheidet man Hydroschild, Mix-Schild und Erddruckschild. Um den Wassereinbruch zu verhindern sind die Tunnelröhren mit Druckluft versorgt.

- **Teilschnittmaschine**

  Für das Bauverfahren im Teilschnittverfahren eignet sich die Teilschnittmaschine. Das Gerät besitzt ein Raupenfahrwerk und einen teleskopier- und schwenkbaren Ausleger. Am Ausleger ist ein rotierender Fräskopf (Rundschaftmeißel) angebracht. Unterhalb des Fräskopfes ist eine Aufnahmeeinrichtung angebracht, welche das abgebaute Material aufnimmt und über ein Förderband zum hinteren Teil der Maschine bringt. Dort fällt das Material anschließend in ein Transportfahrzeug.

- **Bohrwagen**

  Mit Hilfe des Bohrwagens werden beim Sprengvortrieb Löcher in die Ortsbrust gebohrt, in die anschließend die Sprengladungen eingebracht werden können. Das Gerät fährt mit Luftbereifung an den Einsatzort und wird aus dem Fahrerhaus bedient. Die Löcher werden mittels mehrerer Bohrlafetten gebohrt.

- **Tunnelbagger**

  Der Tunnelbagger ist speziell für die beengten Arbeitsverhältnisse im Tunnel konstruiert worden und funktioniert ähnlich einem konventionellem Hydraulikbagger mit Raupenfahrwerk. Die Auslegerkinematik ist äußerst platzsparend bemessen, sodass alle Arbeitsvorgänge im Tunnel ausgeführt werden können.

Klassifikation „Kompressorgeräte"

Auf Baustellen wird Druckluft für Handgeführte Abbruchhämmer, Bohrgeräte und Spritzgeräte sowie für die Druckluftstützung im Tunnelbau verwendet. Je nach benötigtem Volumenstrom werden auf der Baustelle verschiedenen Kompressorgrößen zur Drucklufterzeugung verwendet.

- **Baukompressor**

  Zur Erzeugung von Druckluft eignet sich der Baukompressor. Das Gerät besteht aus einem Motor, mit dessen Hilfe über Kompressorschrauben Luft verdichtet wird. Der Motor ist bei mobilen Geräten auf einem Einachsfahrgestell montiert. Bei größeren stationären Geräten handelt es sich dagegen um Containeraufbauten. Die Druckluft wird mittels einer Doppelschraube erzeugt, welche die einströmende Luft während der Schraubendrehung verdichtet.

Klassifikation „Reinigungsgeräte"

Zur Reinigung von Baustellen werden spezielle Geräte eingesetzt.

- **Kehrmaschine**

  Kehrmaschinen dienen der Aufnahme von losem Schmutz wie beispielsweise Sand, Erde, Fräsgut und Staub. Sie werden eingesetzt, um Baustellen nach dem Ende der Baumaßnahmen zu reinigen. Des Weiteren verwendet man sie zur Reinigung der Straßenoberfläche im Straßenbau, wenn anschließend neue Asphaltschicht die Straßenoberfläche aufgebracht werden soll.

Betriebs- oder Kraftfahrzeughaftpflicht ?

Erläuterung „Einsatzgebiet"

„1" bedeutet: Das Gerät wird auf nicht öffentlichen Verkehrsflächen eingesetzt.

„2" bedeutet: Das Gerät wird auf öffentlichen und beschränkt / faktisch öffentlichen Verkehrsflächen innerhalb des Betriebsgeländes bzw. Benutzung von öffentlichen Straßen außerhalb des Betriebsgeländes mit behördlicher Ausnahmegenehmigung eingesetzt.

„3" bedeutet: Das Gerät wird auf sonstigen beschränkt / faktisch öffentlichen Verkehrsflächen bzw. öffentlichen Verkehrsflächen eingesetzt.

Hinweis: **Beschränkt / faktisch öffentliche Verkehrsflächen** sind Flächen, die nach allgemeiner Verkehrsauffassung ein Privatgelände darstellen (wie z. B. das Betriebsgelände eines Unternehmens, die Parkflächen von Einkaufszentren, ein Baugelände etc.), die jedoch im Hinblick auf die konkrete Situation auf dem Gelände und die jeweiligen Zugangsmöglichkeiten zu diesem Gelände als ein faktisch öffentliches, weil für jedermann zugängliches, Gelände angesehen werden und deshalb – mit allen rechtlichen Auswirkungen, wie z. B. die Entstehung einer Zulassungs- und Versicherungspflicht für Fahrzeuge, oder einer Fahrerlaubnispflicht etc. - den öffentlichen Verkehrsflächen gleichgestellt werden.

Nach der Rechtsprechung des Bundesgerichtshofes (BGH) sprechen für das Vorliegen der faktischen beschränkten Öffentlichkeit eines Geländes Kriterien wie, z. B. bestehender reger Werks- und Kundenverkehr, unkontrollierter Zugang zum Gelände (freie Einfahrt ohne Kontrolle z. B. durch einen Pförtner) usw.

Es gibt Betriebshaftpflichtversicherer am Markt, die im Rahmen ihrer Betriebshaftpflichtversicherung eine sog. AKB-Deckung (also inkl. Bedingungen für die Kfz.-Versicherung) anbieten und somit Fahrzeuge absichern können, die auf beschränkt faktisch öffentlichen Verkehrsflächen innerhalb des Betriebsgeländes eingesetzt werden oder im Rahmen einer behördlichen Ausnahmegenehmigung öffentliche Straßen außerhalb des Betriebsgeländes benutzen dürfen.

Es sei allerdings angemerkt, dass die Versicherungssummen einer AKB-Deckung eher als niedrig einzustufen sind und bei weitem nichts mit den Versicherungssummen aus der Kfz.-Haftpflichtversicherung zu tun haben.

Kfz bis 6 km/h [ohne selbstfahrende Arbeitsmaschinen, Stapler und Anhänger]

Einsatz-gebiet	Zulassungs-pflicht	Versicherungs-pflicht	Versicherungs-schutz	Versichertes Risiko
1	Nein, siehe §1 FZV	Nein, siehe §1 und §2 Abs. 1, Ziff. 6a PflVG	Betriebshaftpflicht	Bewegungs- und Arbeitsrisiko
2	Nein, siehe §1 FZV	Nein, siehe §1 und §2 Abs. 1, Ziff. 6a PflVG	Betriebshaftpflicht	Bewegungs- und Arbeitsrisiko

Kfz über 6 km/h [ohne selbstfahrende Arbeitsmaschinen, Stapler und Anhänger]

Einsatz-gebiet	Zulassungs-pflicht	Versicherungs-pflicht	Versicherungs-schutz	Versichertes Risiko
1	Nein, siehe §3 Abs. 1 FZV	Nein, siehe§1 und §2 Abs. 1 Ziff. 6a PflVG	Betriebshaftpflicht	Bewegungs- und Arbeitsrisiko
2	Ja, siehe §1 und §3 Abs. 1 FZV	Ja, siehe §1 und §2 Abs. 1 Ziff. 6a PflVG	Betriebshaftpflicht inkl. einer AKB-Deckung	Bewegungs- und Arbeitsrisiko
3	Ja, siehe §1 und §3 Abs. 1 FZV	Ja, siehe §1 und §2 Abs. 1 Ziff. 6a PflVG	Kfz.-Haftpflicht	Bewegungs- und Arbeitsrisiko

Hinweis: Der Begriff „Stapler" gilt als Oberbegriff für alle Flurförderfahrzeuge mit Hochhubeinrichtung, die als „kraftbetriebene Flurförderfahrzeuge" mit einer Gabel, einer Plattform oder einem anderen Lastträger ausgerüstet und für das Aufnehmen, Heben, Bewegen und Positionieren von Lasten bestimmt und geeignet sind (siehe auch § 2 Ziff. 18 FZV).

Hierzu gehören insbesondere Gabelstapler, geländegängige Stapler, Schubmaststapler, Querstapler und Stapler mit veränderter Reichweite (Teleskopstapler). Mit Staplern wird im weitesten Sinne die Beförderung von Gütern vorgenommen.

Aus diesem Grund werden sie nicht den selbstfahrenden Arbeitsmaschinen, sondern als „sonstiges Kraftfahrzeug - Stapler" den Kraftfahrzeugen zugeordnet.

Selbstfahrende Arbeitsmaschinen sind Kraftfahrzeuge, die nach ihrer Bauart und ihren besonderen, mit dem Fahrzeug fest verbundenen Einrichtungen zur Verrichtung von Arbeiten, jedoch nicht zur Beförderung von Personen oder Gütern bestimmt und geeignet sind (§ 2 Ziff. 17 FZV) Eine Auflistung der anerkannten selbstfahrenden Arbeitsmaschinen befindet sich ebenfalls in dem „Verzeichnis zur Systematisierung von Kraftfahrzeugen und ihren Anhängern".

Selbstfahrende Arbeitsmaschinen und Stapler bis 20 km/h

Einsatz-gebiet	Zulassungs-pflicht	Versicherungs-pflicht	Versicherungs-schutz	Versichertes Risiko
1	Nein, siehe §3 Abs. 1 FZV	Nein, siehe §1 PflVG	Betriebshaftpflicht	Bewegungs- und Arbeitsrisiko
2	Nein, siehe § 3 Abs. 2 Ziff. 1a FZV	Nein, siehe §2 Abs. 1 Ziff. 6b PflVG	Betriebshaftpflicht	Bewegungs- und Arbeitsrisiko

Selbstfahrende Arbeitsmaschinen und Stapler über 20 km/h

Einsatz-gebiet	Zulassungs-pflicht	Versicherungs-pflicht	Versicherungs-schutz	Versichertes Risiko
1	Nein, siehe §3 Abs. 1 FZV	Nein, siehe §1 PflVG	Betriebshaftpflicht	Bewegungs- und Arbeitsrisiko
2	Nein, siehe § 3 Abs. 2 Ziff. 1a FZV aber ab 20 km/h Kennzeichnungspflicht, siehe §4 Abs. 2 Ziff. 1 FZV	Ja, ab 20 km/h siehe §1 und §2 Abs. 1 Ziff. 6b PflVG	Betriebshaftpflicht inkl. einer AKB-Deckung	Bewegungs- und Arbeitsrisiko
3	Nein, siehe § 3 Abs. 2 Ziff. 1a FZV aber ab 20 km/h Kennzeichnungspflicht, siehe §4 Abs. 2 Ziff. 1 FZV	Ja, ab 20 km/h siehe §1 und §2 Abs. 1 Ziff. 6b PflVG	Kfz.-Haftpflicht	Bewegungs- und Arbeitsrisiko

Zulassungspflichtige Anhänger

Einsatz-gebiet	Zulassungs-pflicht	Versicherungs-pflicht	Versicherungs-schutz	Versichertes Risiko
2	Ja, siehe § 1 und § 3 Abs. 1 FZV	Ja, siehe § 1 und § 2 Abs. 1 Ziff. 6 c PflVG	Kfz.-Haftpflicht	Bewegungs- und Arbeitsrisiko

Erläuterung „Einsatzgebiet"

„1" bedeutet: Das Gerät wird auf nicht öffentlichen Verkehrsflächen eingesetzt.

„2" bedeutet: Das Gerät wird auf öffentlichen und beschränkt / faktisch öffentlichen Verkehrsflächen innerhalb des Betriebsgeländes bzw. Benutzung von öffentlichen Straßen außerhalb des Betriebsgeländes mit behördlicher Ausnahmegenehmigung eingesetzt.

„3" bedeutet: Das Gerät wird auf sonstigen beschränkt / faktisch öffentlichen Verkehrsflächen bzw. öffentlichen Verkehrsflächen eingesetzt.

Nicht zulassungspflichtige Anhänger

Einsatz-gebiet	Zulassungs-pflicht	Versicherungs-pflicht	Versicherungs-schutz	Versichertes Risiko
1	Nein, siehe §3 Abs. 1 FZV	Nein, siehe §1 und §2 Abs. 1 Ziff. 6c PflVG	Betriebshaftpflicht	Bewegungs-, Arbeitsrisiko und sonstiges Risiko
2	Nein, siehe § 3 Abs. 2 Ziff. 2 FZV bestimmte Anhänger haben Kennzeichnungspflicht, siehe §4 Abs. 2 Ziff. 3 FZV	Nein, siehe §1 und §2 Abs. 1 Ziff. 6c PflVG	Kfz.-Haftpflicht des Zugfahrzeuges und Betriebshaftpflicht	Bewegungsrisiko über Kfz.-Haftpfl. Arbeits- und sonstiges Risiko über Betriebshf.

Hinweis: Das Verkehrsrisiko von nicht zulassungspflichtigen Anhängern wird über die Kfz-Haftpflichtversicherung des Zugfahrzeuges abgesichert.

Diese Haftpflichtversicherung erstreckt sich auch auf Schäden, die durch einen Anhänger verursacht werden, der mit dem Zugfahrzeug verbunden ist oder sich während des Gebrauchs von diesem löst und sich noch in Bewegung befindet.

Ist der Anhänger nicht mehr mit einem Zugfahrzeug verbunden (der Anhänger wird gezielt abgehängt und abgestellt), endet der Versicherungsschutz über die Kfz-Haftpflichtversicherung des Zugfahrzeugs.

Das Arbeitsrisiko von Anhänger-Arbeitsmaschinen und sonstigen nicht zulassungspflichtigen Anhängern wird von den Haftpflichtversicherern unterschiedlich angesehen !

Einige Versicherer versichern diese Risiken über die Betriebshaftpflicht des jeweiligen VN.

Andere stellen zur Einsortierung des Haftpflichtrisikos die Frage, ob der Anhänger die Energie / den Antrieb für seine „Arbeitsaufgabe" selber erzeugt oder von dem jeweiligen Zugfahrzeug erhält ?

Sollte die Energie von der Arbeitsmaschine selber erzeugt werden, wird das Risiko als Betriebshaftpflichtrisiko eingestuft.

Falls der Antrieb z.B. durch den laufenden Motor des Zugfahrzeuges gewährleistet ist, wird es als Kfz.-Risiko eingestuft.

Der Einstufung von dem Arbeitsrisiko folgt zwangsläufig auch das „sonstiges Risiko" (z. B. ein vorschriftsmäßig abgestellter Anhänger rollt und verursacht einen Schaden, vom abgestellten Anhänger löst sich ein Teil und verletzt einen Menschen bzw. beschädigt ein in der Nähe stehendes Fahrzeug).

Sonderfälle

Bürgschaftsversicherung / Kautionsversicherung

Die erste Versicherung, die vom ersten Tag an Geld für den VN bringt !

Zielgruppe: **Bauhaupt- und Baunebengewerbe sowie Maschinen- und Anlagenbau**

Hinweis:	**Es muss etwas erschaffen werden !** **Faustformel: Kein Gewerk – keine Kautionsversicherung !** **Händler etc. können diese Deckung also nicht abschließen.** **Bauträger, Generalunternehmer und Generalübernehmer, die keine oder nur geringe Bauleistungen direkt (!) erbringen, kann man den Tipp geben, dass sie die entsprechenden Einzelbürgschaften von ihren Subunternehmern etc. einsammeln, um dann die gesammelten Bürgschaften vollständig an den Bauherrn übergeben.**

Das Prinzip

Normalerweise ist es so:
- Handwerker erbringt eine Leistung
- Kunde zahlt 100 % des vereinbarten Preises

Verlangt der Kunde jedoch eine Sicherheit (eine Kaution), drückt das den Umsatz des Handwerkers:
- Handwerker erbringt eine Leistung
- Kunde zahlt nur 90 % des vereinbarten Preises und behält für die nächsten 5 Jahre die 10 % als Sicherheit ein, um bei möglichen Mängel am Gewerk „leistungsfähig" zu sein
- Nach 5 Jahren muss der Handwerker seine fehlenden 10 % einfordern

Hat der Handwerker in dieser Situation jedoch eine Kautionsversicherung, sieht es für ihn besser aus:
- Handwerker erbringt eine Leistung
- Kunde zahlt 100 % des vereinbarten Preises und erhält für die nächsten 5 Jahre eine verbriefte Sicherheit in Höhe von 10 % z.B. über ein Versicherungsunternehmen oder einer Bank
- Nach 5 Jahren endet die „Kaution"

Dieser Vergleich ist sicherlich etwas einfach dargestellt, zeigt aber das Prinzip einer Kautionsversicherung transparent auf. In der Praxis ist der Einsatz von Kautionsversicherung deutlich vielfältiger.

Die Anforderungen aus öffentlichen und privaten Ausschreibungen an zu liefernde Sicherheiten sind in den letzten Jahren gestiegen. Keine Sicherheiten für den Bauherren = kein Auftrag !

Vom Grundsatz her ist es egal, ob der VN sich diese Kaution von einem Versicherer oder von einer Bank holt.

Vorteil bei einer Versicherungslösung: Es erfolgt keine Anrechnung des Bürgschaftsvolumens auf die Kreditlinie des VN, da Bürgschaftsversicherung bilanzneutral sind !

Der VN „blockiert" sich damit nicht unnötig gegenüber seiner Hausbank für den Fall, dass er mal einen Kredit für z.B. einen neuen Lkw etc. benötigt.

Bürgschaftsarten

Analog der unterschiedlichen Schritte während der Entstehung eines Gewerkes sind auch unterschiedliche Bürgschaften versicherbar !

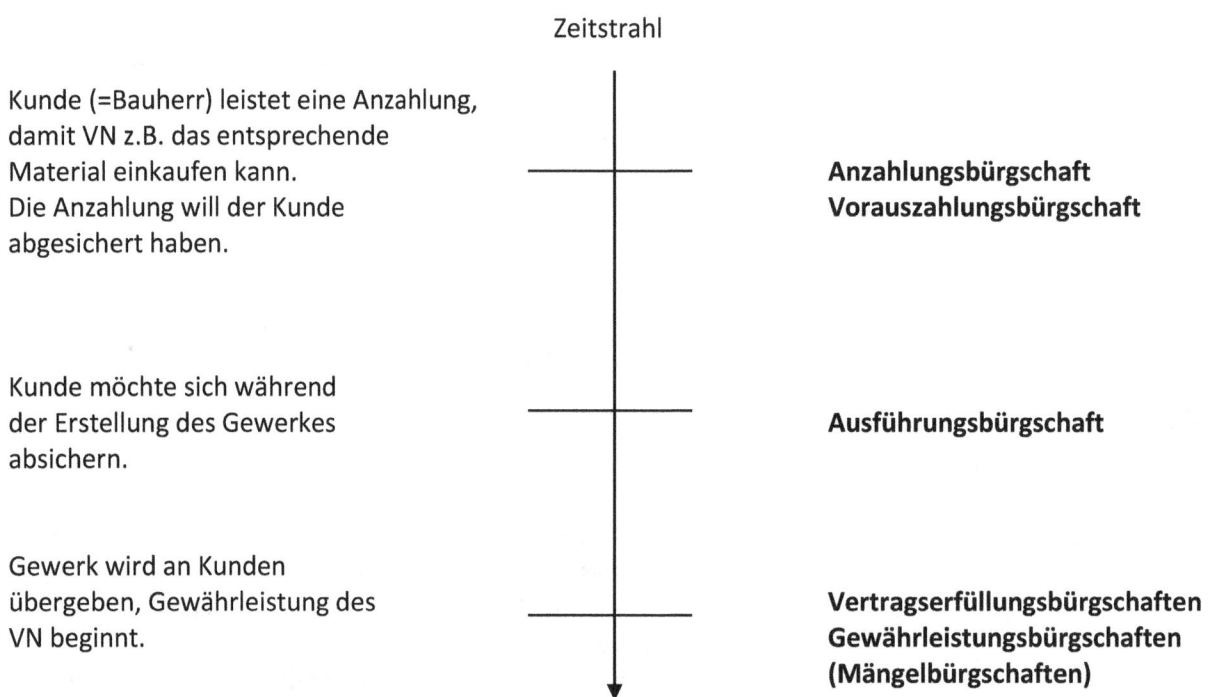

Zeitstrahl

Kunde (=Bauherr) leistet eine Anzahlung, damit VN z.B. das entsprechende Material einkaufen kann. Die Anzahlung will der Kunde abgesichert haben.

Anzahlungsbürgschaft
Vorauszahlungsbürgschaft

Kunde möchte sich während der Erstellung des Gewerkes absichern.

Ausführungsbürgschaft

Gewerk wird an Kunden übergeben, Gewährleistung des VN beginnt.

Vertragserfüllungsbürgschaften
Gewährleistungsbürgschaften
(Mängelbürgschaften)

Hinweis:	Mehrere Bürgschaften, die dasselbe Bauvorhaben betreffen, stellen ein Risiko dar. Deshalb werden sie wie eine einzelne Bürgschaft behandelt.
	Sofern der VN eine Kautionsversicherung abgeschlossen hat, die die o.g. Bausteine beinhaltet, gehen i.d.R. die einzelnen Bürgschaften automatisch ineinander über !
	Kautionsversicherungsbeiträge sind umsatz- und versicherungssteuerfrei, da es sich um eine Finanzdienstleistung handelt.

Versicherungsgegenstand

Eine Kautionsversicherung / Bürgschaftsversicherung „steht und fällt" mit den sog. „Bürgschaftstexten".

Bürgschaftstexte sind Vereinbarungen zwischen dem Kunden und dem VN und regeln quasi die Definition eines Versicherungsfalles.

Nicht jeder Bürgschaftstext wird von den Kautionsversicherern akzeptiert !

Im Zweifel also besser im Vorfeld den Bürgschaftstext prüfen lassen.

Gewährleistungszeiträume

Für mobile Teile: i.d.R. 2 Jahre

Feste (Gebäude)Bestandsteile.   i.d.R. 5 Jahre

Risiko des Versicherers

Der Kunde (Bauherr / Auftraggeber des VN) kann jeder Zeit die Bürgschaft ziehen, wenn ein berechtigter Anspruch besteht !

Eine Kautionsversicherung soll in ihrer Funktionalität dem theoretisch vom Auftraggeber einbehaltenen Bargeld in nichts nachstehen !

Bei den Kautionen "vor" Mängelgewährleistung (also z.B. Anzahlungsbürgschaft) ist das Risiko für den VR höher, da weitaus mehr als die üblichen 5 oder 10 % an den VN gezahlt werden !

Leistung des Versicherers

Sollte nach einer Insolvenz des VN ein Mangel eintreten, wird der Auftraggeber (Kunde) die Bürgschaft in Anspruch nehmen.

Der VR erstattet in Höhe des Mangels, max. in Höhe der Kaution ! Der VR leistet nie auf Anhieb die volle Kaution quasi als einmalige Entschädigung, sondern immer nur analog der nachgewiesenen Kosten !

Sollte der VN zum Zeitpunkt des angezeigten Mangels nicht insolvent sein, wäre die Leistung des VR wie bereits geschildert, allerdings wird der VN in Regress genommen werden.

Ein weiterer Vorteil neben der Bilanzneutralität: Bis zu einem gewissen Rahmen können auch bereits bestehende (Bank)Bürgschaften ausgelöst werden.

Der VN erhält somit auf einen Schlag Kapital, dass er ansonsten nur anteilig über einen langen Zeitraum zurück erhalten würde.

Bürgschaftslimit als Versicherungssumme

Der Begriff „Versicherungssumme" wird bei einer Kautionsversicherung gegen „Bürgschaftslimit" ausgetauscht.

Die Feststellung eines adäquaten Bürgschaftslimits ist sicherlich die beratungsintensivste Stelle im Kundengespräch.

Das Limit gilt pro Versicherungsvertrag und nicht wie z.B. in Haftpflicht maximiert auf das 2-fache im Jahr.

Theoretisch kann der VN also das Limit innerhalb einer Woche oder eines Monats in Form von Bürgschaften „ausgeben". Hat der VN das Limit ausgeschöpft, muss er für die Dauer der Bürgschaften den entsprechenden Beitrag zahlen und kann bis zum Ablauf der ersten Bürgschaften keine weiteren Bürgschaften heraus geben.

Da es kein Bereicherungsverbot oder den Begriff der Überversicherung in dieser Sparte gibt, kann ein entsprechender Bürgschaftsvertrag nahezu unendlich oft abgeschlossen werden.

Aus kaufmännischer Sicht sollte das Limit allerdings so gewählt werden, dass der VN nicht mehr als einen Vertrag im Jahr oder sogar idealer Weise nur einen Vertrag für seinen gesamten Gewährleistungszeitraum abschließen brauch. Sobald die ersten Bürgschaften abgelaufen sind, werden die entsprechenden Bürgschaftssummen wieder frei und können für die nächsten Aufträge genutzt werden.

Ein optimal ausgeloteter Bürgschaftsrahmen könnte somit durchlaufend über Jahre die einzelnen Bürgschaften bedienen und der VN benötigt keinen weiteren Vertrag.

Das Bürgschaftslimit kann der VN nach folgender Vorgehensweise ermitteln:

- Wie viele Objekte habe ich im Jahr, bei denen ggf. eine Bürgschaft gefordert wird ?

- Wie hoch ist die jeweilige Bürgschaft (hier bitte wohlwollend aufrunden) ?

Hinweis: Für das Bürgschaftslimit ist nicht direkt die Bausumme relevant ! Es geht hier ausschließlich um die eingeforderten Kautionen, die i.d.R. 5 % oder 10 % von der jeweiligen Bausumme betragen und zumeist 3 oder 5 Jahre laufen.

Mal angenommen, der VN hat 10 Objekte im Jahr und eine Bürgschaftssumme pro Objekt in Höhe von 5.000 €.

Er würde also einen Jahresbedarf von mind. 50.000 € als Bürgschaftsrahmen / Bürgschaftslimit demnach ermitteln.

Wenn seine Bürgschaften z.B. 3 Jahre laufen, müsste er also in den nächsten 3 Jahren jeweils einen Vertrag mit einem Limit von 50.000 € abschließen. Nach drei Jahren sind die Bürgschaften aus dem ersten Vertrag wieder frei und der VN kann diese dann entsprechend nutzen.

Oder er schließt direkt einen Vertrag in Höhe des vorgenannten Dreijahresbedarfs (also 150.000 €) ab.

Die Höhe des **Bürgschaftslimits**, das für den **gesamten Vertrag** gilt, ist der erste Schritt !

Der zweite Schritt besteht aus einer genauen Prüfung des **Höchstbetrages je Bürgschaft !**

Die Versicherer haben hier nämlich eine Sicherung eingebaut, um nicht auf einmal (um bei dem o.g. Beispiel zu bleiben) mit den kompletten 150.000 € für ein einziges Bauvorhaben gerade stehen zu müssen.

In der Regel sind die Höchstbeträge in Prozenten ausgedrückt und gelten je Bürgschaft, wobei pro Bauobjekt nur eine Bürgschaft heraus gegeben werden kann.

Also: Das Bürgschaftslimit / der Bürgschaftsrahmen gilt für den kompletten Vertrag, ist aber durch den Höchstbetrag prozentual maximiert auf einzelne Bauvorhaben !

Wenn unser Beispiel-VN also weiß, dass er einen Jahresbedarf von 50.000 € hat, bzw. i.d.R. 5.000 € pro Objekt eingefordert werden, sollte er tunlichst einen Vertrag abschließen, der diesen Höchstbetrag (also 10 % von dem Bürgschaftslimit) berücksichtigt.

Diese prozentuale Sicherung bedeutet aber nicht, dass der VN immer nur 10 % pro Bauvorhaben herausgeben darf. Er kann in diesem Fall 1 % bis 10 % herausgeben, aber eben nie mehr als 10 %.

Pro forma sei an dieser Stelle erwähnt, dass es auch weitere Möglichkeiten zur Absicherung des Geldflusses gibt.

Die Kautionsversicherung sichert den Bauherren / Besteller ab.

Die Forderungsausfallversicherung sichert den Handwerker gegen Zahlungsausfall des Bauherren / Bestellers ab !

Alternativ zur Forderungsausfallversicherung kann der Handwerker auch eine Factoring-Gesellschaft bzw. Factoring-Versicherer beauftragen.

Excedent & DIC / DIL

In der Praxis wird häufig mit Excedenten oder auch „DIC/DIL"-Deckungen gearbeitet.

Hierbei handelt es sich um das „Auffüllen" von

- **zu niedrigen Versicherungssummen (über DIL = Difference in Limits)**

- **oder eingeschränkt formulierten Versicherungsbedingungen (DIC = Difference in Conditions).**

Folgende Varianten sind möglich:

A) Der VN (z.B. Dachdecker) hat eine Betriebshaftpflicht bei Versicherer A und benötigt ausschließlich eine höhere Versicherungssumme für Bearbeitungsschäden, da das derzeitige Sublimit (z.B. 50.000 €) unzureichend ist.

Da hier „nur" die Versicherungssumme erhöht werden muss, kann man entweder

- mit einem sog. Excedenten (Anschlussvertrag über einen anderen Versicherer) arbeiten und auf die bisherige Vertragssumme (z.B. 5 Mio. € für Personen- und Sachschäden) weitere 5 Mio. € für Personen- und Sachschäden setzen. Im Zuge dessen können dann auch einzelnen Sublimits entsprechend erhöht werden (z.B. 50.000 € für Bearbeitungsschäden erhöht auf 500.000 €)

- oder über entsprechende Rahmenverträge von Handwerkskammern etc. die Deckung punktuell erhöhen.

	Grundvertrag VR A		Excedent VR B
Versicherungssumme:			
	0,-	5 Mio.	10 Mio.
Sublimit Bearbeitungsschäden:			
	0,- 50.000,-		500.000,-
Bedingungswerk / Klauseln:	**Keine Veränderungen durch Excedenten (DIC)**		

Skizze zeigt eine DIL-Deckung als Anschlussvertrag an die o.g. Summenpositionen. Eine Veränderung der bestehenden Bedingungen und Klauseln ist hier nicht erforderlich.

B) Der VN (z.B. Dachdecker) hat eine Betriebshaftpflicht bei Versicherer A und benötigt -im Gegensatz zu Beispiel A- eine höhere Gesamtversicherungssumme, da die derzeitige Versicherungssumme (z.B. 5 Mio. € für Personen- und Sachschäden) unzureichend ist.

Da hier „nur" die Versicherungssumme erhöht werden muss, kann durch einem sog. Excedenten (Anschlussvertrag über einen anderen Versicherer) gearbeitet und auf die bisherige Vertragssumme (z.B. 5 Mio. € für Personen- und Sachschäden) weitere 5 Mio. für Personen- und Sachschäden gesetzt werden.

Umgangssprachlich spricht man hier von „5 auf 5 Mio." !

In der Regel wird ein Ausschluss von

- private Risiken
- Schäden durch Asbest
- einer Drop-down-Klausel

sowie

- kein Anschluss an bereits bestehende Sublimits (anders als im Beispiel A)

vereinbart.

	Grundvertrag VR A		Excedent VR B
Versicherungssumme:	————————		- - - - - - - - - - - - - -
	0,-	5 Mio.	10 Mio.
Sublimit Bearbeitungsschäden:	**Keine Veränderungen durch Excedenten**		
Bedingungswerk / Klauseln:	**Keine Veränderungen durch Excedenten (DIC)**		

Skizze zeigt eine DIL-Deckung als Anschlussvertrag an die Versicherungssumme, ohne bestehende Sublimits oder die bestehenden Bedingungen und Klauseln ebenfalls abzuändern.

Erläuterung „Drop-down-Klausel": Sollte der Versicherer des Grundvertrages im Schadensfall aufgrund bereits ausgeschöpfter Versicherungssummen leistungsfrei sein, würde der Excedentenversicherer „vom ersten Euro" an den Schaden übernehmen, während er als Excedentenversicherer eigentlich in der Höhe des Grundvertrages nicht leisten müsste.

C) Der VN (z.B. Mutterkonzern / Bauunternehmen) hat eine Betriebshaftpflicht in Deutschland und eröffnet eine Niederlassung z.B. in England.

Hier wird auf Basis (also Summe (DIL) und Bedingungswerk (DIC)) des deutschen Hauptvertrages ein „Cover" auf den ausländischen Standort übertragen. Statt „Cover" (Mantel) kann diese Deckung auch „Umbrella" (Schirm) genannt werden.

	Excedent VR B **niederländische Tochterfirma**	**Hauptvertrag VR A** **deutscher Mutterkonzern**
Versicherungssumme:		
	0,- 1 Mio.	10 Mio.
Sublimit Bearbeitungsschäden:		
	0,- 250.000,-	500.000,-
Bedingungswerk / Klauseln:	**Niveau Hauptvertrag (Master)**	
	Niveau lokale Grunddeckung vor Ort	

Erläuterung "Reversed DIC": Bedingungsinhalte der ausländischen Lokalpolice, die über den Bedingungsumfang des deutschen Master Covers hinausgehen, werden in diesen übernommen.

Zur Gestaltung einer Reversed DIC-Deckung ist daher eine genaue Kenntnis der unterliegenden Deckung zwingend erforderlich.

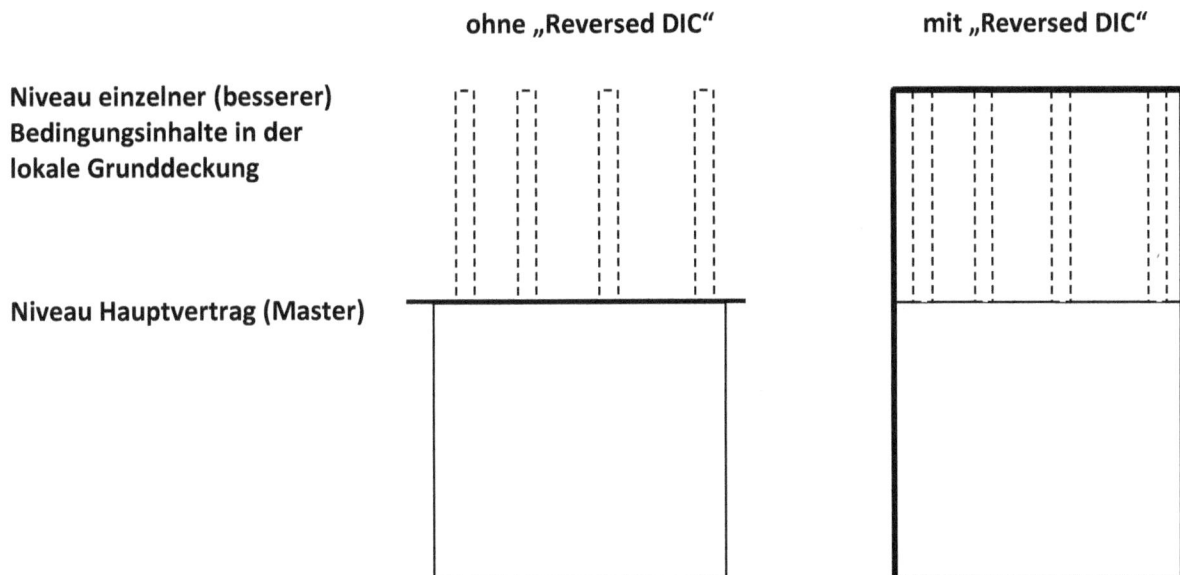

	ohne „Reversed DIC"	**mit „Reversed DIC"**
Niveau einzelner (besserer) Bedingungsinhalte in der lokale Grunddeckung		
Niveau Hauptvertrag (Master)		

Hinweis zur Schreibweise: Sowohl „Excedent" als auch „Exzedent" sind korrekt. „Exzedent" ist die deutsche Schreibweise und ist somit auf jeden Fall richtig. Da immer mehr Anglizismen genutzt werden, sollte „Excedent" auch akzeptiert werden.

D & O

D&O = Directors-and-Officers-Versicherung oder auch Organ- bzw. Manager-Haftpflichtversicherung genannt.

Es handelt sich dabei um eine Versicherung zugunsten Dritter, die der Art nach zu den Vermögensschadenhaftpflichtversicherungen gezählt wird.

Die D&O-Versicherung bietet jedoch nur Schutz für die Organe und Manager des Unternehmens, nicht aber für das Unternehmen selbst.

Deckung besteht bei Sorgfaltspflichtverletzungen ohne Vorsatz bzw. wissentlicher Pflichtverletzung im Innen- oder Außenverhältnis.

Es handelt sich hier um eine Vermögensschadenhaftpflichtversicherung.

Eine D&O bietet somit keine Personen- oder Sachschadendeckung.

Versicherungsnehmer und Beitragszahler wird immer die Firma !

Versichertes Risiko ist immer der Vorstand, die Geschäftsleitung… als Erweiterung auch Beirat, Prokuristen, leitende Angestellte.

Aufgrund der gesamtschuldnerischen Haftung ist immer nur ein Vertrag für „1 Stück Geschäftsleitung" möglich ! Egal aus wie vielen Personen die Geschäftsleitung / der Vorstand etc. besteht.

Sie „kämpft", anders als andere Haftpflichtversicherungen, an 2 Fronten.

Bei Ansprüchen unterscheidet man grundlegend zwischen Innenhaftung und Außenhaftung.

Der weit überwiegende Teil der Versicherungsfälle betrifft die Innenhaftung.

Hierbei wird die versicherte Person gegen Ansprüche gegenüber der Gesellschaft bzw. der Organe der Gesellschaft wie Aufsichtsorgane / Aufsichtsräte oder Gesellschafter / Eigentümer geschützt.

Bei der Außenhaftung werden Versicherungsansprüche seitens Geschäftspartnern (Kunden / Lieferanten), Wettbewerbern, Mitarbeitern und Mitarbeiterinnen, Aufsichtsbehörden oder anderen Dritten gestellt.

Fazit: Die D&O sichert ab:

           Haftpflicht gegenüber Dritten (Außenansprüche wie man es kennt)

           Haftpflichtabsicherung des Firmeninhabers gegen Fehlentscheidungen der Geschäftsleitung / des versicherten Personenkreises (Innenansprüche)

Als Versicherungsfall gilt das sog. „claims made"-Prinzip. Dies bedeutet, dass der Zeitpunkt der schriftlichen Inanspruchnahme der Geschäftsleitung wichtig ist.

Hinweis: Gegenteil zum „claims made"-Prinzip ist das sog. Verstoßprinzip (wann der Schaden verursacht wurde).

Im Schadensfall wird i.d.R. der versicherten Person, also dem Organ, ein schuldhaftes pflichtwidriges Fehlverhalten nachgewiesen, das zu einem Vermögensnachteil auf Seiten der Versicherungsnehmerin oder eines Dritten geführt hat.

Allein die Behauptung oder Feststellung einer offenbar „falschen" oder unvorteilhaften unternehmerischen Entscheidung reicht nicht aus.

Ist allerdings ein Schaden feststellbar, findet oft eine **Beweislastumkehr statt, das heißt, der Unternehmensleiter muss beweisen,** dass seine Entscheidung trotz Schadeneintritts die richtige war (wichtiger Punkt hierbei: die Dokumentierung der Entscheidungsfindung).

Eine D&O kann abgeschlossen werden von: GmbH, gGmbH, GmbH & Co. KG, AG, e.G., e.V., Stiftungen

Eher nicht versicherbar sind:
a) Firmen, die jünger sind als 1 Jahr (i.d.R.)
b) zeitlich befristet Firmen (z.B. ARGE)
c) Ausländische Muttergesellschaften

Besonderheit „Mutter / Tochter": Sinnvoll und günstiger ist es die Muttergesellschaft mit dem vollen Umsatz zu versichern.
Dann sind i.d.R. alle deutschen Mehrheitsbeteiligungen (also mehr als 50,01 %) mitversichert.

Geltungsbereich: Hier heißt es „Achtung" ! Anders als bei anderen Haftpflichtverträgen stoßen D&O-Versicherer hier schnell an ihre Grenzen ! Alle Tätigkeiten über die deutschen Landesgrenzen hinaus sollten unbedingt mit dem entsprechenden Versicherer abgestimmt werden !

Besonderheit bei AG: Der Vorstand einer AG trägt von jedem Schaden max. 1,5 Jahresgehälter (Fixgehalt) als SB. Dies hat der Bundestag als Folge der Finanzkrise so entschieden. Die SB kann aber von dem jeweiligen Vorstand individuell abgesichert werden.

Gesellschafter Geschäftsführer:

Grundsatz:
Prozentualer Anteil an der Firma ist gleichzeitig prozentuale Selbstbeteiligung im Schadensfall.

Grund:
Man kann sich nicht selber in Anspruch nehmen !

In der Praxis lassen sich jedoch Besitzanteile bis zu einem gewissen Grad (30, 40 %) mitversichern (Mehrbeitrag ?).

Eine D&O kann sinnvoll ergänzt werden durch:

E&O-Versicherung

E&O steht für „Errors and Omissions". Eine E&O-Police sichert die Versicherten (z.B. emissionsbegleitende Institute und ihre Führungskräfte) gegen Schadensersatzansprüche aus dem operativen Geschäft ab, die beispielsweise durch falsche Angaben in Börsenzulassungsprospekten entstehen können.

Der Ausdruck „Errors & Omissions" (Vermögensschäden durch Fehler und Unterlassungen) ist einer der dehnbarsten Begriffe in der Versicherungsbranche. Er beinhaltet eine Vielzahl von möglichen Gefährdungen, die mit jedem Industriebereich und jedem individuellen Geschäftszweig variieren. Der Versicherungsschutz für diese Risiken muss demnach äußerst speziell zugeschnitten werden.

Straf-Rechtsschutz

Die Verteidigung in Strafverfahren ist nur eingeschränkt versichert.

Hier wird zwischen verkehrsrechtlichen und nicht verkehrsrechtlichen Vergehen unterschieden.

Bei nicht verkehrsrechtlichen Vorwürfen besteht nur für Vergehen Versicherungsschutz, die auch dann bestraft werden, wenn sie fahrlässig begangen werden.

Wird eine Tat vorgeworfen, die nach dem Strafgesetzbuch nur bei vorsätzlicher Begehungsweise bestraft wird, oder wird ein Verbrechen vorgeworfen, besteht kein Versicherungsschutz.

Der Versicherer prüft nicht, ob die Tat begangen wurde !

Auch der Ausgang des Verfahrens ändert nichts an der Entscheidung. Wird beispielsweise das Strafverfahren wegen Beleidigung eingestellt, besteht trotzdem kein Versicherungsschutz.

Beispiele für versicherte Vorwürfe

- fahrlässige Körperverletzung
- viele Tatbestände des Betäubungsmittelgesetzes und des Waffengesetzes

Beispiele für nicht versicherte Vorwürfe

- vorsätzliche Körperverletzung
- Beleidigung
- Diebstahl
- Mord
- Totschlag
- Nötigung
- Nachstellung

Spezial-Straf-Rechtsschutz

Der Spezial-Straf-Rechtsschutz ist von den Rechtsschutz-Versicherern konzipiert, um eine möglichst frühzeitige und endgültige Beendigung von Strafverfahren zu erreichen.

Der Spezial-Straf-Rechtsschutz bietet deshalb die finanziellen Mittel um:

- spezialisierte Rechtsanwälte mit der umfassenden Verteidigung zu beauftragen,

- den Strafvorwurf von Vorsatzdelikten einzuschließen, solange keine rechtskräftige Verurteilung wegen Vorsatz erfolgt,

- gutachterliche Stellungnahmen zu finanzieren, die nicht erst durch ein Gericht, sondern bereits im Vorfeld von der Verteidigung veranlasst worden sind.

Der Unterschied des Spezial-Straf-Rechtsschutzes zum allgemeinen Straf-Rechtsschutz besteht darin, dass beim allgemeinen Straf-Rechtsschutz in der Regel nur dann Versicherungsschutz besteht, wenn dem Versicherungsnehmer eine fahrlässig begangene Straftat in Form eines Vergehens vorgeworfen wird.

Vertrauensschadenversicherung

Definition aus einem Rechtswörterbuch:

„Der Vertrauensschaden ist der Schaden, der dem Verletzten daraus entstanden ist, dass er auf die Gültigkeit des Rechtsgeschäfts oder *der Richtigkeit einer Erklärung* vertraut hat."

Bei einer Vertrauensschadenversicherung geht es um die Absicherung des Firmeninhabers gegen **Kriminalität am Arbeitsplatz.**

Kriminelle Mitarbeiter gefährden Kapital und Liquidität der betroffenen Unternehmen !

Bei

- Betrug
- Untreue
- Unterschlagung
- Diebstahl
- Sabotage
- oder Sachbeschädigung

durch einen Mitarbeiter oder andere Vertrauenspersonen übernimmt eine Vertrauensschadendeckung den entstandenen finanziellen Schaden.

Vertrauensschäden sind weit verbreitet und werden allgemein unterschätzt.

Beispiel: Durch Manipulation der Fahrzeugwaage werden die Lkw mit wertvollen Altmetallen schon mal etwas leichter gemacht, um nach Feierabend mit dem eigenen Anhänger am Pkw entsprechend Altmetall vom Gelände des Arbeitgebers mitzunehmen.

Dabei berichtet die Presse immer mal wieder über aktuelle, teils spektakuläre Fälle von Betrug, Untreue und Unterschlagung in Unternehmen.

Als Vertrauenspersonen sind alle Angestellten des Unternehmens, aber auch externe Dienstleister, wie zum Beispiel das Sicherheits-, Wartungs- und Reinigungspersonal zu nennen.

Mittlerweile gibt es Policen am Markt, die weitere Risiken wie z.B. Hacker-Angriffe oder Wirtschaftsspionage einschließen.

Kapitel 4
Bohrunternehmen / Brunnenbauer

Bohrunternehmen / Brunnenbauer

Die Hebungsrisse in Staufen im Breisgau werden durch Geländehebungen im historischen Ortskern der Stadt in Baden-Württemberg verursacht, die 2007 entdeckt wurden und bis heute andauern.

Sie gelten als Folgen von Geothermiebohrungen, die im selben Jahr durchgeführt wurden. Neben den Ereignissen in Staufen gab es vergleichbare Vorfälle als Folge von Erdwärmebohrungen. Mittlerweile sind derartige Bohrunternehmen schwierig am Markt unter zu bekommen.

Prinzip der Geothermie

Um mit der Erdwärme Wasser zu erwärmen, benötigt man mind. 2 Bohrlöcher.

Durch das eine Bohrloch wird kaltes Wasser in die Erde gelassen, durch das andere Bohrloch wird das dann heiße Wasser wieder nach oben gepumpt. Der Austausch des Wassers findet im sog. Aquifer (Speicherbereich) in ca. 2.000 m – 3.000 m Tiefe statt.

Das heiße Wasser erwärmt dann dem Prinzip eines Wärmetauschers folgend das Nutzwasser für die Heizung etc.

Letztendlich geht es hier um 2 Wasserkreisläufe.

Dabei kommt es darauf an, dass das heiße Wasser auf dem Weg nach oben möglichst ohne Temperaturverlust ankommt.

Bsp.: 2.200 m   Tiefe des Aquifers
       100°C   heißes Wasser im Aquifer
       97°C   „Ankunftstemperatur" des Wassers an der Oberfläche

---

Warum sind Geothermieprojekte (Erdwärme) so reizvoll ?

Faustformel: In den Gesteinsschichten der Erdkruste steigt die Temperatur pro 100 m Tiefe um 3°C an.

In Landau z.B. wurde 3.000 m Tief gebohrt, um an 160°C heißes Wasser zu kommen.

Interessant für die Nutzung der tiefen Geothermie sind Gebiete mit sehr hohen Gradienten. Hier können die Temperaturen schon in geringer Tiefe bereits mehr als hundert Grad betragen. Derartige Anomalien sind häufig an Vulkanaktivitäten geknüpft (was das Risiko für den Versicherer nicht besser macht).

Risiken für die Sicherheit eines Geothermieprojektes

Die **oberflächennahe Geothermie** (also bis max. 400 m Tiefe) kann bei der Einhaltung des Standes der Technik und einer ausreichend intensiven Überwachung und Wartung so errichtet und betrieben werden, dass in der Regel keine erheblichen Risiken von solchen Anlagen ausgehen.

Durch die stark angestiegene Verbreitung dieser Nutzungsform steigt jedoch auch entsprechend das Risiko von technischem Versagen wegen Übernutzung der Potenziale. So könnte es z.B. zu Störungen durch bereits bestehende Nachbaranlagen kommen.

Die **tiefe Geothermie** muss sehr sorgfältig geplant und durchgeführt werden, um für die Zulassung die damit verbundenen Risiken in einem zulässigen Bereich zu halten.

Die Tiefbohrtätigkeiten werden daher von zahlreichen Behörden intensiv überwacht und setzen ein umfangreiches Genehmigungsverfahren voraus.

Risiken seismischer Ereignisse

Kleinere, kaum spürbare Erderschütterungen (induzierte Seismizität) sind bei Projekten der tiefen Geothermie in der Stimulationsphase (Hochdruckstimulation) möglich. Im späteren Verlauf, soweit nur der Dampf entzogen wird und nicht reinjiziert wird, ist es durch Kontraktion des Speichergesteins zu Landabsenkungen gekommen (z. B. in Neuseeland, Island, Italien).

> **Reinjizierung (erneute Zuführung) der gewonnen „Masse" (Wasser, Dampf, Gas) ist also wichtig, da diese Masse ansonsten im Boden fehlt und somit die entsprechende Schicht an Stabilität verliert. Der darüber liegende Boden senkt sich.**

Diese Probleme führten bereits zur Einstellung von Geothermieprojekten.

Die Wahrscheinlichkeit für das Auftreten seismischer Ereignisse und deren Intensität richtet sich stark nach den geologischen Gegebenheiten (z. B. wie permeabel / durchlässig ist die wasserführende Gesteinsschicht) sowie nach der Art des Nutzungsverfahrens (z. B. mit welchem Druck das Wasser in das Gestein injiziert oder mit welchem Druck stimuliert wird).

Generell ist eine verlässliche Bewertung der Risiken durch tiefe Geothermie in Deutschland nur begrenzt möglich, da hierzulande bislang nur wenige langfristige Erfahrungswerte vorliegen.

Ob stärkere Schadensbeben durch Geothermie ausgelöst werden können, ist derzeit umstritten, war aber die Grundlage für die Einstellung eines Vorhabens in Basel. Es ist jedoch festzuhalten, dass bisher weltweit, auch nach jahrzehntelanger Geothermienutzung, noch nirgendwo Beben aufgetreten sind, die zu strukturellen Schäden geführt hätten.

Hinweis: Unter induzierter Seismizität wird das Auslösen seismischer Ereignisse durch Eingriffe des Menschen in den Untergrund verstanden. Diese können nicht nur durch tiefengeothermische Projekte verursacht werden, sondern sie wurden genauso bereits bei der Errichtung von Staudämmen, Bergbauarbeiten oder dem Bau von Verkehrstunneln berichtet.

Die Seismizitäten von Basel verdeutlichen, dass eine sorgfältige Planung und Ausführung für die Aufrechterhaltung der Sicherheit in einem Geothermieprojekt wichtig ist:

Kleinhüningen bei Basel/Schweiz (2006)

Bei dem Geothermieprojekt „Deep Heat Mining Basel" in Kleinhüningen gab es seit dem 8. Dezember 2006 im Abstand von mehreren Wochen bis zu einem Monat fünf leichte Erschütterungen mit abnehmender Magnitude (von 3,4 bis 2,9).

Dadurch soll ein Schaden zwischen ca. 1,8 bis 3,1 Mio. € entstanden sein, verletzt wurde niemand.

Inzwischen wurde entschieden, das Vorhaben nicht fortzusetzen, da gemäß einer am 10. Dezember 2009 vorgestellten Risikoanalyse allein während des Anlagenbaus mit weiteren schweren Erdbeben und mit Schäden von rund 40 Millionen Franken (ca. 32.8 Mio. €) gerechnet wird.

Die Erde beruhigt sich nach derartigen Vorfällen meist nur langsam und es kommt oft zu einer ganzen Serie kleinerer Erdstöße.

Landau in der Pfalz (2009)

In Landau hat es am 15. August und 14. September 2009 leichte Erderschütterungen gegeben, die von dem Geothermiekraftwerk Landau verursacht wurden. Die Erdstöße hatten eine Stärke von ca. 2,5 auf der Richterskala und sind als leicht einzustufen.

Infolge dieser Ereignisse wird das Geothermiekraftwerk Landau seismologisch überwacht. Es wurde gemäß der Richtlinie GTV 1101 sowohl ein Emissionsmessnetz als auch ein Immissionsmessnetz zur Beurteilung der Erschütterungen nach DIN 4150 eingerichtet.

Seit der Umsetzung der dann getroffenen Schutzmaßnahmen ist die Ereignishäufigkeit und mittlere Ereignisstärke in Landau zurückgegangen. Es gab nur ganz vereinzelt verspürte Ereignisse und keine Überschreitungen der Anhaltwerte der DIN 4150.

Seit Inbetriebnahme des Geothermiekraftwerkes Insheim (2012) werden diese beiden Kraftwerke gemeinsam überwacht.

Am 18.03.2014, gut 4 ½ Jahre nach den ersten Erschütterungen, verschoben sich durch neue Hebungen die Bahngleise im Landauer Süden. Bis zur Reparatur der Schienen dürfen die Züge in diesem Bereich nur noch 50 km/h fahren.

Hinweis: Die Richtlinie GTV 1101 (Blatt1) „Seismische Überwachung" regelt nicht, wann die Überwachung eines Projektes sinnvoll oder notwendig ist, sondern sie beschreibt ausschließlich, wie diese bei einer Umsetzung zu erfolgen hat. Dabei werden sowohl die technischen Anforderungen an die einzusetzenden Messgeräte als auch die erforderliche Ausstattung der Messnetze erläutert. Die Richtlinie unterscheidet dabei zwischen zwei Überwachungsnetzen. Während das Immissionsnetz dazu dienen soll, die möglichen Schadenswirkungen von Erschütterungen zu beurteilen, informiert das Emissionsnetz über die bestehende natürliche und induzierte Seismizität einer Lokation.

Hinweis: Die DIN 4150 regelt das Messverfahren zur „Übertragung mechanischer Schwingungen mit potentiell schädigender oder belästigender Wirkung (Erschütterungen) in Gebäuden".

Grundlage für untereinander vergleichbare, quantitative Erschütterungsmessungen ist die DIN 4150, Erschütterungen im Bauwesen mit den beiden Teilen

- Einwirkung auf Menschen in Gebäuden (DIN 4150, Teil 2) und

- Einwirkung auf bauliche Anlagen (DIN 4150, Teil 3).

Potzham/Unterhaching bei München (2009)

Am 2. Februar 2009 wurden bei Potzham nahe München zwei Erdstöße der Stärke 1,7 und 2,2 auf der Richterskala gemessen. Potzham liegt in unmittelbarer Nähe des 2008 fertig gestellten Geothermiekraftwerkes Unterhaching.

Die gemessenen Erdstöße ereigneten sich ca. ein Jahr nach Inbetriebnahme dieses Kraftwerks.

Aufgrund der großen Herdtiefe ist ein unmittelbarer Zusammenhang zum Geothermieprojekt Unterhaching jedoch fraglich. Weitere Mikro-Beben wurden gemäß dem Geophysikalischem Observatorium der Uni München in Fürstenfeldbruck dort nach der Installation weiterer Seismometer zwar beobachtet, sie lagen jedoch alle unter der Fühlbarkeitsgrenze.

Hebungen / Senkungen als Folge

Häufig treten indirekt verursachte Schäden durch Verformungen der Tagesoberfläche (Hebungen/Senkungen) oder direkte Schäden durch Bohrungen auf.

Im Jahr 2012 existierten in Deutschland nahezu 300.000 Installationen oberflächennaher Nutzung von Geothermie. Jährlich kommen etwa 40.000 Neue dazu. In einigen Fällen sind Probleme aufgetreten, die jedoch vor allem einen Bedarf an verbesserter Qualitätskontrolle und Qualitätssicherung aufgezeigt haben.

Als „sehr markant" ist in diesem Zusammenhang der massive Schadensfall von Staufen zu nennen.

In Böblingen zeigen sich seit 2009 in nun 80 Häusern immer größer werdende Risse. Ein Zusammenhang mit der Nutzung geothermischer Energie ist noch nicht nachgewiesen, jedoch liegt ein Verdacht gegen ältere Geothermiebohrungen vor.

In Kamen (NRW) haben sich nach Erdwärmebohrungen zur Erschließung oberflächennaher Geothermie im Juli 2009 mehrere Tage lang die Häuser gesetzt.

Die Ursache, warum in Kamen 48 m³ Boden plötzlich in einem Loch verschwanden, ist geklärt: Erdwärmebohrungen vergrößerten bereits vorhandene Risse im Felsgestein. Die Schuldfrage kann indes nur in einem langwierigen Rechtsverfahren geklärt werden.

Artesische Brunnen

Im Bereich der oberflächennahen Geothermie besteht das Risiko, bei Nutzung eines tieferen Grundwasserleiters den trennenden Grundwassernichtleiter derart zu durchstoßen, dass ein die Grundwasserstockwerke verbindendes Fenster entsteht, mit der möglichen Folge nicht erwünschter Druckausgleiche und Mischungen. Bei einer ordnungsgemäßen Ausführung der Erdwärmesonde wird dies allerdings zuverlässig verhindert.

Ein weiteres potenzielles Risiko bei einer Geothermiebohrung ist das Anbohren von Artesern.

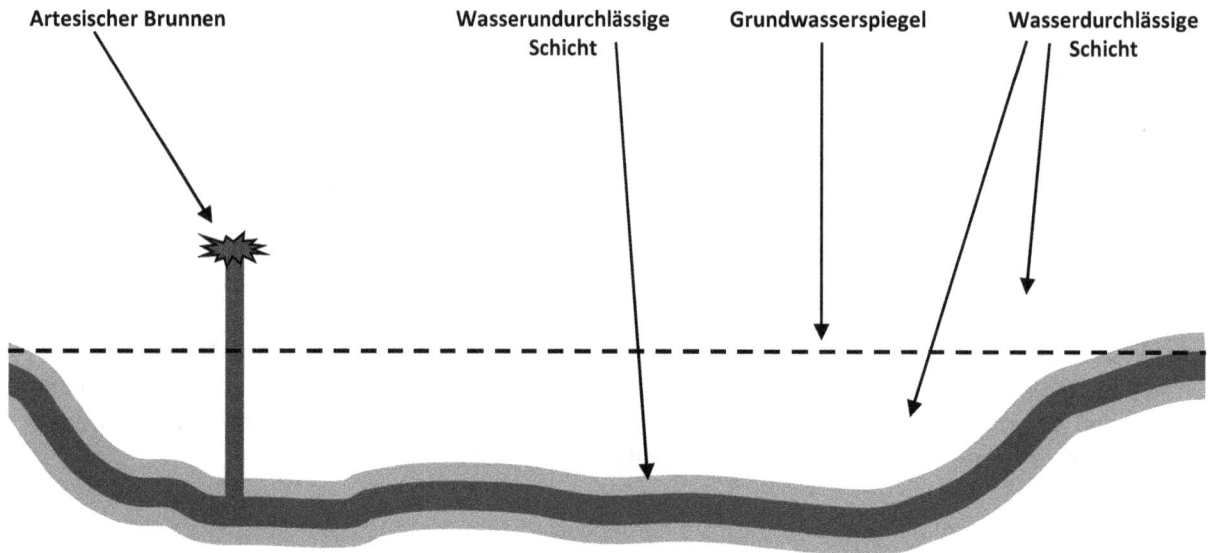

Bei unsachgemäßer Bohrausführung kann es zum spontanen Austritt von Grundwasser am Bohransatzpunkt und zu kleinräumigen Überschwemmung kommen.

Auch gespannte (unter Überdruck stehende) Gase können unvermutet von einer Tiefbohrung angetroffen werden und in die Bohrspülung eintreten. Denkbar sind Erdgas, Kohlendioxid oder auch Stickstoff.

Solche Gaseintritte sind meistens nicht wirtschaftlich verwertbar. Gaseintritten ist bohrtechnisch durch entsprechende Maßnahmen zu begegnen wie sie für Tiefbohrungen vorgeschrieben sind.

Arteser-Versicherung

Die Versicherungsleistung ist auf Schäden begrenzt, die durch einen Arteser oder ggf. sogar durch Gasaustritt entstehen:

- Experten / Geologen werden im Schadenfall bezahlt
- Bestehende Bauten sind mitversichert
- Aufgegebene / verlorene Bohrungen werden entschädigt

Ursprünglich kommt die Idee einer Arteser-Versicherung aus der Schweiz. In Deutschland ist diese Deckung nur sehr schwierig zu platzieren.

Minimierung der Risiken

Zur Beherrschung des Problems „induzierte Seismizität" hat der GtV-Bundesverband Geothermie mit Hilfe einer internationalen Forschergruppe ein Positionspapier erarbeitet, das als Hauptteil umfangreiche Handlungsanweisungen zur Beherrschung der Seismizität bei Geothermieprojekten vorschlägt.

Im Zusammenhang mit Gebäudeschäden in der Stadt **Staufen** ist eine Diskussion um Risiken der oberflächennahen Geothermie entbrannt. Untersuchungen dazu, ob das Aufquellen von Anhydrit die Ursache sein könnte, wurden inzwischen beauftragt.

Hinweis: Die Gemeinde Staufen im südbadischen Breisgau wollte **im Herbst 2007** für das Ratsgebäude aus dem 16. Jahrhundert eine moderne geothermische Heiz- und Kühlanlage bauen lassen. Dafür wurden sieben Sonden bis in 140 Meter Tiefe getrieben. In eine Erde, die höchst problematisch ist. Denn Staufen liegt genau an der Kante, wo zwischen Schwarzwald und den Vogesen vor langer Zeit das Rheintal eingebrochen ist. Der Oberrheingraben ist Erdbebengebiet, im Untergrund gibt es Gipskeuper und heißes Wasser. Und ausgerechnet eine solche Wasserader hat eine der sieben Sonden angebohrt. Wasser und das Anhydrit bringen Gipskeuper zum Quellen wie ein Hefeteig – der Boden begann sich zu heben. Einem Zeitungsbericht **aus März 2014** ist die weiterhin vorhandene Anhebung der Gebäude zu entnehmen (2,9 mm im Monat / in 2007 waren es noch 1 cm im Monat).

Die folgende Grafik zeigt, warum sich unter Staufen die Erde hebt:

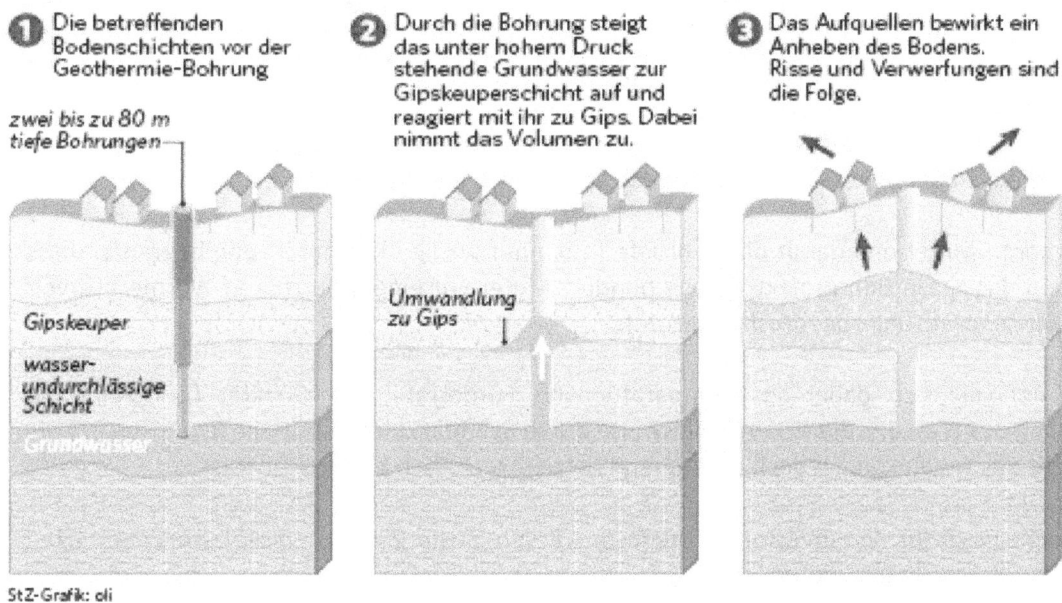

1 Die betreffenden Bodenschichten vor der Geothermie-Bohrung

zwei bis zu 80 m tiefe Bohrungen

Gipskeuper

wasser-undurchlässige Schicht

Grundwasser

2 Durch die Bohrung steigt das unter hohem Druck stehende Grundwasser zur Gipskeuperschicht auf und reagiert mit ihr zu Gips. Dabei nimmt das Volumen zu.

Umwandlung zu Gips

3 Das Aufquellen bewirkt ein Anheben des Bodens. Risse und Verwerfungen sind die Folge.

StZ-Grafik: oli

Das Landesamt für Geologie, Rohstoffe und Bergbau in Freiburg hat als Konsequenz empfohlen, bei Gips- oder Anhydritvorkommen im Untergrund auf Erdwärmebohrungen zu verzichten. Da ganz geringe Mengen an Gips / Anhydrit bei etwa zwei Drittel der Fläche des Landes vorkommen können, deren genaue Verbreitung aber weitgehend unbekannt ist, wurde diese Vorgehensweise von der Geothermie-Industrie als überzogen kritisiert.

Hinweise, wie eine sichere Geothermiebohrung hergestellt werden kann, findet man im Leitfaden zur Nutzung von Erdwärme mit Erdwärmesonden des Umweltministeriums Baden-Württemberg.

Wirtschaftlichkeitsrisiken eines oberflächennahen Projektes

Bei der oberflächennahen Geothermie besteht das größte Risiko in einer Übernutzung der Geothermiepotentiale. Wenn benachbarte Geothermieanlagen sich gegenseitig beeinflussen, kann die Vorlauftemperatur der im Abstrom des Grundwassers gelegenen Anlage so weit abgesenkt werden, dass die Wärmepumpe nur noch mit einer sehr ungünstigen Leistungszahl betrieben werden kann.

Dann heizt der Nutzer im Grunde genommen mit Strom und nicht mit Erdwärme. Das tückische daran ist, dass die Fläche im Anstrom des Grundwassers, in der eine Errichtung einer weiteren Anlage zu einer zusätzlichen erheblichen Absenkung der Temperatur des Grundwassers für die betroffene Anlage führt, sehr groß sein kann und es für den Betreiber schwierig ist, die Ursache hierfür zu erkennen.

Er wird das wahrscheinlich nur merken, wenn er den außentemperaturbereinigten Stromverbrauch ins Verhältnis zur genutzten Wärmemenge setzt, um so die Leistungszahl beobachten zu können. Das erfordert aber die Kenntnis der mittleren wirksamen Außentemperatur und der im Haus abgegebenen Wärmemenge und bedarf eines großen Messaufwandes.

Wirtschaftlichkeitsrisiken eines tiefen Projektes

Bei der tiefen Geothermie sind vor allem das Fündigkeitsrisiko und das Umsetzungsrisiko zu beachten.

Die Risiken können beim Eintreten des Schadensfalls zu einer Unwirtschaftlichkeit des Vorhabens führen. Um das Scheitern von Geothermieprojekten zu verhindern, bietet die öffentliche Hand für Kommunen Bürgschaften an (z.B. durch die KfW), die wirksam werden, wenn zum Beispiel in einer Bohrung einer bestimmten kalkulierten Tiefe kein heißes Tiefenwasser nach einer Tiefenwasserschüttung in ausreichender Menge gefördert werden kann.

Das Fündigkeitsrisiko ist das Risiko bei der Erschließung eines geothermischen Reservoirs Thermalwassers nicht in ausreichender Quantität oder Qualität fördern zu können, aufgrund fehlkalkulierter Prognosen über die benötigte Tiefe der Bohrung.

Ab einer gewissen Tiefe wird das geothermische Potenzial immer erschlossen, jedoch steigen mit zunehmender Tiefe die Bohrkosten überproportional. Spezielles Know-how wird dann benötigt.

Sind die verfügbaren Mittel und damit die Bohrtiefe (etwa auf wenige Kilometer) eng begrenzt, muss unter Umständen das ganze Bohrprojekt wenige hundert Meter vor einem nutzbaren Wärmereservoir für eine Tiefenwasserschüttung abgebrochen werden.

Die Quantität definiert sich dabei aus Temperatur und Förderrate. Die Qualität beschreibt die Zusammensetzung des Wassers, die sich beispielsweise durch Salinität oder Gasanteile ungünstig auf die Wirtschaftlichkeit auswirken kann, jedoch weitgehend betriebstechnisch beherrschbar ist.

Um das Fündigkeitsrisiko für den Investor abzufedern, werden mittlerweile Fündigkeitsversicherungen auf dem Versicherungsmarkt angeboten.

Fündigkeitsversicherung

Investoren und Betreiber von Geothermieprojekten sind immer mit dem Fündigkeitsrisiko konfrontiert:

Bringen die Bohrungen nicht das erwünschte Ergebnis, gehen hohe Investitionen verloren.

Die Fündigkeitsversicherung deckt u.a. die Kosten für das Bohrloch im Fall der Nichtfündigkeit ab und schafft somit Investitions- und Planungssicherheit.

Das Fündigkeitsrisiko bei geothermischen Bohrungen ist das Risiko, ein geothermisches Reservoir mit einer oder mehreren Bohrungen in nicht ausreichender Quantität (oder Qualität) zu erschließen.

Volle Versicherungsleistung im Fall von unzureichender Fließrate und/oder Temperatur.

Reduzierte Versicherungsleistung im Fall einer reduzierten Fließrate und/oder Temperatur (Teilschaden).

Ausschlüsse

z.B.:
- Nicht ausreichende Wasserqualität
- Bohrrisiko / Bohrkopf bricht ab und ist verschwunden (Lost-in-hole)
- Zeitverzögerung während der Bohrarbeiten
- Nichteinhalten von technischen Standards
- Finanzprobleme
- Grobe Fahrlässigkeit
- Betrug
- Sabotage

Schadenbeispiele: **Schadenfall infolge Grundwasser**

In einer Tiefe von 120 m wird ein unter Druck stehender Grundwasserleiter angebohrt. Dieses Grundwasser tritt mit einem Volumenstrom von 600 l/min. an die Oberfläche.

Zum Vergleich: Beim Duschen kommen 5 – 7 l/min. aus der Leitung.

Die Erdwärmesonde kann unter erschwerten Bedingungen eingebaut werden, das Abdichten des Bohrloches ist jedoch sehr heikel. Es muss spezielles, kostspieliges Abdichtmaterial eingesetzt werden.

Schadenfall infolge Gasvorkommens

Beim Erstellen einer Erdwärmesondenbohrung wird ein Gasvorkommen angebohrt, welches unter einem hohen Druck steht.

Trotz sofortigem Abfackeln des Gases vermindert sich der Druck auch nach 24 Stunden nicht. Daher muss das Loch verschlossen und aufgegeben werden.

Anfrage & Angebot / Beispiel aus der Praxis

I.d.R. erfüllen die Bohrfirmen im Anschluss an eine erfolgreiche Bohrung direkt auch die Funktion des Brunnenbauers.

Ferner werden bei Firmen mit langjähriger Marktpräsenz weitere Tätigkeitsfelder rund um das Thema „Brunnen" und „Wasser" erschlossen.

So kann es z.B. sein, dass man auf eine Firma mit folgendem Leistungsspektrum trifft:

- Entnahme von Rohwasserproben
- Wasseranalyse
- Planung und Durchführung von Wasserbearbeitungsanlagen (z.B. Entkeimung)

- Herstellung / Handel / Montage von
  - Enthärtungsanlagen
  - Dosiergeräte
  - Prüf- und Überwachungsgeräte
  - Entkeimungsfilter
  - Verrohrungen

Neben diesen doch recht allgemeinen Leistungen wird dann aber auch ein Großteil des Umsatzes durch Bohrungen, Brunnenbau (Beregnungsbrunnen für Landwirtschaft, Feuerlöschbrunnen, Absenkbrunnen, Aufschlussbrunnen), Brunnensanierungen und Brunnenreinigungen erzielt.

Hinweis: Brunnenbohrrisiken sind schon schwierig zu versichern.

Richtig schwierig wird es dann, wenn der VN nicht nur Brunnen bohrt, sondern auch Tiefenbohrungen (ab 30 m Tiefe) oder sogar Erdwärmebohrungen (z.T. 200 m Tief) durchführt. Hier sollte unbedingt auf die Qualifikation des VN und seiner Mitarbeiter geachtet werden.

Bei der Angebotserstellung sollte auf die Mitversicherung von Mängelbeseitigungsnebenkosten und vorbeugenden Nebenkosten geachtet werden.

Absicherung über Bauherrenhaftpflichtversicherung ?

Die Haftpflichtversicherung des Bauherrn bietet nur Schutz, wenn auch ein Verschulden des Bauherrn vorliegt.

Das bedeutet, dass der Bauherr selbst einen Schaden bei Bohrarbeiten verursachen müsste, bei dem das Gebäude eines Nachbarn beschädigt wird.

Zudem sind in Haftpflichtversicherungen folgende Bereiche generell nicht versichert:

- Bergrecht (bei allen Bohrungen, die tiefer als 100 Meter reichen)
- Allmählichkeitsschäden, die nicht plötzlich, sondern über einen längeren Zeitraum eintreten.

Haftpflichtversicherungen schützen immer Dritte (also fremde Personen). Der Schaden, der einem Bauherrn selbst durch eine Bohrung am eigenen Gebäude entstehen kann (sogenannter Eigenschaden), wird nicht ersetzt.

Absicherung über Bauleistungsversicherung ?

Die Bauleistungsversicherung schützt in erster Linie die versicherte Baumaßnahme bei Schäden, die unvorhersehbar sind und während der Bauzeit auftreten. Dazu zählen insbesondere Schäden durch höhere Gewalt wie zum Beispiel Hochwasser oder Sturm, aber auch Schäden durch Vandalismus, durch Konstruktions- und Materialfehler, Fahrlässigkeit und Ähnliches.

Inwieweit die Bohrungen hierunter fallen, sollte im Einzelfall mit dem Versicherer geklärt werden.

Schäden am vorhandenen Altbau oder in der Nachbarschaft sind nicht versichert.

Ansprüche aus Bergschäden gemäß § 114 Bundesberggesetz (BbergG)

Haftpflichtversicherer haben vor diesem Passus mit Blick auf die möglichen Ansprüche aus Bergschäden (soweit es sich um Beschädigungen von Grundstücken, deren Bestandteil oder Zubehör handelt sowie Ansprüche mit Bergwerken unter Tage) Respekt.

Bei Geothermie handelt es sich aufgrund der Bohrtiefe i.d.R. um ein Risiko, deren Schäden durchaus dieser gesetzlichen Regelung zuzuordnen sind.

Zweiter Abschnitt / Haftung für Bergschäden
Erster Unterabschnitt / Allgemeine Bestimmungen

§ 114 Bergschaden

(1) Wird infolge der Ausübung einer der in § 2 Abs. 1 Nr. 1 und 2 bezeichneten Tätigkeiten oder durch eine der in § 2 Abs. 1 Nr. 3 bezeichneten Einrichtungen (Bergbaubetrieb) ein Mensch getötet oder der Körper oder die Gesundheit eines Menschen verletzt oder eine Sache beschädigt (Bergschaden), so ist für den daraus entstehenden Schaden nach den §§ 115 bis 120 Ersatz zu leisten.

(2) Bergschaden im Sinne des Absatzes 1 ist nicht

1. ein Schaden, der an im Bergbaubetrieb beschäftigten Personen oder an im Bergbaubetrieb verwendeten Sachen entsteht,

2. ein Schaden, der an einem anderen Bergbaubetrieb oder an den dem Aufsuchungs- oder Gewinnungsrecht eines anderen unterliegenden Bodenschätzen entsteht,

3. ein Schaden, der durch Einwirkungen entsteht, die nach § 906 des Bürgerlichen Gesetzbuchs nicht verboten werden können,

4. ein Nachteil, der durch Planungsentscheidungen entsteht, die mit Rücksicht auf die Lagerstätte oder den Bergbaubetrieb getroffen werden und

5. ein unerheblicher Nachteil oder eine unerhebliche Aufwendung im Zusammenhang mit Maßnahmen der Anpassung nach § 110.

§ 115 Ersatzpflicht des Unternehmers

(1) Zum Ersatz eines Bergschadens ist der Unternehmer verpflichtet, der den Bergbaubetrieb zur Zeit der Verursachung des Bergschadens betrieben hat oder für eigene Rechnung hat betreiben lassen.

(2) Ist ein Bergschaden durch zwei oder mehrere Bergbaubetriebe verursacht, so haften die Unternehmer der beteiligten Bergbaubetriebe als Gesamtschuldner. Im Verhältnis der Gesamtschuldner zueinander hängt, soweit nichts anderes vereinbart ist, die Verpflichtung zum Ersatz sowie der Umfang des zu leistenden Ersatzes von den Umständen, insbesondere davon ab, inwieweit der Bergschaden vorwiegend von dem einen oder anderen Bergbaubetrieb verursacht worden ist; im Zweifel entfallen auf die beteiligten Bergbaubetriebe gleiche Anteile.

(3) Soweit in den Fällen des Absatzes 2 die Haftung des Unternehmers eines beteiligten Bergbaubetriebes gegenüber dem Geschädigten durch Rechtsgeschäft ausgeschlossen ist, sind bis zur Höhe des auf diesen Bergbaubetrieb nach Absatz 2 Satz 2 entfallenden Anteils die Unternehmer der anderen Bergbaubetriebe von der Haftung befreit.

(4) Wird ein Bergschaden durch ein und denselben Bergbaubetrieb innerhalb eines Zeitraums verursacht, in dem der Bergbaubetrieb durch zwei oder mehrere Unternehmer betrieben wurde, so gelten die Absätze 2 und 3 entsprechend.

§ 120 Bergschadensvermutung

(1) Entsteht im Einwirkungsbereich der untertägigen Aufsuchung oder Gewinnung eines Bergbaubetriebes durch Senkungen, Pressungen oder Zerrungen der Oberfläche oder durch Erdrisse ein Schaden, der seiner Art nach ein Bergschaden sein kann, so wird vermutet, dass der Schaden durch diesen Bergbaubetrieb verursacht worden ist.

Dies gilt nicht, wenn feststeht, dass

1. der Schaden durch einen offensichtlichen Baumangel oder eine baurechtswidrige Nutzung verursacht sein kann oder

2. die Senkungen, Pressungen, Zerrungen oder Erdrisse

a) durch natürlich bedingte geologische oder hydrologische Gegebenheiten oder Veränderungen des Baugrundes oder

b) von einem Dritten verursacht sein können, der, ohne Bodenschätze untertägig aufzusuchen oder zu gewinnen, im Einwirkungsbereich des Bergbaubetriebes auf die Oberfläche eingewirkt hat.

(2) Wer sich wegen eines Schadens an einer baulichen Anlage auf eine Bergschadensvermutung beruft, hat dem Ersatzpflichtigen auf Verlangen Einsicht in die Baugenehmigung und die dazugehörigen Unterlagen für diese bauliche Anlage sowie bei Anlagen, für die wiederkehrende Prüfungen vorgeschrieben sind, auch Einsicht in die Prüfunterlagen zu gewähren oder zu ermöglichen.

Kapitel 5
Sprengarbeiten

Allgemein

Diese Umgangsregeln gelten für das Verwenden, Aufbewahren, Vernichten, den innerbetrieblichen Transport, das Überlassen und die Empfangnahme von Sprengstoffen, Zündmitteln und Anzündmitteln bei Sprengarbeiten

1. zum Gewinnen, Lösen oder Zerkleinern von Gesteinen, sonstigen Bodenschätzen und anderen Stoffen oder Gegenstanden

2. für geologische und geophysikalische Untersuchungen

3. an Bauwerken oder Bauwerksteilen

4. für unterirdische Hohlräume

5. unter Wasser

6. in heißen Massen

7. zum Lösen von Eisbarrieren auf Gewässern

8. zum Beseitigen von Lawinengefahr (Schneefeldsprengungen) und

9. zur Plattierung, Umformung, Pulververdichtung, in der Hochgeschwindigkeitstechnik und Schockwellentechnologie

Diese Regel gilt auch für das Beseitigen von „Blindgängern".

In Betriebsstellen, die unter Bergaufsicht stehen, sind vorrangig die bergrechtlichen Vorschriften und die Festlegungen in den jeweiligen Betriebsplanen zu beachten.

Fachbegriffe

Damit Sie sich mit ihrem Kunden „auf Augenhöhe" unterhalten können:

Anzündmittel
Anzündmittel sind Gegenstände, die in § 3 Abs. 1 des Sprengstoffgesetzes festgelegt sind (z.B. Pulveranzündschnüre und Anzünder für Pulveranzündschnüre).

Auflegersprengung
Zerkleinerung eines ganz oder teilweise freiliegenden Sprengobjektes mit an- bzw. aufgelegter Sprengladung.

Eissprengungen
Eissprengungen sind Sprengungen zum Lösen von Eisdecken und Eisbarrieren.

Großbohrlochsprengungen
Großbohrlochsprengungen sind Sprengungen zur Gewinnung von Gesteinen und Mineralien in Bohrlöchern von mehr als 12 m Tiefe und auch in kürzeren Bohrlöchern, soweit sie zur Unterstützung von Großbohrlochsprengungen erforderlich sind (Hilfsbohrlöcher).

Initialladungen
Initialladungen sind mit einem Zündmittel verbundene kapselempfindliche Sprengladungen, die zur Auslösung der Hauptladung dienen.

Kesselsprengungen
Kesselsprengungen sind Sprengungen, bei denen entsprechend große Laderäume an der tiefsten Stelle von Bohrlöchern durch eine oder wiederholte kleinere Sprengungen (Vorkesseln) hergestellt werden.

Knäppersprengung
Zerkleinerung eines freiliegenden Gesteinsstückes mit im Bohrloch eingebrachter oder an- bzw. aufgelegter Sprengladung.

Lassensprengungen
Lassensprengungen sind Sprengungen, bei denen Sprengladungen in natürlichen oder durch Schnüren oder Auskratzen der Spaltenfüllung hergestellten Gesteinsspalten gezündet werden.

Schneefeldsprengungen
Schneefeldsprengungen sind Sprengungen, durch die Lawinen künstlich ausgelöst sowie Wachten und sonstige Schneeverfrachtungen beseitigt werden sollen.

Schnüren
Schnüren ist das in Werksteinbrüchen angewendete Verfahren, mit Ladungen in einem oder mehreren Bohrlöchern Gesteinskörper vom Lager abzutrennen, wobei dünne Gesteinsspalten (= Schnüre) entstehen, die mit weiteren Sprengungen zu Lassen ausgeweitet werden.

Sprengberechtigte
Sprengberechtigte sind Personen, die auf Grund einer Erlaubnis nach § 7 des Sprengstoffgesetzes oder auf Grund eines Befähigungsscheines nach § 20 des Sprengstoffgesetzes Sprengarbeiten durchführen dürfen.

Sprengbereich

Der Sprengbereich ist der Bereich um eine Sprengstelle herum, in dem Streuflug nicht ausgeschlossen werden kann.

Sprengmittel

Sprengmittel sind alle zur Durchführung von Sprengarbeiten notwendigen explosionsgefährlichen Stoffe (Sprengstoffe, Sprengschnüre, Zündmittel).

Sprengplan

Der Sprengplan ist eine Aufstellung der zum Sprengen erforderlichen technischen Angaben unter Beachtung der behördlichen Vorschriften und Bestimmungen der Unfallversicherungsträger.
Dazu gehören Bohr-, Lade- und Zündplan mit den erforderlichen Schemata.

Sprengschnüre

Sprengschnüre sind mit brisantem Sprengstoff gefüllte Gewebeschläuche, die verschiedenartige Umhüllungen aufweisen können. Die Einteilung erfolgt in der Regel nach dem enthaltenen Sprengstoffgehalt in Gramm je Meter Sprengschnur.

Sprengstoffe

Sprengstoffe sind zum Sprengen bestimmte feste oder flüssige explosionsfähige Stoffe einschließlich Sprengschnüre.

Sprengungen für geologische und geophysikalische Untersuchungen

Sprengungen für geologische und geophysikalische Untersuchungen sind Sprengungen als Hilfsmittel zur Erkundung des geologischen Untergrundes.

Sprengungen für unterirdische Hohlräume

Sprengungen für unterirdische Hohlräume sind Sprengungen, die zur Herstellung, Erweiterung oder Veränderung von unterirdischen Hohlräumen im Zuge von Bauarbeiten erforderlich sind.

Sprengungen in heißen Massen

Sprengungen in heißen Massen sind Sprengungen in Medien, deren Temperatur 75 °C übersteigt.

Sprengungen unter Wasser

Sprengungen unter Wasser sind Sprengungen in Gewässern, bei denen Sprengladungen mindestens 100 cm unterhalb der Wasser-/ Gewässeroberfläche oder durch Taucher ein- oder angebracht werden.

Sprengungen von Bauwerken und Bauwerksteilen

Sprengungen von Bauwerken und Bauwerkteilen sind Sprengungen zum Niederlegen von Bauwerken und zum Zerkleinern von Bauteilen.

Sprengzubehör

Sprengzubehör sind Gegenstände und Geräte, die in § 3 Abs. 1 des Sprengstoffgesetzes festgelegt sind (z. B. Zündleitungen, Zündmaschinen, Zündmaschinenprüfgeräte, Zündgeräte, Zündkreisprüfer, Verlängerungsdrähte, Isolierhülsen, Ladegeräte und Mischladegeräte).

Tätigkeiten zum Vernichten

Tätigkeiten zum Vernichten sind das Unwirksam machen der explosionsgefährlichen Bestandteile von Sprengstoffen und Zündmitteln.

Versager

Versager sind bei einer Sprengung ganz oder teilweise nicht umgesetzte Sprengstoffe, Anzündmittel und Zündmittel.

Zündanlagen

Zündanlagen umfassen alle Komponenten, die zur planmäßigen Zündung von Sprengungen erforderlich sind (z. B. Zünder, Zündgeräte, Verzögerer).

Zündmittel

Zündmittel sind Gegenstände, die in § 3 Abs. 1 des Sprengstoffgesetzes festgelegt sind (z. B. elektrische, elektronische und nichtelektrische Zünder).

Zündplan

Der Zündplan ist Bestandteil des Sprengplans mit Angaben zu Zündart, Zündvariante und Zündfolge.

Zündsysteme

Zündsysteme sind die herstellerspezifischen Komponenten eines Zündverfahrens.

Zündverfahren

Zündverfahren sind entsprechend der verwendeten Zündmittel das

- elektrische
- nichtelektrische
- elektronische

Zündverfahren sowie die Zündung in Verbindung mit Sprengkapsel und Pulveranzündschnur.

Aufgaben des Unternehmers

Damit Sie das subjektive Risiko des zu versichernden Unternehmens richtig einschätzen können, sind nachfolgend die Aufgaben des Unternehmers aufgeführt, die laut der Berufsgenossenschaft für das Bauwesen einzuhalten sind.

1) Gefährdungsbeurteilung

Der Unternehmer hat bereits vor der Durchführung von Sprengarbeiten die auftretenden Gefährdungen gemäß § 5 Arbeitsschutzgesetz zu ermitteln und die notwendigen Schutzmaßnahmen festzulegen.

Gefährdungen können sich insbesondere durch unzeitige Zündung, Versager und Streuflug ergeben.

Weitere Gefährdungen können sich ergeben durch:

• die Handhabung von gelatinösen Sprengstoffen durch Hautkontakt oder inhalative Aufnahme auf Grund der in diesen Sprengstoffen enthaltenen Sprengöle (Nitroglycol, Nitroglycerin) und aromatischen Aminoverbindungen.

• das Einatmen von Sprengschwaden. Diese enthalten NOx (Nitrogene Oxide) und CO (Kohlenstoffmonoxid).

Zusätzliche Gefährdungen bei Sprengarbeiten wie

• Lärm,
• Staub,
• Steinschlag oder
• Arbeiten mit Absturzgefahr,

die der Unternehmer im Rahmen der Gefährdungsbeurteilung zu berücksichtigen hat, werden in dieser Regel nicht betrachtet.

Im Rahmen der Gefährdungsbeurteilung sind auch Maßnahmen festzulegen, die dazu geeignet sind, die unberechtigte Verfügungsgewalt (z.B. Unterschlagung oder Diebstahl) über Sprengmittel zu verhindern.

Verantwortlichkeiten

Führt der Unternehmer die Sprengarbeiten nicht selbst durch, so hat er diese Aufgabe einem Sprengberechtigten zu übertragen. Er hat dafür zu sorgen, dass die im Folgenden genannten Schutzmaßnahmen getroffen werden.

Ein Sprengberechtigter ist zum verantwortlichen Leiter zu bestellen. Beim Vorbereiten der Sprengladungen, beim Laden und Besetzen sowie beim Herstellen der Zündanlage, hat der Sprengberechtigte Unbefugte fernzuhalten. Die Versicherten haben den Weisungen des Sprengberechtigten und der von ihm beauftragten Personen zu folgen.

Betriebsanweisungen

Der Unternehmer hat anhand der Sicherheitsdatenblätter der verwendeten Sprengmittel, Betriebsanweisungen gemäß § 14 Gefahrstoffverordnung in einer für die Versicherten verständlichen Form und Sprache zu erstellen.

Unterweisung

(1)   Den Sprengberechtigten sind die Anleitungen zur Verwendung von Sprengstoffen, Zündmitteln und Anzündmitteln zur Verfügung zu stellen. Die Sprengberechtigten haben diese zu beachten.

(2)   Die Versicherten sind über auftretende Gefährdungen und entsprechende Schutzmaßnahmen, insbesondere über die Bedeutung der Sprengsignale, das Verhalten bei Sprengarbeiten sowie die Maßnahmen beim Auffinden von Versagern zu unterweisen. Die Unterweisung muss vor Aufnahme der Beschäftigung und danach mindestens jährlich in für die Versicherten verständlicher Form und Sprache durchgeführt werden. Inhalt und Zeitpunkt der Unterweisung sind schriftlich festzuhalten und von den Unterwiesenen durch Unterschrift zu bestätigen.

(3)   Sind mehrere Firmen in einer Arbeitsstätte tätig, sind die nicht mit den Sprengarbeiten befassten Personen rechtzeitig über das Verhalten bei der Sprengung zu unterrichten. Die Unternehmer haben dafür zu sorgen, dass den Anweisungen der verantwortlichen Sprengberechtigten Folge geleistet wird. Betriebsfremde sind vor dem Betreten der Arbeitsstätte über die Bedeutung der Sprengsignale zu informieren.

Persönliche Schutzausrüstungen

Gemäß §§ 23, 29 - 31 Unfallverhütungsvorschrift „Grundsätze der Prävention" (BGV/GUV-V A1) in Verbindung mit der PSA Benutzungsverordnung hat der Unternehmer geeignete persönliche Schutzausrüstungen zur Verfügung zu stellen.

Für Sprengarbeiten sind aufgrund der Ergebnisse der Gefährdungsbeurteilung je nach Tätigkeit und Gefährdung zum Beispiel folgende persönliche Schutzausrüstungen erforderlich:

- Schutzhelm

- Gehörschutz

- Augen- und/oder Gesichtsschutz

- Schutzhandschuhe entsprechend den ausgeführten Tätigkeiten (insbesondere Beständigkeit gegenüber den in den Sprengstoffen enthaltenen Chemikalien)

- Sicherheitsschuhe

- Wetterschutzkleidung

- Persönliche Schutzausrüstungen gegen Absturz

Durchführung der Sprengarbeiten

Grundlegende Schutzmaßnahmen bei allen Sprengarbeiten

Sprenghelfer

Für Hilfstätigkeiten können Sprenghelfer beauftragt werden.

Als Sprenghelfer dürfen nur Personen herangezogen werden,

• die das 18. Lebensjahr vollendet haben,

• die körperlich geeignet sind und

• von denen zu erwarten ist, dass sie die ihnen übertragene Aufgabe zuverlässig erfüllen.

Sprenghelfer dürfen nach entsprechender Unterweisung sowie unter Aufsicht von Sprengberechtigten folgende Arbeiten ausführen:

• Transport von Sprengstoffen und Zündmitteln innerhalb der Arbeitsstätte

• Laden (Einbringen von Sprengstoffen)

• Aufbringen von Besatz

• Helfen beim Beseitigen von Versagern

• Sichern und Absperren

• Einbringen von Laderohren

Sprengungen in heißen Massen

Sprenghelfer, die sich in der praktischen Ausbildung zum Sprengberechtigten befinden, dürfen unter ständiger Aufsicht von Sprengberechtigten darüber hinaus mit dem Anfertigen von Initialladungen und dem Herstellen der Zündanlage beschäftigt werden.

Hinweis: Da Sprenghelfer zu beaufsichtigen sind, sollte deren Anzahl so gering wie möglich sein.

Bereithalten während der Arbeitszeit

Sprengstoffe, Zündmittel und Anzündmittel müssen während der Arbeitszeit

• in einem nach § 17 Sprengstoffgesetz genehmigten Lager,

• in kleinen Mengen nach § 2 der Zweiten Verordnung zum Sprengstoffgesetz

oder

• in einem Tageslager

bereit gehalten werden.

Erfolgt das Bereithalten in einem Tageslager, so muss dieses verschließbar sein und getrennte Abteilungen für Sprengstoffe sowie Zündmittel und Anzündmittel haben.

Sprengstoffe sind in der einen, Zündmittel und Anzündmittel in der anderen Abteilung unterzubringen.

Außer Sprengstoffen, Zündmitteln und Anzündmitteln dürfen in Tageslagern nur die für Sprengungen benötigten Geräte und Hilfsmittel bereit gehalten werden. Als Tageslager sind z. B. Räume ohne Feuerstellen sowie Behälter geeignet.

Über den Schlüssel darf nur der Sprengberechtigte verfügen.

Die für den Fortgang der Sprengarbeiten an der Sprengstelle bereit gehaltenen Sprengstoffe, Zündmittel und Anzündmittel sind unter Aufsicht eines Sprengberechtigten zu halten.

Nach dem Laden sind übrig gebliebene Sprengstoffe, Zündmittel und Anzündmittel, sobald es der Fortgang der Arbeiten erlaubt, wieder einzulagern.

Hilfsmittel

Beim Umgang mit Sprengstoffen, Zündmitteln und Anzündmitteln dürfen nur Ladestöcke, Werkzeuge und sonstige Geräte verwendet werden, bei denen Funken und gefährliche elektrostatische Aufladungen nicht entstehen können. Dies gilt jedoch nicht für Zangen, Messer, Schraubendreher zum Öffnen der Kisten und Werkzeuge zum Abisolieren der Drahtenden.

Ladestöcke aus Rohren müssen an beiden Enden mit konischen oder zylindrisch abgesetzten Stopfen aus Holz oder Kunststoff versehen sein. Die Stirnflächen dieser Stopfen müssen mindestens den gleichen Durchmesser wie die Rohre haben.

Abweichend von Abs. 2 dürfen Ladestöcke an den Enden offen sein, wenn mit ihnen nur Sprengschnüre in das Bohrloch eingebracht werden.

Bei der Verwendung von Pulversprengstoffen dürfen Ladestöcke, die ganz oder teilweise aus Metall bestehen, nicht benutzt werden. Ladestöcke aus Kunststoff müssen genügend leitfähig sein. Genügend leitfähig sind Ladestöcke mit einem Gesamtwiderstand < 108 Ω bei einem spezifischen Widerstand > 2.000 Ω pro Meter.

Brandschutzbereich

Beim Umgang mit Sprengstoffen, Zündmitteln und Anzündmitteln ist dafür zu sorgen, dass innerhalb eines 25 m-Radius

- nicht geraucht wird und
- kein offenes Licht oder Feuer

verwendet wird sowie

- keine Schweiß-, Schneid- und ähnliche Arbeiten

ausgeführt werden.

Transport innerhalb der Arbeitsstätte

Sprengstoffe, Zündmittel und Anzündmittel müssen in geschlossener versandmäßiger Verpackung oder in geschlossenen Behältern transportiert werden. Sie dürfen nicht in der Kleidung getragen werden.

Pulversprengstoffe müssen in Behältern transportiert werden, bei denen Funken und gefährliche elektrostatische Aufladung nicht entstehen können.

Behälter, in denen Sprengstoffe, Zündmittel und Anzündmittel gemeinsam transportiert werden, müssen getrennte Abteilungen haben. Hierbei sind Sprengstoffe in der einen, Zündmittel und Anzündmittel in der anderen Abteilung des Behälters unterzubringen. Werden in den Behältern zusätzlich benötigte Geräte und Hilfsmittel transportiert, darf von diesen keine Gefahr für Sprengstoffe, Zündmittel und Anzündmittel ausgehen.

In Aufenthalts-, Deckungs- und Arbeitsräumen dürfen Sprengstoffe, Zündmittel und Anzündmittel nicht mitgenommen werden.

Verwendung von Sprengstoffen

Patronen, die Pulversprengstoff (Schwarzpulver) enthalten, dürfen nicht geteilt werden.

Lose Sprengstoffe dürfen nur verwendet werden, soweit es die örtlichen Verhältnisse (z. B. Gebirgsbeschaffenheit, Wasserführung, Schichtung, Kluftigkeit, Hohlräume) zulassen. Beim Laden loser Sprengstoffe ist dafür zu sorgen, dass kein Sprengstoff verschüttet wird.

Unbrauchbare Sprengstoffe, Anzündmittel und Zündmittel dürfen nicht verwendet werden.

Als unbrauchbar gelten z. B. Sprengstoffe, Anzündmittel und Zündmittel,

- deren zulässige Verwendungsdauer überschritten ist,
- deren Beschaffenheit sich durch mechanische oder thermische Beanspruchungen, chemische Einwirkungen, Wasser oder Feuchtigkeit verändert hat,
- aus Versagern, ausgenommen unbeschädigte Sprengstoffpatronen,
- die in Bohrlochpfeifen angetroffen werden oder
- die sich in Hohlkörpern (z. B. Laderohre, Bohrgestänge) befinden, in denen sie nicht verwendet werden sollen und aus denen sie nicht selbsttätig herausgleiten können.

Sie sind fachgerecht zu vernichten oder an den Hersteller zurückzugeben.

Zündsysteme

Allgemeines

Sprengberechtigte dürfen nur die Zündsysteme einsetzen, für deren Verwendung sie geschult sind.

Die Zündanlage ist vor dem Zünden durch den Sprengberechtigten zu prüfen. Werden bei der Prüfung Fehler in der Zündanlage festgestellt, muss versucht werden, diese durch geeignete Maßnahmen zu beheben. Können Fehler nicht behoben werden, darf nur gezündet werden, wenn diese dokumentiert und Maßnahmen zur Beseitigung von möglichen Versagern getroffen wurden.

Die Verwendung von Brennmomentanzündern ist grundsätzlich nicht zulässig.

Hinweis: Zündanlagen sollten nach Möglichkeit von dem Sprengberechtigten gezündet werden, der sie erstellt hat.

Nichtelektrische Zündung

Für eine sichere nichtelektrische Zündung sind folgende Maßnahmen notwendig:

1. Fabrikseitig vorkonfektionierte Zündschläuche dürfen nicht gekürzt werden.

2. Beim Einsatz von nichtelektrischen Zündern muss eine Anlaufstrecke der Zündschläuche von mindestens 50 cm gewährleistet sein.

3. Beim Einsatz von Oberflächenverzögerern muss die Zurichtung beachtet werden.

4. Oberflächenverzögerer dürfen nicht zum Zünden von Sprengladungen eingesetzt werden.

5. Nichtelektrische Zündanlagen sind unmittelbar vor der Zündung durch eine gewissenhafte Inaugenscheinnahme zu prüfen. Dabei ist insbesondere auf eine korrekte Verbindung aller verwendeten Komponenten sowie deren Zündrichtung und gefährdungsfreien Verlegung zu achten.

6. Zündschläuche können mit Sprengkapseln anderer Zündarten, speziell dafür zugelassenen Zündgeräten oder mittels Sprengschnur initiiert werden.

7. Die nichtelektrische Zündung kann in Verbindung mit einer elektrischen oder elektronischen Rahmenzündung in kombinierter Zündung verwendet werden. Kombinierte Zündung dürfen nur speziell unterwiesene Sprengberechtigte durchführen.

Hinweis: Zur Vermeidung von Fehlern in der Zündanlage sollte die Zahl der Personen an der Sprengstelle möglichst gering sein.

Elektrische Zündung

Für eine sichere elektrische Zündung sind folgende Maßnahmen notwendig:

1. In einer elektrischen Zündanlage dürfen nur elektrische Zünder eines Herstellers, eines Zündertyps und gleicher Ansprechstromstärke verwendet werden.

2. Elektrische Zünder dürfen nur mit zugelassenen Zündmaschinen gezündet werden. Der Widerstand eines Zündkreises darf den für die jeweilige Zünderempfindlichkeit auf dem Typenschild bzw. in der Bedienungsanleitung des Herstellers der verwendeten Zündmaschine angegebenen Höchstwiderstand nicht überschreiten.

3. Bei Verwendung von Zündern der Klasse IV (HU-Zündern) darf die Zünderdrahtlänge 3,50 m nicht unterschreiten.

4. Zünderdrahtenden dürfen erst unmittelbar vor dem Verbinden abisoliert werden.

5. Zünderdrähte, Verlängerungsdrähte und Zündleitungen müssen untereinander leitend verbunden, die Verbindungsstellen isoliert werden. Die Isolierung der Verbindungsstellen kann z. B. durch Fett gefüllter Isolierhülsen erfolgen. Kuppelstellen mit blanken Antennen, die ohne Erdschluss verlegt sind, bedürfen keiner Isolation.

6. Verbindungsstellen von Zünderdrähten innerhalb des Bohrloches sind unzulässig, sofern nicht durch geeignete Maßnahmen verhindert wird, dass Isolationsfehler auftreten, die Verbindungen abreißen oder das Laden behindert wird.

7. Elektrische Zünder sind in Reihe zu schalten.

8. Elektrische Zünder dürfen auch in Form der Parallelschaltung verwendet werden, wenn nur dadurch eine sichere Form der Zündung gewährleistet wird. Hierbei muss eine für die jeweilige Schaltungsart geeignete und zugelassene Zündmaschine benutzt werden. Die Betriebsanleitung des Herstellers der Zündmaschine ist zu beachten.

9. Die Zündkreise sind durch Vergleich des gemessenen Zündkreiswiderstandes mit dem zuvor berechneten Zündkreiswiderstand zu prüfen. Bei einer Abweichung von mehr als 5 % darf nicht gezündet werden. Der elektrische Widerstand der Zündkreise gegen Erde ist mit einem dafür geeigneten Zündkreisprüfer zu messen. Ist der gemessene Widerstand gegen Erde kleiner als das 10-fache des gemessenen Widerstandes des Zündkreises bei Reihenschaltung bzw. jeder parallelen Zünderreihe (Serie) bei Parallelschaltung, darf nicht gezündet werden.

Elektronische Zündung

Für eine sichere elektronische Zündung sind folgende Maßnahmen notwendig:

1. Es dürfen nur elektronische Zünder des gleichen Zündsystems in einer Zündanlage verwendet werden.

2. Elektronische Zündanlagen sind entsprechend den Herstellerangaben zu projektieren, herzustellen, zu prüfen und zu zünden.

3. Es darf nur das zum Zündsystem gehörende Sprengzubehör verwendet werden.

4. Die Zündung von elektronischen Zündanlagen darf nur durch Sprengberechtigte erfolgen, die über die für das zum Einsatz kommende elektronische Zündsystem erforderliche spezielle Kenntnisse verfügen.

Exkurs: **Unterschied elektrische und elektronischer Sprengzünder**

Elektrische Sprengzündung

Bei der Zündung eines elektrischen Zünders fließt ein Strom durch dessen Glühbrücke, der so groß ist, dass die Glühbrücke aufgrund ihres elektrischen Widerstands schließlich zu glühen beginnt. Durch diese Wärmeentwicklung wird ein pyrotechnischer Satz gezündet, der eine Flamme erzeugt. Dieser initiiert den pyrotechnischen Verzögerungssatz, der wiederum eine genau definierte Zeit benötigt, um abzubrennen.

Der Vorteil elektrischer Sprengzünder liegt in der universellen Anwendbarkeit und der vergleichsweise günstigen Beschaffung.

Der Nachteil ist, dass je nach verwendeter Zündmaschine die Anzahl der Zünder begrenzt ist.

Für seismische Untersuchungen gibt es spezielle seismische Sprengzünder, die eine sehr genaue Auslösezeit besitzen. Hier ist es von besonderer Wichtigkeit, genaue Zündreihenfolgen einzuhalten, um die seismischen Wellen und deren Ergebnisse richtig zu interpretieren.

Elektronische Sprengzünder

Bei elektronischen Zündern hat jeder Sprengzünder einen kleinen Mikrochip und einen Kondensator. Der Chip kann über ein Programmiergerät programmiert werden, wodurch Verzögerungszeiten individuell angepasst werden können. Bei der Zündung wird durch ein zweites Gerät der komplette Zündkreis mit Strom versorgt, der die Kondensatoren der einzelnen Zünder lädt.

Nach der vorher programmierten Zeit gibt der Mikrochip die Ladung des Kondensators an die Glühbrücke weiter, wodurch es dann zur Detonation des Zünders kommt.

Ein Nachteil der elektronischen Zündsysteme sind der hohe Anschaffungspreis und der durch Programmier- und Zündgeräte erforderliche hohe technische Aufwand.

Die Vorteile sind jedoch die sehr fein justierbaren Zündreihenfolgen und die große Anzahl an Zündern, die gezündet werden können.

Zündung mit Pulveranzündschnur

Die Zündung mit Pulveranzündschnur und Sprengkapsel ist nur zulässig bei Eis- und Schneefeldsprengungen.

Für eine sichere Zündung mit Pulveranzündschnur sind folgende Maßnahmen notwendig:

1. Die Lagerzeit für Pulveranzündschnüre sollte 1 Jahr nicht überschreiten, sofern der Hersteller in der Anleitung zur Verwendung nicht eine abweichende Höchstlagerzeit festgelegt hat.

2. Beim Einsatz der Zündung mit Pulveranzündschnur ist die Zündanlage durch eine gewissenhafte Inaugenscheinnahme zu prüfen. Dabei ist insbesondere auf eine korrekte Verbindung aller verwendeten Komponenten sowie deren Zündrichtung zu achten.

3. Zur Zündung von Pulversprengstoffen dürfen nur Pulveranzünder verwendet werden. Bei Bohrlochladungen sind auch Sprengzünder oder Sprengschnüre mit Sprengzündern zulässig.

4. Pulveranzündschnüre sind vor ihrer Verwendung auf Unversehrtheit zu untersuchen. Bei jeder neuen Lieferung und nach jeder längeren Lagerung ist außerdem die Brennzeit zu überprüfen. Die durchschnittliche Brennzeit einer Pulveranzündschnur beträgt in der Regel 120 Sekunden für 1 Meter zuzüglich 8 Sekunden pro 1.000 m Höhe über Normal Null (N.N.).
Pulveranzündschnüre, die geknickt, brüchig, durch Feuchtigkeit oder sonstige Einwirkungen schadhaft geworden sind oder eine zu kurze oder eine zu lange Brennzeit aufweisen (10 Sekunden für 1 Meter), dürfen nicht verwendet werden.

Einsatz von Sprengschnüren / Redundante Zündung

Sofern bei Sprengbohrlöchern die Zündung der gesamten Ladesäule nicht sicher gewährleistet ist, müssen Sprengschnüre mit Sprengzündern verwendet werden. Eine Unterbrechung der Ladesäule kann z. B. verursacht werden durch

• Nachfall von Gestein beim patronierten Laden,

• Steckenbleiben von Patronen durch Klüfte oder sonstige Querschnittsverringerungen,

• den Einsatz von Zwischenbesatz.

Es dürfen nur Sprengschnüre verwendet werden, die die Sprengladungen sicher zünden. Sie sind so zu verlegen, dass eine unbeabsichtigte Zündung oder Beschädigung ausgeschlossen ist. Um ein Abschlagen zu vermeiden, dürfen Sprengschnüre nicht geknickt oder in Schlingen gelegt werden. Unbeabsichtigte Überkreuzungen sind zu vermeiden.

Sprengschnüre sind miteinander und mit Sprengzündern so zu verbinden, dass eine einwandfreie Detonationsübertragung gewährleistet ist. Sprengschnurenden und Verbindungsstellen von Sprengschnüren sind an feuchten Sprengstellen gegen Eindringen von Wasser zu schützen. Sprengschnüre dürfen nicht so gelegt werden, dass ihre Verbindungsstellen im Wasser liegen. Verbindungsstellen zwischen Sprengschnüren und Sprengzündern sind bei Steinfallgefahr gegen Beschädigung zu schützen.

Sofern bei der Zündung von gestreckten Sprengladungen das Abscheren von Ladungsteilen nicht ausgeschlossen werden kann, ist redundant zu zünden. Dafür sind beide Enden der Ladesäulen mit Sprengzündern zu versehen. Die Verzögerungszeit zwischen den beiden Zündern soll im Regelfall nicht mehr als 50 Millisekunden betragen.

Umgang mit Sprengzubehör

Den Sprengberechtigten ist das Sprengzubehör zur Verfügung zu stellen, das für die fachgerechte Durchführung der Sprengarbeiten notwendig ist.

Prüfung und Instandsetzung haben nach Herstellerangaben zu erfolgen.

Sprengberechtigte haben die Leistungsfähigkeit von Zündmaschinen mit Prüfgeräten zu prüfen.

Die Prüffrist ergibt sich aus der Gefährdungsbeurteilung und sollte folgende Zeiträume nicht überschreiten:

• mindestens einmal monatlich, wenn die Zündmaschinen fortlaufend benutzt werden

oder

• vor der Wiederinbetriebnahme, wenn die Zündmaschinen länger als einen Monat nicht benutzt wurden.

Zündmaschinen, Zündgeräte und Zündkreisprüfer sind regelmäßig durch den Hersteller oder eine andere befähigte Person prüfen zu lassen. Über das Ergebnis der Prüfung ist eine Bescheinigung auszustellen.

Die Prüffrist ergibt sich aus der Gefährdungsbeurteilung und sollte zwei Jahre nicht überschreiten.

Zündmaschinen und Zündgeräte müssen gegen das unbefugte Benutzen gesichert werden.

Sprengladungen müssen in einer solchen Reihenfolge gezündet werden, dass sie sich in der Sprengwirkung gegenseitig nicht ungünstig beeinflussen.

Sprengladungen dürfen nur von Sprengberechtigten gezündet werden.

Die Zündmaschine bzw. das Zündgerät darf erst nach dem zweiten Sprengsignal, und zwar unmittelbar vor dem Zünden der Sprengladungen, mit der Zündanlage verbunden werden. Die Zündmaschine bzw. das Zündgerät ist nach jedem Zündvorgang von der Zündanlage zu trennen.

Sprengladungen sind aus einem Deckungsraum oder von einem Standort außerhalb des Sprengbereichs zu zünden.

Zündfolgen sind in Zündplänen schriftlich festzuhalten.

Fremdelektrizität

Sind Gefährdungen der Zündanlage durch Fremdelektrizität zu erwarten, ist vor Beginn der Arbeiten ein dafür geeignetes Zündverfahren auszuwählen.

Die Gefahr der Zündung einer Sprengladung durch Blitzeinschlag besteht unabhängig vom eingesetzten Zündsystem.

Bei Gefahr durch aufziehendes Gewitter

• dürfen Sprengladungen nicht mehr mit Zündern versehen werden,

• sind bereits mit Zündern versehene Sprengladungen unter Einhaltung der Sicherungs- und Absperrmaßnahmen umgehend zu zünden. Ist das nicht möglich, haben die Sprengberechtigten die gleichen Sicherungsmaßnahmen zu treffen wie im Falle einer Sprengung, bis die Gefahr vorüber ist,

• müssen bei Zündanlagen in gruppenweiser Parallelschaltung die einzelnen Zündkreise geöffnet und von der Antenne gelöst werden.

Können Hochfrequenzenergien von Sendern auf elektrische und elektronische Zündanlagen einwirken, darf nur unter Beachtung besonderer Vorsichtsmaßnahmen gezündet werden.

Bohren

Sprengbohrlöcher sind nach Bohrplänen herzustellen, in denen in jedem Fall Bohransatzpunkte, Bohrrichtung und Bohrlochlange für jedes Bohrloch vorgegeben sind.

Nach- und Tieferbohren ganz oder teilweise stehengebliebener Bohrlöcher ist verboten.

Bei Verwendung von Pulversprengstoffen müssen die Bohrlöcher mindestens 20 cm tief gebohrt werden.

Über die Bohrarbeiten ist eine schriftliche Dokumentation der gebohrten Löcher (Bohrprotokoll) zu erstellen. Unregelmäßigkeiten wie Klüfte, Störungen, Staubaustritt aus der Wand, Wasser führende Bereiche usw. sind im Bohrprotokoll zu vermerken.

Löcher müssen nach dem Bohren auf Richtung und Tiefe hin kontrolliert und die Ergebnisse dokumentiert werden.

In Steinbrüchen dürfen keine horizontalen Bohrlöcher an den Füßen der Wände hergestellt werden. Soweit ausnahmsweise die Verwendung horizontaler Fußbohrlöcher dennoch erforderlich ist, hat der Unternehmer in seiner Gefährdungsbeurteilung diese Maßnahme zu begründen und besondere Maßnahmen zum Schutz vor Steinfall während des Herstellens der Bohrlöcher und der Ladearbeiten festzulegen.

Laden

Initialladungen dürfen erst unmittelbar vor ihrer Verwendung und nur in der erforderlichen Anzahl hergestellt werden. Mit dem Laden darf erst begonnen werden, wenn sichergestellt ist, dass Sprengladungen nicht angebohrt werden können.

Der Sprengberechtigte hat sich vor dem Laden der Bohrlöcher über das Vorhandensein von Kluften, Spalten, Abgängen, sonstigen Hohlräumen, geologisch begründeten Störzonen und Abweichungen vom geplanten Bohrlochverlauf und -tiefe zu informieren und die Sprengladungen entsprechend zu bemessen und anzuordnen.

Vor dem Laden sind die Bohrlöcher auf freien Durchgang zu prüfen.

Sprengstoffpatronen dürfen nur ohne Gewaltanwendung in die Laderäume eingebracht werden. Steckengebliebene oder festgeklemmte Sprengstoffpatronen ohne Sprengzünder dürfen nur durch Aufspießen entfernt, mit einem Ladestock vorsichtig durchgedrückt oder durch Sprengen vernichtet werden.

Fertig geladene Sprengstellen sind bis zur Zündung von einem Sprengberechtigten zu beaufsichtigen bzw. auf andere Art gegen Beschädigung oder Diebstahl zu sichern. Der Unternehmer entscheidet in Abhängigkeit von Art der Sprengung, Lage der Sprengstelle und Dauer bis zur Zündung über zusätzliche Maßnahmen (z. B. Bewachung).

Aufbringen von Besatz

Als Besatz dürfen nur geeignete Stoffe verwendet werden. Geeignet sind z.B. Lehm, PU-Schaum, Sand, Splitt bis 16 mm oder Wasserbesatzpatronen. Schnell erhärtende Stoffe wie Beton und Mörtel sind nicht geeignet.

Für das Einbringen des Besatzes mit Ladestöcken gelten besondere Vorsichtsmaßnahmen. Auf einem Ladestock darf nicht geschlagen werden.

Bei Sprengungen mit Pulversprengstoffen ist sofort nach dem Laden zum Schutz gegen Funken genügend nicht brennbarer Besatz aufzubringen.

Beim Aufbringen von Besatz dürfen die Elemente der Zündanlage nicht beschädigt werden.

Abdecken von Sprengladungen und Sprengstellen

Sprengladungen sind, soweit es nach den besonderen Verhältnissen notwendig ist, sachgemäß abzudecken, z. B. zur Vermeidung von Steinflug oder zur Reduzierung des Detonationsknalls.

Hinweis: geeignet sind z. B. Gummimatten, Textilvlies, steinfreies Material.

Sprengbereich

Der Sprengbereich umfasst einen Umkreis von 300 m um die Sprengstelle.

Wenn mit einem Streubereich von mehr als 300 m zu rechnen ist, hat der Unternehmer auf Veranlassung des Sprengberechtigten dafür zu sorgen, dass der Sprengbereich vergrößert wird.

Der Sprengberechtigte darf im Einvernehmen mit dem Unternehmer den Sprengbereich verkleinern, wenn sichergestellt ist, dass Personen und Sachgüter nicht gefährdet werden.

Die erforderliche Vergrößerung oder eine zulässige Verkleinerung des Sprengbereichs kann unter Berücksichtigung der jeweiligen örtlichen Gegebenheiten in unterschiedlichen Richtungen und Abmessungen vorgenommen werden.

Hinweis: Mit einem größeren Streubereich ist z. B. zu rechnen

- o bei stark klüftigem Gebirge,

- o wenn die Vorgabe nicht zuverlässig ermittelt werden kann oder sich durch Abrutschen von Massen oder auf andere Weise ungewollt verringert hat,

- o wenn Sprengstoff verlaufen ist,

- o bei Eisen- und Stahlsprengungen

- o oder bei der Versagerbeseitigung.

Eine Verkleinerung des Sprengbereichs ist zulässig, wenn durch besondere Maßnahmen oder nach Begutachtung durch einen Sachverständigen im Sprengwesen eine Gefährdung, insbesondere durch Streuflug, ausgeschlossen werden kann.

Hinweis: Eine Gefährdung durch Streuflug braucht z. B. nicht angenommen zu werden, wenn eine Streuwirkung durch die besondere Art der Abdeckung der Sprengladung mit Sicherheit verhindert oder durch die Lage der Sprengladung ausgeschlossen ist.

Der Sprengberechtigte darf die Sprenganlage nur zünden, wenn sichergestellt ist, dass die im Sprengbereich gelegenen öffentlichen Verkehrswege für die Dauer der Gefahr geräumt, gesperrt und bewacht werden.

Bei Sprengungen ist der Schutz der Personen dadurch sicherzustellen, dass diese Deckungsräume aufsuchen oder den Sprengbereich verlassen.

Sprengungen dürfen nur bei ausreichenden Licht- und Sichtverhältnissen durchgeführt werden.

Können andere Betriebe durch Sprengungen beeinträchtigt werden, hat der Unternehmer mit den betroffenen Betrieben die erforderlichen Maßnahmen, insbesondere zur Gewährleistung von Sicherheit und Gesundheit der Arbeitnehmer, abzustimmen.

Sprengsignale

Bei jeder Sprengung sind vom Sprengberechtigten Sprengsignale zu geben. Auf Veranlassung des Sprengberechtigten darf ein Sprenghelfer die Signale geben.

Sprengsignale sind mit einem Signalhorn zu geben. Das Signalhorn muss sich im Ton von anderen Signalmitteln vor Ort deutlich unterscheiden und darf nur zum Signalgeben beim Sprengen verwendet werden.

Sprengsignale sind auf Weisung des Sprengberechtigten durch weitere Warnzeichen zu ergänzen, wenn die örtlichen Verhältnisse es erfordern.

Es dürfen nur folgende Sprengsignale gegeben werden, die im Einzelnen bedeuten:

1. Sprengsignal = **ein langer Ton** = Sofort in Deckung gehen

2. Sprengsignal = **zwei kurze Töne** = Es wird gezündet

3. Sprengsignal = **drei kurze Töne** = Das Sprengen ist beendet oder unterbrochen

Nach dem ersten Sprengsignal haben alle Personen, die sich im Sprengbereich befinden, sofort in Deckungsräume zu gehen, andernfalls ist der Sprengbereich zu verlassen.

Das zweite Sprengsignal darf erst gegeben werden, wenn sichergestellt ist, dass sich alle Personen in Deckungsräumen oder außerhalb des Sprengbereichs befinden; dies gilt nicht für den Sprengberechtigten oder Sprenghelfer, der die Sprengsignale gibt.

Nach dem zweiten Sprengsignal haben sich auch die Sprengberechtigten und Sprenghelfer, die die Signale gegeben haben, in Deckung zu begeben oder den Sprengbereich zu verlassen; erst dann dürfen die Sprengladungen gezündet werden.

Das dritte Sprengsignal darf erst gegeben werden, wenn sich der Sprengberechtigte nach erfolgter Sprengung vom Sprengergebnis überzeugt hat oder wenn die Sprengung unterbrochen worden ist.

Erst nach dem dritten Sprengsignal dürfen auch die anderen Personen die Deckungsräume verlassen und die Absperrung des Sprengbereichs darf aufgehoben werden.

Müssen Sprengarbeiten unterbrochen werden, nachdem Sprengsignale gegeben worden sind, so darf das dritte Sprengsignal nur geben werden, wenn die Sicherheit gewährleistet ist.

Verhalten nach Sprengungen

Sprengstellen dürfen erst wieder betreten werden, nachdem die Sprengschwaden abgezogen oder beseitigt worden sind. Der Nachweis kann z. B. durch Messung der beiden Leitkomponenten Kohlenmonoxid (CO) und Stickstoffdioxid (NO_2) erbracht werden.

Der Sprengberechtigte hat sich nach jeder Sprengung vom Sprengergebnis zu überzeugen. Dabei hat er insbesondere auf das einwandfreie Werfen der Vorgabe und eventuell vorhandene Versager zu achten.

Der Unternehmer hat dafür zu sorgen, dass die Sprengstelle vor Wiederaufnahme der Arbeiten durch Inaugenscheinnahme überprüft wird und Gefahrenzustände beseitigt werden.

Festgestellte Unregelmäßigkeiten, die Sprengstoffe, Zündmittel und Anzündmittel betreffen, sind dem Sprengberechtigten unverzüglich zu melden.

Verhalten bei Versagern

Wird festgestellt, dass Sprengladungen nach dem Zünden ganz oder teilweise nicht umgesetzt wurden, müssen sie als Versager behandelt werden.

Werden Versager im Haufwerk vermutet, darf dieses nur unter Einhaltung besonderer Sicherheitsmaßnahmen weggeladen werden (z. B. Einsatz eines Ladegerätes mit splittergeschützter Fahrerkabine, vorsichtiges Aufladen, verstärktes Beobachten).

Der Sprengberechtigte hat Versager unverzüglich zu beseitigen. Falls er Versager nicht unverzüglich beseitigen kann, hat er diese auffällig zu kennzeichnen und zu sichern. Ist auch dies nicht möglich, hat er dies zu dokumentieren. Geborgene Versager sind in das Verzeichnis nach § 16 Sprengstoffgesetz einzutragen.

Gefundene Sprengstoffe, Zündmittel und Anzündmittel sind dem Sprengberechtigten unverzüglich anzuzeigen. Die Fundstelle ist zu beaufsichtigen und vom Sprengberechtigten auf weitere Versager hin zu untersuchen.

Beseitigen von Versagern

Spezifische Methoden der Versagerbeseitigung sind vom Unternehmer in Betriebsanweisungen zu regeln. Bei Sprengungen zur Versagerbeseitigung sind veränderte Bedingungen (z. B. geringere Vorgaben) zu beachten und entsprechend andere Auswirkungen (z. B. größerer Steinflug) zu erwarten.

Sprengstoffe, Zündmittel, Anzündmittel oder Besatz dürfen weder ausgebohrt, noch auf sonstige Art gewaltsam aus dem Bohrloch entfernt werden.

Für das Beseitigen von Versagern dürfen nur geeignete Verfahren angewandt werden.

Geeignete Verfahren sind insbesondere:

1. Ist der Versager auf einen Mangel in der Zündanlage zurückzuführen, so ist der Mangel zu beheben, die Zündanlage erforderlichenfalls zu erneuern und die Zündung zu wiederholen.

2. Bei Bohrlochladungen, beim Schnüren sowie bei Kessel- und Lassensprengungen darf der Besatz entfernt und eine neue Initialladung eingeführt werden. Der Besatz darf nur vorsichtig mit einem für den Umgang mit Sprengstoffen und Zündmitteln geeigneten Werkzeug entfernt oder ausgeblasen werden. Das Ausblasen des Besatzes mit Druckluft ist nicht zulässig, wenn die Ladung aus Pulversprengstoff besteht. Befinden sich elektrische Zünder im Bohrloch, darf zur Begrenzung elektrostatischer Aufladung nur ausgeblasen werden, wenn die Zünderdrahtlänge insgesamt 30 m nicht überschreitet.

Ist der Versager auf mangelnde Detonationsübertragung zwischen Zünder und Sprengschnur zurückzuführen, ist ein neuer Zünder anzubringen und zu zünden.

Ist eine Versagerbeseitigung nicht durchführbar oder erfolglos, hat die weitere Behandlung des Versagers nach den Empfehlungen eines Sachverständigen im Sprengwesen zu erfolgen.

Zusätzliche Schutzmaßnahmen bei besonderen Sprengarbeiten

Kessel- und Lassensprengungen

Zum Einführen von Sprengstoffpatronen in den Laderaum dürfen nur Rohre, Rinnen oder Schläuche verwendet werden, die bis in das Tiefste des Laderaumes reichen.

Beim Laden ist darauf zu achten, ob Sprengstoff verläuft. Wenn dies geschieht, darf nicht weitergeladen werden; die Sprengladung ist dann zu zünden.

Bohrlöcher und Lassen dürfen erst untersucht und wieder geladen werden, nachdem mindestens eine Stunde nach dem Umsetzen der letzten Ladung vergangen ist. Sofern keine Pulversprengstoffe verwendet werden, dürfen vorgekesselte Bohrlöcher frühestens 15 Minuten nach dem letzten Vorkesseln mit Druckluft ausgeblasen und nach mindestens 5 Minuten langem Ausblasen wieder geladen werden.

Hindernisse in vorgeschnürten oder vorgekesselten Bohrlöchern dürfen nur mit Geräten aus Holz oder genügend leitfähigem und nicht funkenreißendem Material beseitigt werden. Gelingt dies nicht, so können die Hindernisse auch durch eine Initialladung beseitigt werden. Nach dem Zünden der Initialladung sind die oben genannten Wartezeiten einzuhalten.

Sind Anzeichen vorhanden, dass sich das Gestein setzt, darf nicht weitergeladen werden.

Großbohrlochsprengungen

Der Unternehmer hat für die Planung und Ausführung von Großbohrlochsprengungen einen verantwortlichen Leiter zu bestellen.

Der verantwortliche Leiter hat vor jeder Sprengung ein Dokument zu erstellen, in dem alle für die Sprengung benötigten Daten festgehalten sind.

Der Unternehmer hat dafür zu sorgen, dass alle Berechnungs- und Planungsunterlagen mindestens 3 Jahre aufbewahrt werden.

Der verantwortliche Leiter hat auf der Grundlage einer messtechnischen Ermittlung von Wandhöhe und Wandneigung

1. die Vorgaben festzulegen,

2. die Bohrlochabstände zu bestimmen,

3. die Sprengstoffmenge zu berechnen,

4. die Ansatzpunkte, die Richtung und die Tiefe der Bohrlöcher und

5. die Verteilung der Ladung im Bohrloch festzulegen.

Hierüber sind eine maßstäbliche Zeichnung und eine Lademengenberechnung anzufertigen.

Hinweis: Geeignete Messverfahren sind z. B.:

- o   Lotmessverfahren bis ca. 12 m Wandhöhe

- o   Dreieckmessverfahren bis ca. 15 m Wandhöhe

- o   Vermessung mit Handgefällemesser

- o   Messverfahren mit 2D-Laser oder 3D-Laserscanner

- o   Fotogrammmetrie

Der verantwortliche Leiter hat Ansatzpunkt und Richtung der Bohrlöcher zu prüfen.

Abweichungen von der beabsichtigten Richtung und Tiefe der Bohrlöcher sind messtechnisch zu ermitteln und zu dokumentieren.

Die Angaben aus dem Bohrprotokoll sind zu berücksichtigen. Die Berechnung der Lademenge ist entsprechend den Abweichungen zu berichtigen.

Hinweis: Abweichungen von der beabsichtigten Richtung und Tiefe eines Bohrloches können z.B. ermittelt werden durch

- o   Herablassen einer Lichtquelle ins Bohrloch um festzustellen, in welcher Tiefe sie nicht mehr sichtbar ist und in welcher Richtung die Lichtquelle verschwindet,

- o   Handgefällemesser,

- o   Bohrlochvermessungssysteme.

Der verantwortliche Leiter hat dafür zu sorgen, dass in Teile von Bohrlöchern, deren Abweichung von der beabsichtigten Richtung und Tiefe nicht ermittelt werden konnte, kein Sprengstoff eingebracht wird.

Der verantwortliche Leiter hat das Herrichten und Einbringen der Ladungen zu überwachen und die Lademenge für jedes Bohrloch zu dokumentieren.

Werden bei Großbohrlochsprengungen Sprengzünder in die Ladesäule eingebracht, dürfen nur Sprengzünder verwendet werden, die fabrikseitig eine ausreichende mechanische Festigkeit der Isolierung haben. Innerhalb des Bohrloches dürfen Zünderdrähte nicht verlängert werden.

Geophysikalische Sprengarbeiten

Es dürfen nur für die zu erwartenden Umgebungsbedingungen geeignete Sprengstoffe und Zündmittel verwendet werden.

Die gesamte Zündanlage ist grundsätzlich ungeerdet zu lassen. Um eine Erdung auszuschließen, muss sich die Isolation der Zündleitung in einwandfreiem Zustand befinden. Freie Enden von Zünderdrähten dürfen nicht in die Erde gesteckt werden. Bis zum Zünden der Sprengladung muss die Zündleitung kurzgeschlossen bleiben.

Fertig eingebrachte Sprengladungen müssen unter Aufsicht gehalten und noch am selben Tag gezündet werden.

Es ist sicherzustellen, dass sich die Ladung in der vorgesehenen und ausreichenden Tiefe (bergmännisch „Teufe") befindet und sicher gezündet wird.

Bei Sprengladungen von mehr als 2 kg muss sich die Oberkante der Ladesäule mindestens 6 m unter Flur befinden.

Bei Sprengladungen bis zu 2 kg muss sich die Oberkante der Ladesäule mindestens 2 m unter Flur befinden. Bei schwierigen Untergrundverhältnissen im Festgestein genügt es, wenn sich die Oberkante der Ladesäule mindestens 1 m unter Flur befindet und weniger als 1 kg Sprengstoff verwendet wird.

In Bohrlöchern, in denen mit Auftrieb zu rechnen ist, muss die Ladung beschwert werden. Dies gilt auch für Bohrlöcher, in denen mehrere Sprengladungen nacheinander gezündet werden (z.B. bei Sprengarbeiten für Geophonversenkmessungen und Aufzeitmessungen); hierbei ist zusätzlich eine Sicherungsstange zu verwenden, die anzeigt, wenn die Ladung bis auf weniger als 2 m unter die Erdoberfläche aufgetrieben ist. In diesem Fall darf nicht gezündet werden.

Nach dem Bohren ist festzustellen, ob die vorgeschriebene Ladeteufe erreicht worden ist und nach dem Laden, in welcher Teufe (Tiefe) sich die Ladung befindet. Soweit nötig, ist dies mit Ladestangen oder Taster festzustellen.

Beim Aufholen der Ladestangen oder des Tasters ist an den Zünderdrähten durch Straffhalten zu überprüfen, dass die Sprengladung nicht mit aufgeholt wird.

Soll durch die Bohrröhre geladen werden, so muss der lichte Durchmesser der Röhre mindestens 6 mm grösser sein als der größte Patronendurchmesser.

Es darf hierfür nur fester Sprengstoff oder Sprengstoff in starrer Verpackung verwendet werden.

Beim Einbringen der Sprengladung ist jegliche Gewaltanwendung zu vermeiden.

Vor dem Einbringen der Sprengladung ist die Röhre mit dem Taster auf einwandfreien Durchgang zu prüfen.

Der Durchmesser des Tasters muss mindestens 3 mm grösser als der Patronendurchmesser sein. Er darf den lichten Rohrdurchmesser um höchstens 15% unterschreiten.

Vor dem Einbringen der Sprengladung müssen alle über die Erdoberfläche hinaus ragenden ganzen Rohrlängen abgeschraubt werden. Der Rohrstrang muss oben offen sein. Dies gilt auch vor dem Zünden, wenn mehrere Sprengladungen nacheinander in einem Bohrloch gezündet werden (z. B. Aufzeitmessungen, Geophonversenkmessungen).

Nach jedem Abschrauben eines gezogenen Rohres ist am Zünderdraht bzw. an den Besatzstangen zu kontrollieren, ob die Ladung nicht mit hochgezogen wird. Wird die Ladung mit hochgezogen, so ist zu versuchen, sie an den Zünderdrähten vorsichtig aus den Rohren herauszuziehen. Ist dies nicht möglich, ist die Ladung, auch unter Aufgabe von Bohrgestänge, nach entsprechenden Sicherungsvorkehrungen zu zünden.

Stellt sich heraus oder ist zu vermuten, dass sich Sprengstoff in den Rohren festgesetzt hat oder setzen sich die Rohre beim Ziehen fest, so dürfen die Rohre nicht mehr gezogen oder gedreht und auch die aus dem Erdboden herausragenden Rohrlängen nicht mehr abgeschraubt werden. In diesem Falle ist die Ladung unter Beachtung der erforderlichen Sicherheitsmaßnahmen (z. B. abdecken, Sprengbereich vergrößern) zu zünden.

Ist die Bohrung durch Schlagen abgeteuft worden, ist vor dem Einbringen der Ladung das Gestänge mit Wasser aufzufüllen. Hierbei ist zu kontrollieren, ob sich der Wasserstand verändert (Spitze vorhanden oder verloren). Nach dem Einbringen der Ladung ist anhand des Wasserstandes das Lösen der Spitze zu kontrollieren.

Vor dem Ziehen der Rohre und vor dem Einbringen des Verdammmaterials sind die im Bohrloch befindlichen Sprengzünder mit einem Zündkreisprüfer auf Unversehrtheit und Isolationszustand zu prüfen.

Wird festgestellt, dass Sprengladungen nach dem Zünden nicht detoniert sind, müssen sie als Versager behandelt werden. Sprengstoffe und Zündmittel oder Besatz dürfen weder ausgebohrt noch auf sonstige Weise gewaltsam aus dem Bohrloch entfernt werden.

Versager dürfen nur nach folgenden Verfahren entfernt werden:

1. Mit einer besonders leistungsfähigen Zündmaschine kann versucht werden, Versager einzeln zu zünden.

2. Durch Herausspülen des Besatzes mit einem Schlauch kann versucht werden, den Versager so freizulegen, dass er durch Aufsetzen einer neuen Initialladung gezündet werden kann.

In Bohrlöchern, die Sprengstoff enthalten, darf nicht gebohrt werden. Dies gilt auch für Bohrlöcher, in denen gesprengt worden ist. Ausgenommen sind solche Bohrlöcher, in denen Hindernisse beseitigt oder Sprengungen mit jeweils nur einer Patrone und einem Sprengzünder durchgeführt worden sind.

Sprengungen von Bauwerken und Bauwerkteilen

Der Unternehmer darf mit Sprengungen von Bauwerken und Bauwerkteilen nur Sprengberechtigte beauftragen, die über das Sprengobjekt ausreichend informiert sind.

Der Unternehmer hat ggf. einen geeigneten Baustatiker hinzu zu ziehen, der den Sprengberechtigten hinsichtlich der Baukonstruktion und Standsicherheit berät. Vorschwächungen von Bauteilen dürfen die Standsicherheit des Bauwerks nicht gefährden.

Der Sprengberechtigte hat vor jeder Sprengung ein Dokument zu erstellen, in dem alle für die Sprengung benötigten Daten festgehalten sind. Das Dokument enthält mindestens Spreng- und Zündpläne sowie Lademengenberechnungen.

Pulversprengstoffe dürfen nicht verwendet werden.

Brandschutzabstände dürfen bei Schweiß- und Schneidarbeiten verringert werden, wenn geeignete Maßnahmen getroffen werden z. B. durch Abschirmungen aus feuerfestem Material.

Werden für Stahlbetonsprengungen in die Bohrlöcher elektrische Sprengzünder eingebracht, dürfen nur solche mit fabrikseitig ausreichender mechanischer Festigkeit der Isolierung der Zünderdrähte verwendet werden.

Werden bei Eisen- und Stahlsprengungen keine Schneidladungen eingesetzt, umfasst der Sprengbereich einen Umkreis von 1.000 m von der Sprengstelle.

Sprengungen für unterirdische Hohlräume

Soweit bei Sprengungen Gase, Dämpfe, Nebel oder Stäube auftreten können, die mit Luft eine explosionsfähige Atmosphäre bilden können, sind vorher die erforderlichen Maßnahmen vom Unternehmer in der Gefährdungsbeurteilung schriftlich festzulegen.

Aufgrund der besonderen Gegebenheiten in unterirdischen Hohlräumen ist nach Sprengungen vom Unternehmer sicherzustellen, dass vor Wiederaufnahme der Arbeiten die Grenzwerte der auf den Menschen gefährlich wirkenden Gase in den Sprengschwaden eingehalten werden.

Dies kann durch Ermittlung (Menge des verwendeten Sprengstoffs, Streckenquerschnitt, Wettermenge, Windgeschwindigkeit, Auswetterungszeit etc.) oder durch Messungen der in den Sprengschwaden enthaltenen Leitkomponenten Kohlenmonoxid (CO) und Stickstoffdioxid (NO_2) erfolgen.

Sprengschwaden dürfen nur durch künstliche Belüftung beseitigt werden. Eine Ausnahme ist möglich, wenn die Sprengschwaden durch natürliche Belüftung in angemessener Frist abziehen können.

Werden die Sprengschwaden abgesaugt, muss sich die Ansaugöffnung der Lüftungsleitung so nahe wie möglich an der Sprengstelle befinden. Die Abluft ist so zu führen, dass sie nicht in die Atemluft von Personen gelangen kann. Zusätzlich muss zur Beseitigung der Sprengschwaden vor der Ortsbrust eine drückende Belüftung eingesetzt werden, wobei deren Ansaugstelle so angeordnet sein muss, dass sie von den Sprengschwaden nicht erreicht werden kann.

Die Förderleistung der drückenden Zusatzbelüftung muss mindestens 70% der Förderleistung der absaugenden Belüftung betragen.

Die Beseitigung der Sprengschwaden kann allein durch drückende Belüftung erfolgen, wenn

1. die Personen sich vor der Sprengung ins Freie begeben und die Arbeitsstelle erst wieder betreten, nachdem die Sprengschwaden vollständig ins Freie geführt worden sind,

2. die Schwaden so abgeführt werden, dass sie nicht in die Atemluft der Beteiligten gelangen können

oder

3. ein Schutzraum mit autonomer Luftversorgung zur Verfügung steht und sichergestellt ist, dass die Beteiligten diesen Schutzraum vor der Sprengung aufsuchen und erst wieder verlassen, nachdem der Abzug der Sprengschwaden durch Messung festgestellt worden ist.

Als Schutzräume eignen sich vorzugsweise Schwadencontainer.

Bei Kalottenvortrieb ist die Kalotte dann von sämtlichen Personen zu räumen, wenn bei Strossensprengungen nicht sichergestellt werden kann, dass die Kalotte ausreichend belüftet wird.

Bei Gegenortbetrieb hat der Unternehmer festzulegen, ab welcher Annäherung die Versicherten des Gegenortes ihre Arbeitsstelle vor dem Sprengen zu verlassen haben oder ab welcher Annäherung der Vortrieb auf einer der beiden Seiten einzustellen ist.

Dies gilt auch bei Parallelvortrieb und Annäherung an andere untertagige Arbeitsstätten.

Die vom Sprengberechtigten eingesetzten Strenghelfer dürfen nach entsprechender fachgerechter und nachweislicher Einweisung im Umgang mit Explosivstoffen Initialladungen herstellen und diese in Bohrlöcher einbringen.

Sprengladungen dürfen auch bei Gewittern mit elektrischen Zündern versehen und gezündet werden, wenn

- Zünder der Klasse IV (HU-Zünder) verwendet werden

- auf untertagigen Baustellen, die

    1. bis zu 1.000 m über Meereshöhe liegen, die Sprengstelle mindestens 50 m vom Portal, Stollenfenster oder von der Schachtöffnung entfernt ist und die Gebirgsüberdeckung mindestens 50 m beträgt

    oder

    2. mehr als 1.000 m über Meereshöhe liegen, die Sprengstelle mindestens 200 m vom Portal, Stollenfenster oder von der Schachtöffnung entfernt ist und die Gebirgsüberdeckung mindestens 200 m beträgt.

Die Sprengsignale dürfen durch Zurufe ersetzt werden. Ggf. sind zur Ergänzung optische Warnzeichen einzusetzen, die von jedem Versicherten wahrgenommen werden können. Die optischen Warnzeichen müssen eindeutig als Sprengsignale erkennbar sein.

Sprengungen unter Wasser

Bei der Durchführung von Sprengungen unter Wasser durch Taucher sind die einschlägigen Bestimmungen für Taucherarbeiten zu beachten.

Beim Einsatz von Tauchern ist ein Sprengberechtigter zum verantwortlichen Leiter zu bestellen, der auch gleichzeitig als Taucher tätig sein darf. Der verantwortliche Leiter hat dafür zu sorgen, dass Taucher und Taucherfahrzeuge durch die Sprengarbeiten nicht gefährdet werden.

Er hat die Tauchstelle während des Tauchganges, in dem die Sprengladung angebracht wird, zu beobachten, insbesondere das Ablaufen der Zündleitung und den Ausstieg des Tauchers. Dabei darf er sich nicht mit anderen Aufgaben befassen.

Diese Aufgaben müssen auf den Tauchereinsatzleiter übertragen werden, wenn der verantwortliche Leiter die Sprengladung anbringt.

Das Anbringen der Sprengladungen unter Wasser darf nur durch

- einen Taucher, der aufgrund einer Erlaubnis oder eines Befähigungsscheines dazu berechtigt ist

- oder unter dessen Aufsicht erfolgen. Die Aufsicht muss unter Wasser erfolgen.

Sprengladungen und Zündleitungen sind gegen Losreißen und Aufschwimmen zu sichern.

Die Stellen, an denen sich Sprengladungen befinden, müssen jederzeit wieder auffindbar sein.
Dies kann geschehen z. B. durch

- eine Markierungsboje mit einer an der Sprengladung befestigten Bojenleine, deren Länge etwa der zweifachen Wassertiefe entspricht,

- schwimmfähige Zündleitung

- oder durch vorheriges Einmessen.

In strömenden Gewässern sind die Sprengladungen vom Oberstrom aus anzubringen, damit sie durch die Strömung an das Sprengobjekt gedrückt werden. Ist damit zu rechnen, dass der Zündkreis durch im Wasser treibende Gegenstände zerstört wird, darf jeweils nur eine Sprengladung vorbereitet und gezündet werden. Nach dem Einbringen einer Ladung sind die Zündleitungen unverzüglich über Wasser sicher festzulegen.

Soll von Wasserfahrzeugen aus gezündet werden, muss beim Verholen die Zündleitung zugfrei von Hand abgespult werden.

Die Zündleitung darf erst mit der Zündmaschine verbunden werden, wenn alle Taucher das Wasser verlassen haben.

Der Unternehmer hat dafür zu sorgen, dass geeignete Rettungsmittel in ausreichender Anzahl bereitstehen (z. B. Leitern, Stangen, Rettungsringe, Rettungswesten, Boote).

Wenn die Gefahr besteht, dass Personen in das Wasser stürzen, müssen sie Rettungswesten tragen und angeseilt sein.

Sprengungen in heißen Massen

Der Unternehmer darf mit Sprengungen in heißen Massen nur Sprengberechtigte beauftragen, die über das Sprengobjekt ausreichend informiert sind. Der Unternehmer muss den Sprengberechtigten unterrichten, wie das Sprengobjekt beschaffen und mit welchen Temperaturen zu rechnen ist.

Es dürfen nur geeignete Sprengstoffe und Zündmittel verwendet werden. Geeignete Sprengstoffe sind z. B.

• gelatinöse Gesteinssprengstoffe,

• patronierte kapselempfindliche Emulsionssprengstoffe,

• Sprengschnüre auf Nitropenta-, Oktogen- bzw. Hexogenbasis.

Sollen mehrere Sprengladungen in einem Zündgang gezündet werden, müssen diese unter Aufsicht eines verantwortlichen Leiters möglichst gleichzeitig eingebracht werden; von einer Person dürfen maximal zwei Ladungen eingebracht werden.

Vor Beginn der Ladearbeiten ist die Gängigkeit der Laderäume durch Proberohre, die mindestens den gleichen Durchmesser wie die Laderohre besitzen müssen, zu prüfen.

Unmittelbar nach dem Einbringen der Sprengladungen ist der Sprengbereich auf vorher festgelegten Wegen zu verlassen oder ein Deckungsraum aufzusuchen. Daraufhin ist unverzüglich zu zünden.

Bei Versagern muss die Selbstzündung der Sprengladung abgewartet werden. Vor Wiederaufnahme der Arbeiten muss mindestens eine Stunde nach dem Detonieren der letzten Ladung vergangen sein.

Eissprengungen

Pulveranzündschnüre sind vor ihrer Verwendung zu prüfen.

Es dürfen nur wasserdichte Pulveranzündschnüre verwendet werden.

Die Längen der Pulveranzündschnüre sind so zu bemessen, dass Sprengberechtigten und Sprenghelfern genügend Zeit bleibt, sich in Sicherheit zu bringen. Bei Wurfladungen ist die Länge der Pulveranzündschnur nach der Treibgeschwindigkeit des Eises und der Größe des Sprengbereichs zu bemessen.

Pulveranzündschnüre müssen mit den Sprengkapseln fest verbunden werden; dazu darf nur eine Sicherheitsanwürgezange verwendet werden. Wenn Sprengkapseln schon vor dem Transport zur Einsatzstelle an den Zündschnüren angewürgt sind, müssen sie in geeigneter Weise geschützt transportiert werden.

Pulveranzündschnüre dürfen nicht geknickt, in Schlingen oder übereinander gelegt werden.

Pulveranzündschnüre dürfen nur mit zugelassenen Anzündmitteln gezündet werden.

Werden Abreißanzünder verwendet, müssen diese entsprechend der Anleitung zur Verwendung mit der Pulveranzündschnur verbunden sein.

Falls die Zündung der Sprengladung nicht erfolgt oder daran Zweifel bestehen, ist die Sprengladung als Versager zu behandeln und darf erst nach einer Wartezeit von 15 Minuten aufgesucht werden.

Sprengladungen und Zündleitungen sind gegen Losreißen, Abdriften oder Mitnehmen zu sichern.

Der Unternehmer hat dafür zu sorgen, dass geeignete Rettungsmittel in ausreichender Anzahl bereit stehen (z. B. Leitern, Stangen, Rettungsringe, Rettungswesten, Boote).

Wenn die Gefahr besteht, dass Personen in das Wasser stürzen, müssen sie Rettungswesten tragen und angeseilt sein.

Schneefeldsprengungen

Der Unternehmer darf mit Schneefeldsprengungen nur Sprengberechtigte beauftragen, die über die notwendigen Ortskenntnisse verfügen.

Werden an Stangen befestigte Sprengladungen von Hand gesetzt (Stangensprengungen), darf jeweils nur eine Stange mit Sprengladungen gesetzt werden.

Hiervon darf abgewichen werden, wenn

- mehrere Ladungen durch Sprengschnur verbunden sind

- oder über Funk gleichzeitig gezündet werden sollen.

Beim Sprengen mit Hilfe von Sprengseilbahnen dürfen höchstens fünf Sprengladungen angehängt und gezündet werden.

Die eingesetzten Strenghelfer müssen über die Kenntnisse verfügen, die erforderlich sind, um Rettungsmaßnahmen einleiten zu können.

Bei Verwendung von Pulveranzündschnüren müssen für jede Ladung zwei Zündungen vorgesehen werden.

Pulveranzündschnüre sind vor ihrer Verwendung zu prüfen.

Es dürfen nur wasserdichte Pulveranzündschnüre verwendet werden.

Die Längen der Pulveranzündschnüre sind so zu bemessen, dass Sprengberechtigten und Strenghelfern genügend Zeit bleibt, sich in Sicherheit zu bringen oder die Ladungen mittels der Transporteinrichtung (z. B. Sprengseilbahn) in ausreichende Entfernung zu bringen.

Grundsätzlich sollen keine Pulveranzündschnüre von weniger als 2 m Länge verwendet werden.

Bei Schneefeldsprengungen von Hubschraubern aus, kann die Länge bis auf minimal 1 m verkürzt werden.

Pulveranzündschnüre müssen mit den Sprengkapseln fest verbunden werden; dazu darf nur eine Sicherheitsanwürgezange verwendet werden. Wenn Sprengkapseln schon vor dem Transport zur Einsatzstelle an den Pulveranzündschnüren angewürgt sind, müssen sie in geeigneter Weise geschützt transportiert werden.

Pulveranzündschnüre dürfen nicht geknickt, in Schlingen oder übereinander gelegt werden.

Pulveranzündschnüre dürfen nur mit zugelassenen Anzündmitteln gezündet werden.

Werden Abreißanzünder verwendet, müssen diese entsprechend der Anleitung zur Verwendung und den Verwendungsanleitungen der Hersteller mit der Pulveranzündschnur verbunden sein.

Falls die Zündung der Sprengladung nicht erfolgt oder daran Zweifel bestehen, ist die Sprengladung als Versager zu behandeln und darf erst nach einer Wartezeit von 15 Minuten aufgesucht werden. Ist es zweifelhaft, ob die Pulveranzündschnüre brennen, ist die Sprengladung als Versager zu behandeln.

Bei elektrischer Zündung dürfen nur Zünder der Klasse IV (HU-Zünder) verwendet werden.

Bei Schneefeldsprengungen dürfen

- Sprengstoffe

- Zündmittel

- und Anzündmittel

vorübergehend in verschließbaren Behältern

- aus Holz

- oder aus genügend leitfähigem Material

bereitgehalten werden, die auf

- Pistenpflegegeräten

- oder ähnlichen Fahrzeugen

befestigt sind.

Die Schlüssel für Fahrzeug und Behälter hat der Sprengberechtigte während der Aufbewahrungszeit zu verwahren.

Bei Beförderung im Gelände zu Fuß oder auf Skiern müssen

- Sprengstoffe

- Zündmittel

- und Anzündmittel

in geeigneten Transportbehältern untergebracht sein.

Der Sprengbereich bei Schneefeldsprengungen umfasst auch Gebiete, in dem Personen durch die Wirkung der künstlich ausgelösten Lawinen und des Sprengstoffes gefährdet werden können.

Der Sprengberechtigte darf auch durch andere -als die bisher aufgeführten- Absperrmaßnahmen sicherstellen, dass sich keine Personen im Sprengbereich aufhalten.

Abbruch von Hand / Demontieren

Die Berufsgenossenschaft der Bauwirtschaft gibt folgenden Leitfaden an die Hand, mit der ein Haftpflichtversicherer durchaus gut leben kann:

- Treppenhäuser möglichst lange erhalten und von Bauschutt freihalten.

- Aufstiege nicht in die Nähe von Abwurfplätzen legen.

- Decken und Wände nicht durch Anhäufung von Bauschutt überlasten! Im Zweifelsfall abstützen und verstreben.

- Geschlossene Rutschen bis zur Übergabestelle verwenden. Sie dürfen nur an tragfähigen Bauteilen befestigt werden.

- Zur Staubreduzierung Container mit einer geschlossenen Plane abdecken.

- Bei Gewölben besondere Maßnahmen treffen, um die Schubkräfte sicher abzuleiten.

- Bei Krag-Konstruktionen (auch „falsches Gewölbe" genannt) die Kippgefahr durch Wegfall der Auflast oder der Einspannung berücksichtigen.

- Stürze und Träger nicht fallen lassen, sondern sichern und abheben.

- Lasten vor dem Trennen oberhalb des Schwerpunktes anschlagen, um gefährliche Horizontalkräfte zu vermeiden. Schwerpunktlage vorher ermitteln.

- Bauteile dürfen zum Anschlagen nur begangen werden, wenn sie mindestens 20 cm breit sind.

- Verbindungen und Anschlüsse von Bauteilen erst lösen, wenn diese gegen Herabfallen gesichert sind, z. B. durch Anschlagen am Hebezeug.

- Trennschnitte nur von sicheren Standplätzen ausführen. Abbruchanweisung beachten.

- Lärm- und vibrationsgeminderte Maschinen und Geräte verwenden.

- Beim Brennschneiden darauf achten, dass Personen durch herabfallende Schlacke nicht gefährdet werden und keine Brandgefahr besteht. Feuerlöscheinrichtungen bereithalten.

Radiusklausel

Um die fast zwangsläufig in einem bestimmten Radius eintretenden Schäden bei Abbrucharbeiten einzugrenzen, wird i.d.R. eine sog. Radiusklausel vereinbart.

Sie besagt, dass bei Abbruch- und Einreißarbeiten kein Versicherungsschutz besteht für Sachschäden in einem Umkreis, dessen Radius der halben Höhe des einzureißenden Bauwerks entspricht.

Beispiel:

50 m Hoch

25 m halbe Höhe = Radius ⎸ in m

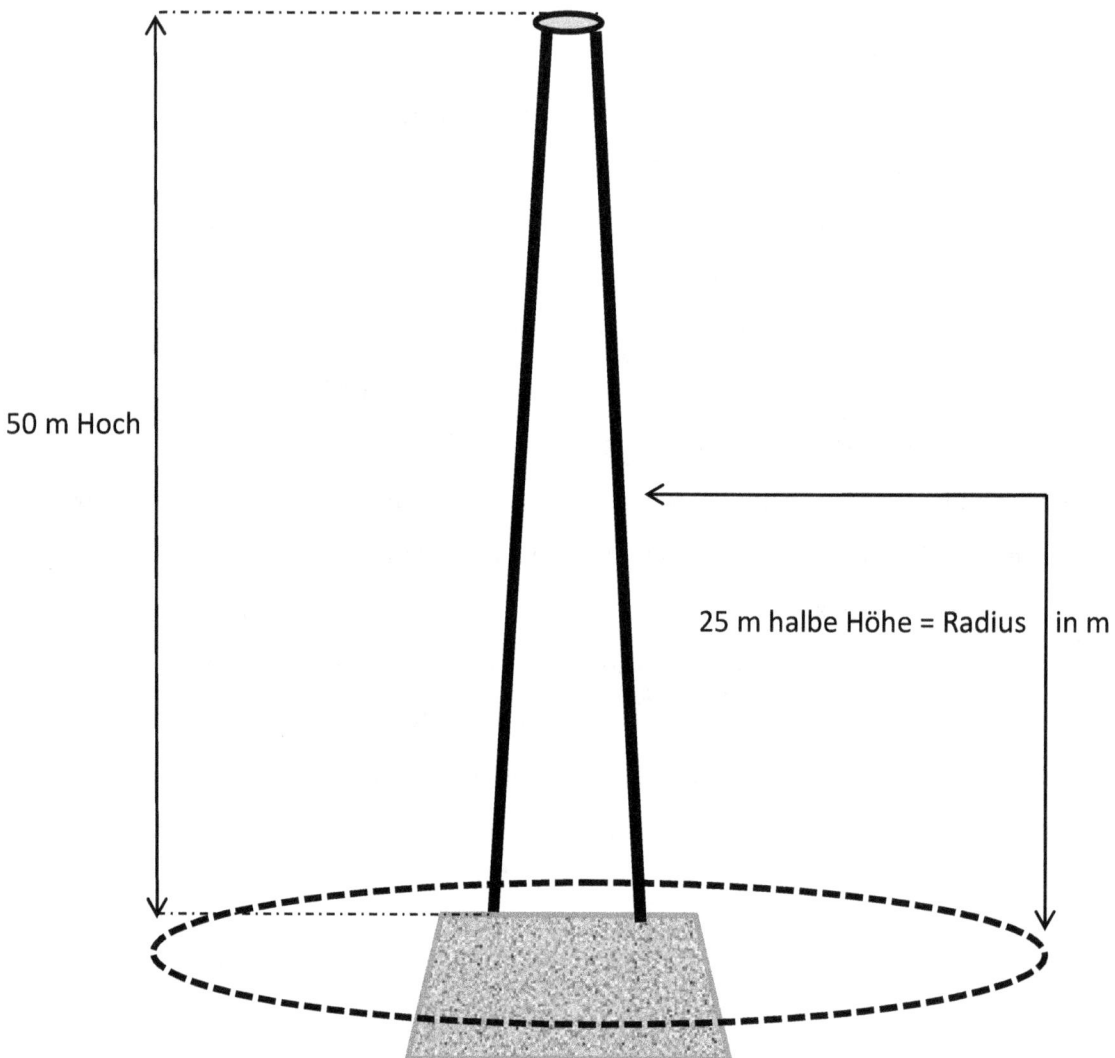

Hinweis: Bei der Erstellung eines entsprechenden Haftpflichtangebotes lohnt es sich, wenn man sich mit den jeweiligen Interessensverbänden auseinandersetzt.

Dort werden den jeweiligen Mitgliedern bestimmte Sublimits für die Radiusklausel empfohlen. Bevor man sich also doppelte Arbeit macht, weil man dem VN eine „zu niedrige" Versicherungssumme angeboten hat, sollte eine entsprechende Info eingeholt bzw. der VN gefragt werden, ob ihm konkrete Verbandsempfehlungen vorliegen !

Kapitel 6
Tunnelbau

Grundlagenwissen

Der **Tunnelbau** macht sich vielfach die jahrtausendalten Erkenntnisse des Bergbaus zu Nutze.

Dabei wurden Stollen vorgetrieben, die mit Stempeln und Verbau gesichert wurden. Später kamen Techniken aus dem Bau von Tonnengewölben hinzu.

Der Tunnelbau wird heutzutage vielfältig für den Bau von Verkehrs- und Versorgungseinrichtungen mit Untertagebauten wie Stollen, Tunnel und Kavernen eingesetzt.

Grundzüge

Der Tunnelbau zählt zu den faszinierendsten, aber auch schwierigsten Aufgaben im Baubereich. Zwischen dem dauerhaften Tunnelbauwerk, dem Ausbruch des erforderlichen Tunnelhohlraums und dem zu durchquerenden Gebirge bestehen direkte Abhängigkeiten.

Das umgebende Gebirge wird für die Tragwirkung mit genutzt, wird also gewissermaßen zum Baustoff. Der Ausbruch des Tunnelhohlraums vollzieht sich meist in Gebirgsformationen, die auf Grund ihrer Entstehung unterschiedlich geschichtet, zudem gefaltet und in verschiedener Weise der Verwitterung und dem Wasserzutritt ausgesetzt sind.

Der Bauuntergrund weist mit seinen Materialeigenschaften und deren Kennwerten große Streubreiten auf, denen die Bauverfahren und vor allem ihre Sicherungsmaßnahmen Rechnung tragen müssen.

Voraussetzung

Voraussetzung eines Tunnelbauvorhabens ist die genaue Kenntnis der geologischen Beschaffenheit und Festigkeit des Gebirges, der Gesteinsschichtung und -zusammensetzung und ihres Verlaufs sowie der Wasserführung der Gesteinsschichten, der auftretenden Drücke und die bodenmechanische Analyse.

Umgrenzung des lichten Raumes, Stärke der Auskleidung, Abdichtung, Wasserführung und Belüftung werden im „Entwurfsquerschnitt" beschrieben.

Im modernen Tunnelbau werden Brandschutzthemen in Form von Fluchtwegen, Notausstiegen, Brandmelde- und Sprinkleranlagen frühzeitig in die Planung mit einbezogen.

Begriffserklärungen

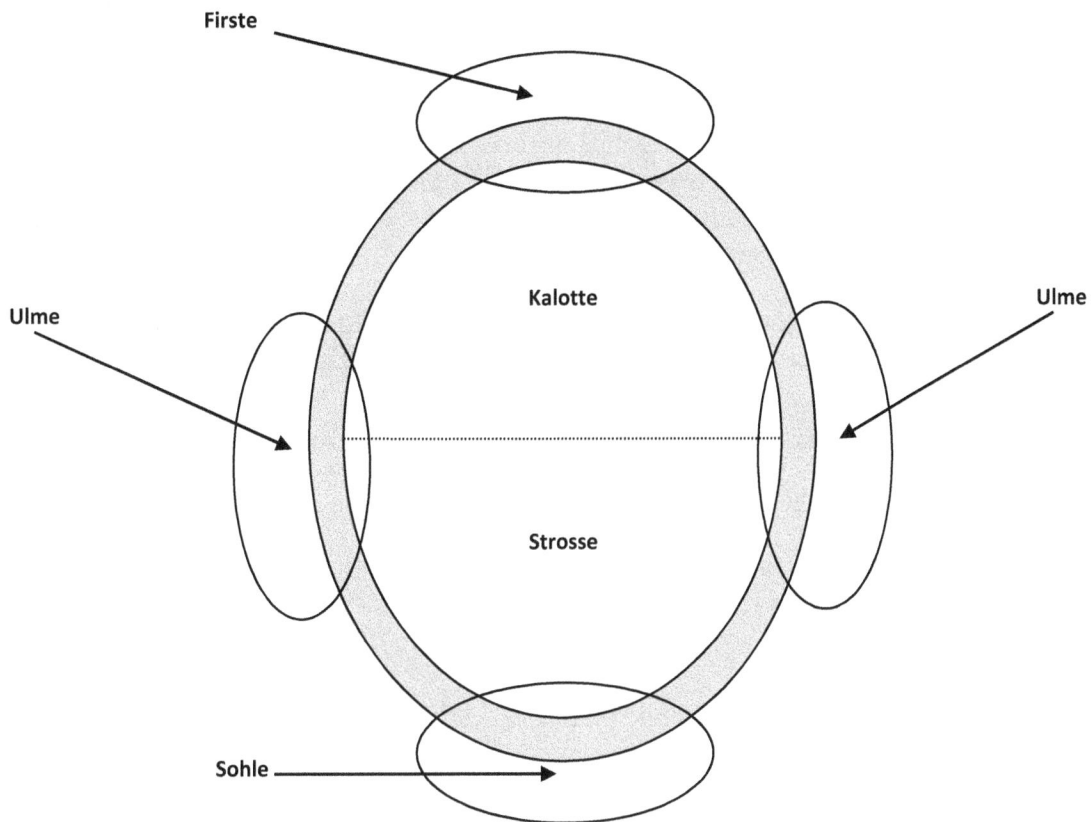

Begriffe im Tunnelquerschnitt

Im Tunnelbau werden Begriffe verwendet, die aus dem Bergbau stammen und daher nicht allgemeinverständlich sind. Die obige Grafik verdeutlicht die Bezeichnungen für den Tunnelquerschnitt.

- **Kalotte**   oberes Drittel des Tunnelquerschnitts

- **Strosse**   unterer Teil des Tunnelquerschnitts

- **Firste**   Decke des Tunnels

- **Ulme**   Seitenwand des Tunnels

- **Sohle**   Boden des Tunnels

Beim Ausbruch des Tunnelhohlraums, also dem „Rohbau des Tunnels", sind gebräuchlich:

- **Ortsbrust**   Ausbruchquerschnitt im Gebirge

- **Abschlagstiefe** mögliche Ausbruchtiefe (in Tunnellängsrichtung) ohne Sicherung

Die Untertagebauten werden eingeteilt in:

- **Tunnel**   langgestreckte, horizontal oder nur wenig geneigt verlaufende unterirdische Hohlräume mit mehr als 25 m² Querschnitt, vorwiegend als Straßen- oder Eisenbahntunnel.

- **Stollen**   langgestreckte, horizontal oder bis 20 % geneigt verlaufende unterirdische Hohlräume mit weniger als 25 m² Querschnitt, vorwiegend als Wasser- und Luftleitung, zur Aufnahme von Leitungen oder als Zugang für andere Untertagebauwerke genutzt.

- **Schächte**   langgestreckte, schräg verlaufende (mehr als 20 % geneigte) oder senkrechte Hohlräume zur Überwindung von Höhenunterschieden, Aufgaben ähnlich wie Stollen.

- **Kavernen**   Felshohlräume mit großen Querschnitten bei relativ kurzer Länge, vorwiegend als Lager, Speicher oder zur Aufnahme von Maschinen, z.B. für Wasserkraftwerke, genutzt.

Tunnelbaugeräte

Im Tunnelbau werden unter anderem folgende Maschinen verwendet:

- **Geräte zum Lösen des Gesteins**
  - Bagger
  - Bohrhämmer
  - Drehschlagbohrmaschinen
  - Schrämmaschinen
  - Tunnelbohrmaschinen
  - Schildvortriebsmaschinen
  - Sprengmittel

- **Geräte zum Laden des Gesteins**
  - Schotterbänder
  - Stollen- oder Schaufellader
  - Radlader

- **Geräte zum Transport des Gesteins**
  - Loren
  - Feldbahnen
  - Tiefmuldentransporter
  - Transportbänder

- **Geräte zum Betonieren**
  - Betonpumpen
  - Betonspritzgeräte (sog. Spritzbüffel)
  - pneumatische Betonfördermittel
  - Schalwagen

Bauweisen und Vortrieb

Grundsätzlich wird zwischen

- *offener Bauweise*, auch „*cut and cover*-Verfahren" genannt, bei der ein Tunnel von oben her gebaut wird

und

- *geschlossener* oder auch *bergmännischer Bauweise*, bei der ein Tunnel von einem oder beiden Endpunkten her vorangetrieben wird

unterschieden.

Des Weiteren wird in

- zyklischen (NÖT – Neue österreichische Tunnelbaumethode bzw. Spritzbetonmethode)

und

- kontinuierlichen (maschinellen) Vortrieb mit Tunnelvortriebsmaschinen (Schild- oder Tunnelbohrmaschinen)

unterschieden.

Tunnelbau in festem Gestein

Der „Ausbruch" beim zyklischen Vortrieb erfolgt durch

- Schießen (Sprengvortrieb)

- Baggern (Baggervortrieb)

- oder als Hybridvortrieb (Mischverfahren aus Bagger- und Sprengvortrieb).

Das gelöste Gestein wird anschließend mit Lademaschinen auf Fördermittel geladen und abtransportiert.

Die allgemeinen Ausbrucharbeiten umfassen

- Bohr- und Sprengarbeiten

- das Gestein aufladen

- den Abtransport des Abraums

- die Durchführung von Sicherheitsmaßnahmen (Stollen- oder Tunnelzimmerung)

- und die Auskleidung.

„Vortrieb" ist dabei die Bezeichnung für die Bauweise, aber auch die gewonnene Strecke, die in Meter pro Tag angegeben wird.

- Bei der **traditionellen Bauweise** wird ein Richtstollen als First- oder Sohlstollen ins Gebirge vorgetrieben.

  Anschließend erfolgt der Gesteinsausbruch abschnittsweise bis zur Erstreckung des Gesamtquerschnitts.

  Danach schließen sich Sicherung gegen Nachbrechen und Vollausbau als weitere Arbeitsschritte an.

  Die traditionelle Bauweise erfordert zur Sicherung einen großen Aufwand Holz.

- Beim **modernen Vollausbau** werden freigelegte Flächen durch Spritzbeton, Felsanker, Stahlbögen und andere Bauelemente gesichert.

  Durch Einsatz von vollautomatischen Großmaschinen kann die Auszimmerung entfallen.

  Diese Methode nennt man auch „Neue Österreichische Tunnelbaumethode" (NÖT).

Tunnelbau in nicht standfestem Gestein

Bei nicht standfestem Gestein wird der Ausbruch teilweise noch nach traditioneller, aber modifizierter Bauweise vorgenommen. Die Ursachen für nicht standfestes Gestein sind fast ausnahmslos sogenannte Störzonen.

Kernbau / Deutsche Bauweise

Bei der Kernbauweise oder deutschen Bauweise werden zuerst zwei seitliche Sohlstollen als Raum für die Widerlager und ein Firststollen ausgebrochen, bevor man sich durch die Firste zu den Sohlstollen vorarbeitet. Erst nach Fertigstellung der Tunnelwandung wird der Massivkern herausgebrochen.

Unterfangbauweise / Belgische Bauweise

Bei der Unterfangbauweise oder belgischen Bauweise beginnt man mit dem Ausbau und der Abstützung der Firste (= Kalotte). Daran schließt sich die Ausführung des Widerlagers abschnittsweise durch seitliches Einschlitzen von einem Richtstollen aus an (= Strossenbau).

Alte österreichische Bauweise

Bei der Alten österreichischen Bauweise wird ein Sohlstollen vorangetrieben, der vergrößert wird. Daran schließt sich das Aufschlitzen bis zum First an. Von dort aus erfolgt der Vollausbruch.

Vortrieb / Englische Bauweise

Bei der Vortriebsbauweise oder englischen Bauweise erfolgt der Vollausbruch nacheinander, an den sich das Einziehen des Gewölbes unmittelbar anschließt.

Versatz / Italienische Bauweise

Bei der Versatzbauweise oder italienischen Bauweise beginnt man mit dem Ausbruch des unteren Drittels und dem sofortigen Einziehen des unteren Widerlagerteils und Sohlengewölbes.

Ringbau

Zu den modernen Bauverfahren gehört die Ringbauweise, die mit dem Ausbruch und Ausräumen der Kalotte beginnt. Daran schließt sich das Verlegen mehrteiliger Ringschwellen an, wobei der Ring von Sohl- oder Ringschwelle, Lehrbogen, Reiter und Ausbruchbogen gebildet wird. Nach dem Aufbringen von Spritzbeton kann die Strosse ausgeräumt und das Sohlgewölbe hergestellt werden.

Messerbauweise

Die Messerbauweise bedient sich die Firste sichernder, stählerner, zugespitzter Kanaldielen, die am Rand des Gewölbes als Vortriebsmesser bei gleichzeitigem Vortrieb der Tunnelbrust ins Gebirge vorgetrieben werden. Das Gewölbe wird abschnittsweise produziert.

Schildvortrieb

Bei der Schildvortriebsweise, die im Lockergestein ihre Anwendung findet, wird ein als Deckschild bezeichneter Stahlzylinder im Querschnitt des späteren Tunnelprofils mit hydraulischen Pressen vorangetrieben, die sich ihrerseits gegen das fertige Gewölbe abstützen. In seinem Schutz kann durch eine rotierende Bodenfräse im Vortriebsverfahren die Tunnelröhre ausgeräumt und durch Felsanker und Spritzbeton befestigt werden. Im nächsten Arbeitsgang wird das Gewölbe nach Einziehen der Pressen mit Beton- oder Stahltübbings ausgekleidet. Bei wasserführenden Gesteinsschichten kann der Arbeitsraum durch eine Rückwand abgeschlossen und so unter Überdruck gesetzt werden, dass kein Wasser einbricht.

Gefrierverfahren

Beim Gefrierverfahren können zur Unterfahrung schwerer Bauwerke Rohrschirmdecken eingesetzt werden, wobei dicke Stahlrohre unter die Fundamente vorgetrieben und mit Stahlbeton ausgegossen werden. Vereinzelt wird wassergesättigter, schwimmender Beton eingesetzt.

Offene Bauweise

Die offene Bauweise wird bei geringer Überdeckung verwendet. Ein typisches Einsatzgebiet sind Unterpflasterbahnen. Allerdings wird dort zunehmend auch bergmännisch gebaut, um Verkehrsbehinderungen und Belästigung der Anwohner zu vermeiden und um sich das Umlegen von Versorgungsleitungen zu ersparen.

- Bei der herkömmlichen offenen Bauweise bleibt die Baugrube während der gesamten Bauzeit offen. Die seitlichen Verbauwände werden vor oder beim Bodenaushub niedergetrieben.

- Bei der Deckelbauweise werden Bohrpfähle aus Stahl oder Stahlbeton errichtet, zwischen denen die Baugrube ausgehoben wird. Sobald die Höhe erreicht ist, in der die Bagger und Radlader arbeiten können, wird die Grube zur Aufrechterhaltung des darüber fließenden Straßenverkehrs abgedeckelt. Die Deckelbauweise findet beim Bau von Unterpflasterbahnen Anwendung.

- Zur Querung von Gewässern wird die Einschwimm- und Absenktechnik in Deutschland selten angewandt. Bei ihr werden an Land vorgefertigte Senkkästen (Caissonverfahren) oder Tunnelstücke eingeschwommen und im ausgespülten Flussbett versenkt.

Vertieftes Wissen

Tunnelbauwerke sind während der Bauphase und während der Bestandsdeckung als „schwere" Risiken zu betrachten.

In Betrieb sind sie etwa durch Wassereinbrüche, Erdbeben, Einsturz und vor allem durch Feuer gefährdet.

Das wohl wahrscheinlichste Gefährdungsszenario bei unterirdischen Verkehrsanlagen (Tunnel, Bahnhof) besteht in einem nicht kontrollierbaren Brandereignis, beispielsweise wenn im Tunnel ein Fahrzeug-Vollbrand geschieht.

Ein Vollbrand kann sich je nach Ursache bei einem Pkw nach rund 10 Minuten, bei einem Lkw nach 20 bis 30 Minuten entwickeln.

Ein Fahrzeug-Vollbrand in einem Straßentunnel kann eine **so große Hitze erzeugen**, dass ein Feuer eventuell auf benachbarte Fahrzeuge überspringt.

Die maximale Hitze wird nach etwa einer halben Stunde erreicht. Die Erfahrung zeigt, dass ein Feuerüberschlag von Pkw zu Pkw zwischen 0,4 und 0,8 m eher selten geschieht.

Im Montblanc-Tunnel entwickelte sich 1999 der Brand jedoch sehr rasch, da der Lkw mit Margarine und Mehl beladen war. Diese **hohe Brandlast und die Lüftungsbedingungen** trugen zu einem raschen Übergreifen der Flammen auf andere Fahrzeuge bei.

Kraftstoff und Plastikteile in Pkw sind außerdem Brandlasten, die eine starke Rauchentwicklung verursachen.

Personen sind bei einem außer Kontrolle geratenen Brandereignis akut gefährdet durch

- toxische Rauchgase

- immense Hitzeentwicklung

- stark eingeschränkte Sichtverhältnisse

- unzureichende Flucht- und Evakuierungsmöglichkeiten

- sowie Panikreaktionen der Beteiligten.

Diese Einflussgrößen hindern **Rettungs- und Löschkräfte meist daran, rasch vorzudringen.**

Es gibt zwei Hauptursachen für Tunnelbrände:

- Sie werden entweder durch technische Defekte ausgelöst oder

- durch einen Verkehrsunfall verursacht.

Dabei sind technische Defekte häufiger.

Die Wahrscheinlichkeit eines Brandes in einem Straßentunnel im Vergleich zu einem Eisenbahntunnel beträgt etwa 20 : 1.

Wenn es in einem Straßentunnel mit nur einer Röhre zu einem Auffahrunfall kommt, ist der Verkehr meist sehr dicht, so dass nachfolgende Wagen nicht rechtzeitig zum Stillstand kommen. Deshalb sind in der Regel gleich etliche Fahrzeuge beteiligt. Bricht ein Brand aus, hat er meist verheerende Folgen.

Oft fehlen Rettungswege – gerade bei den älteren Tunneln –, und die sicherheitstechnischen Voraussetzungen, um einen Brandherd zu bekämpfen, sind ungenügend.

Starke Rauchentwicklung erschwert den Beteiligten die Flucht und den Rettern den Zugang.

Die Lüftungssysteme sind häufig für solche Katastrophen nicht ausreichend.

Es kommt zu großer Hitzeentwicklung und der Tunnel wird binnen kurzer Zeit zu einem Hochofen.

Die Tunneldecke stürzt ein, da der Temperaturunterschied zwischen dem schlecht wärmeleitenden, relativ kühlen Felsgestein und der großen Hitze im Tunnel eine Spannung im Beton hervorruft, die diesen zum Platzen bringt.

Nach dem Löschen oder Ersticken des Brandes hält sich die Hitze viele Stunden.

Rettungseinsätze sind deshalb meist erst nach Tagen abgeschlossen, die Identifikation von Toten ist nicht immer möglich.

Gibt es Sicherheitsunterschiede im Vergleich von ein- und zweiröhrigen Tunnel ?

Laut einer österreichischen Studie aus 2004 lässt sich diese Frage nicht eindeutig klären, da der Tunnelbau für Verkehrsmittel eine noch recht junge Bauart ist und es dem entsprechend wenig aussagekräftige Daten gibt.

Die Betriebsgeschwindigkeit einröhriger Tunnel beträgt meist 80 km/h. Bei zweiröhrigen Tunneln wird das Tempolimit in der Regel auf 100 km/h festgelegt.

Zwei der schlimmsten Tunnelkatastrophen der letzten Jahre (Mont Blanc und Tauerntunnel) ereigneten sich in einröhrigen Tunnel.

Diese werden gerne als Argument gegen die einröhrige Bauform verwendet. Allerdings wurden sie nicht durch Gegenverkehrsunfälle ausgelöst.

Im Mont Blanc Tunnel löste ein brennender Lkw ohne Unfall im eigentlichen Sinn die Katastrophe aus. Das Tauerntunnelunglück wurde durch einen Auffahrunfall ausgelöst.

Beide Szenarien sind auch in zweiröhrigen Tunnels möglich!

Wissenschaftlich lässt sich daher nicht belegen, ob einröhrige oder zweiröhrige Tunnel sicherer sind.

Die Bauform spielt in Bezug auf die Sicherheit im Vergleich zu anderen Betriebsbedingungen (Tempolimit, Abstandskontrolle, Gestaltung der Tunneleinfahrten etc.) offensichtlich keine wesentliche Rolle.

Vergleich Tunnel mit Gebäude

Österreichische Vorgaben fordern beispielsweise, dass in einem Bauwerk (Gebäude) Brandabschnitte nicht größer als 1.000 m² sein dürfen; in Deutschland setzt man 1.600 m² an.

Auf Tunnelbauwerke übertragen bedeutet dies, dass etwa alle 100 bzw. 160 m eine Brandwand eingezogen werden müsste. Insofern ist der Vergleich Tunnel mit Gebäuden nur bedingt zulässig, aber er macht das Dilemma vorstellbar.

Gebäude müssen immer einzeln brandschutztechnisch analysiert werden. Dies gilt natürlich erst recht für so spezielle Bauten wie Tunnel.

Welche Ersatzmaßnahmen verlangt das österreichische Recht, wenn die Brandabschnittsflächen in einem Gebäude überschritten werden? Es sind – wie auch in Deutschland – im Wesentlichen folgende:

- Rauch- und Wärmeabzugsanlagen

- automatische Brandmelde- und Löschanlagen

- Betriebsfeuerwehren

Hier gelten von der Baupraxis abgeleitet vereinfachte Faustformeln:

- Automatische Brandmeldeanlagen (BMA) sowie Rauch und Wärmeabzugsanlagen (RWA) werden bereits ab ca. 1.000 m² erforderlich (das entspricht einer Tunnellänge von etwa 100 m).

- Sprinkleranlagen sind in der Baupraxis ab ca. 4.000 m² vorgesehen (das entspricht etwa 400 m Tunnel).

- Betriebsfeuerwehren sind ab 8.000 m² vorgeschrieben (das entspricht etwa 800 m Tunnel).

Nach den derzeit gültigen Richtlinien für den Bau von Straßentunneln gibt es in Österreich

- bei zweiröhrigen Anlagen in der Regel alle 800 m Querschläge

- bei einröhrigen Tunnelanlagen sind nur in Sonderfällen – wie im Plabutschtunnel (Österreich, Oströhre: 9.919 m / Weströhre: 10.085 m) – Fluchtstollen vorhanden.

Dabei existieren heute in Österreich bereits über 20 einröhrige Anlagen, die mehr als 2 km lang sind. Der längste österreichische Tunnel ist der Arlbergtunnel mit fast 14 km (Montblanc-Tunnel 11,6 km), der Schweizer Gotthardtunnel weist 16,3 km Länge auf.

Fluchttechnisch gesehen sind **Tunnel im Ernstfall kaum beherrschbare Bauwerke.**

Bauliche und organisatorische Maßnahmen wie sichere Fluchtstollen und -räume, wirksame Entrauchungseinrichtungen und Evakuierungskonzepte sind daher zentrale Bestandteile eines umfassenden Brandschutzkonzeptes für Tunnel.

Folgende Schutzziele stehen im Vordergrund:

- Personenschutz für Beteiligte sowie für Einsatzkräfte

- Sachwertschutz (Integrität des Tunnelbauwerks, Infrastruktur)

- Katastrophenschutz (unkontrollierte Feuerausbreitung)

In Deutschland beruht ein Brandschutzkonzept u.a. auf den VdS-Richtlinien (u.a. „3502"). International z.B. auf NFPA-Standards (National Fire Protection Association, NFPA 130, 502).

In der Richtlinie 3502 wird z.B. folgende Mindestanforderung an ein Brandbekämpfungssystem gestellt:

- Mindest-Wasserbeaufschlagung: **15 mm / min.**

- Zumischung: **mind. 3 % AFFF-Schaumittel**

- Gruppenwirkfläche: **Tunnelbreite x 30 m**

- Gesamtwirkfläche: **3 x Tunnelbreite x 30 m**

- Betriebszeit Wasserversorgung: **Anrückzeit der Feuerwehr bis zum ungünstigsten Punkt zzgl. 15 min. / Mindestens aber 30 min.**

- Betriebszeit Schaummittel: **Anrückzeit der Feuerwehr bis zum ungünstigsten Punkt zzgl. 15 min. / Mindestens aber 30 min.**

- Düsenschutzflächen: **9 m²**

- Wasseraustrittszeitpunkt: **spätestens 30 Sek. nach öffnen des Alarmventils**

- Wasserversorgung: **Beim Einsatz von Pumpen besteht die Wasserversorgung aus:**
  - **Entweder 2 Pumpen mit 1 Vorratsbehälter oder**
  - **3 Pumpen „á 50 %"* mit 1 Vorratsbehälter.**

*= „á 50 %" bedeutet: Bei drei Wasserquellen muss jede Quelle (Pumpe) mindestens den für die **hydraulisch ungünstige Wirkfläche erforderlichen Druck** und **mind. 50 % der Wasserrate für die hydraulisch günstige Wirkfläche** zur Verfügung stellen.

Branderkennung

Um Tunnelanlagen wirksam vor Bränden zu schützen, sind vor allem die Elemente

- Branderkennung
- Flucht- und Rettungswege
- Lüftungssystem
- Löschsystem
- und Tunnelfeuerwehr

zu überdenken.

Wie im Gebäudebereich ist im Tunnel eine Branderkennung auf einige (2–4) Meter genau unerlässlich, bevor ein Vollbrand bei einem Fahrzeug eintritt, d.h. innerhalb von wenigen Minuten.

Die Beeinflussung durch Tunnelwinde (bis 10 m/s und mehr) ist dabei auszuschließen.

Lineare Wärmemelder können einen Temperaturanstieg nicht nur anhand der Wärmekonvektion, sondern auch anhand der Strahlungswärme erfassen.

Es hat sich bewährt, wenn die Leitstelle Videoüberwachungssysteme im Alarmierungsbereich zuschaltet, nachdem ein Brand festgestellt wurde. Fehlalarmierungen können so überprüft und entsprechende organisatorische Maßnahmen eingeleitet werden.

Versicherungskonzepte

Im Folgenden sollen die Versicherungskonzepte für Tunnelbauanlagen während der Bauphase und während des späteren Betriebes vorgestellt werden.

Bauphase

Wegen der Komplexität und oftmals auch der Größe dieser Projekte sind – trotz gründlicher Planung – immer wieder Änderungen bei der Bauausführung notwendig, z.B. aufgrund unvorhergesehener Untergrundbedingungen.

Gefährdungspotenzial in der Bauphase

Der Tunnelbau birgt ein weitaus größeres Gefahrenpotenzial als andere Bauleistungen. Zunächst ist hier die unterirdische Streckenführung zu nennen, aus der man allein schon ein hohes Schadenspotenzial ableiten kann.

Die sich ständig ändernden geologischen Bedingungen sind für eine Vielzahl von Bauleistungsschäden verantwortlich, z.B. für den Einsturz des Gewölbes oder einen Wassereinbruch wegen Wasserlinsen, wenn diese nicht rechtzeitig entdeckt worden sind.

Besonders im innerstädtischen Tunnelbau kann es bei der vorhandenen Bebauung durch Setzungen zu umfangreichen Haftpflichtschäden kommen.

Oft sind größere Rettungsmaßnahmen erforderlich, um einen drohenden Einsturz zu verhindern.

Dies gilt vor allem bei historischen Gebäuden, aber auch grundsätzlich bei erdoberflächennahen und engen Trassenführungen.

Diese Komplexität erfordert es, dass viele Firmen und Experten an der Planung und Bauausführung interdisziplinär zusammenwirken.

Es ist daher auf einen ausreichenden Versicherungsschutz aller Beteiligten zu achten.

Zu diesen gehören u.a.

- Bauauftraggeber

- ausführende Baufirmen

- Planungsbüros

- Hydrologen

- Geologen

- Statiker

- Architekten

- und auch Besucher.

Eine hohe Schadenfrequenz liegt bei offener Tunnelbauweise erfahrungsgemäß in der temporär veränderten Verkehrsführung.

Häufig werden Haftpflichtschäden geltend gemacht, bei denen sich Passanten beispielsweise auf ungenügend gesicherten Behelfsbrücken verletzt haben, oder Pkw-Unfälle, die sich aufgrund unzureichender oder mutwillig entfernter Baustellenabsicherungen ereigneten.

Bei oberflächennaher bzw. offener Tunnelbauweise sind Schäden an der vorhandenen Infrastruktur meist vorprogrammiert.

Immer wieder werden Telefonleitungen gekappt oder Wasserleitungen zerstört. Dies liegt weniger an der Nachlässigkeit der Baufirmen als vielmehr an nicht vorhandenen oder ungenauen Plänen.

Insbesondere beschädigte Gasleitungen haben bereits zu verheerenden Explosionen geführt.

Tunnelprojekte sind oftmals Prestigebauten !

Deshalb wird in manchen Ländern die Planung zwar an international erfahrene Fachfirmen vergeben, mit der Ausführung beauftragt man jedoch häufig lokale Unternehmen.

Auch der starke Konkurrenz- und Kostendruck zwingt vermehrt zum Einsatz unqualifizierter Kräfte.

Ihre mangelnde Sachkenntnis und zum Teil nicht ausreichende Ausrüstung hat schon manches Projekt zu einer teuren Erfahrung für den Auftraggeber und Versicherer werden lassen.

Ähnliches kennen die Versicherer von Tunnelprojekten, die unter hohem Kosten- oder Zeitdruck stehen: Schäden entstehen hier vor allem, weil die Trassengeologie nicht hinlänglich voruntersucht wurde.

Versicherung in der Bauphase

Eine weitere Besonderheit von Tunnelbauprojekten ist die oftmals sehr lange Bauzeit, die sehr hohe Investitions- und damit Versicherungssummen nach sich zieht.

In der Regel sind einmal abgeschlossene Versicherungsverträge nicht kündbar. Das bedeutet, dass alle Beteiligten eine langfristige und vertrauensvolle Bindung eingehen müssen.

Die Bauleistungsversicherung

Die Bauleistungspolice (international: CAR, Section I) ist eine Allgefahrendeckung, die für alle unvorhergesehenen Sachschäden – also Materialschäden ohne Folgeschäden – an der Bauleistung eintritt. Dies bedeutet, dass alle Schäden, die in den Bedingungen nicht explizit ausgeschlossen sind, automatisch gedeckt sind.

Nach den deutschen Konditionen sind Brand, Blitzschlag und Explosionsrisiko zusätzlich einzuschließen.

Empfohlen wird die Deckungserweiterung auf der Grundlage einer Erstrisikosumme, d.h. einer nach dem Bedarf bestimmten Summe, **die während der Policen-Laufzeit nicht wieder aufgefüllt wird**, für

- das Eigentum des Auftraggebers, z.B. vorhandene U-Bahn-Stationen bei Erweiterungsprojekten,

- Aufräumungskosten wie das Beseitigen von nachgerutschtem Baugrund.

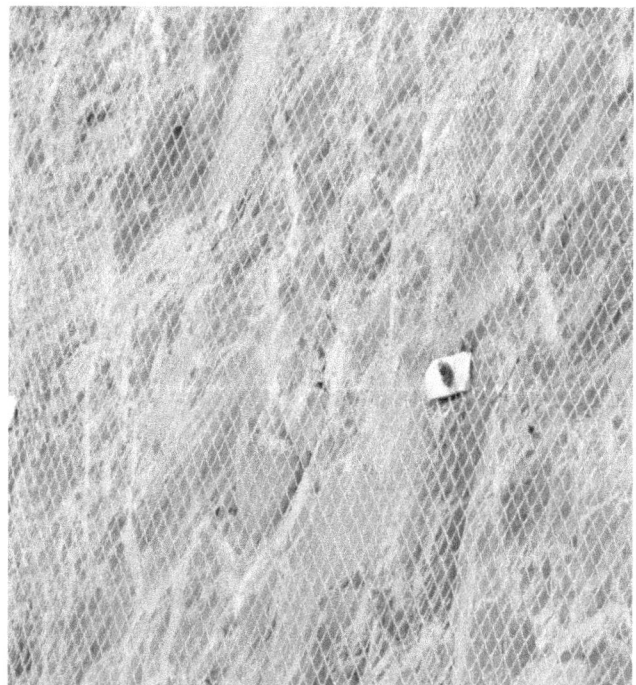

Beim Stützen von neuen Tunneleinfahrten o.ä. sind die abzufangenden Baumassen während der Bauarbeiten entsprechend durch Stahlnetze zu sichern.

Außerdem können das Entwurfs-, Planungs- und Ausführungsrisiko in der Regel auf der Basis eines Haftungslimits, sprich einer festgelegten Summe pro Ereignis, versichert werden.

Diese Deckung umfasst aber nur Folgeschäden, die durch fehlerhafte Bauteile und während der Bauzeit verursacht wurden.

Ferner kann eine **Nachhaftung (Maintenance)** abgeschlossen werden, die an die Baupolice anschließt.

Hier gibt es zwei Typen:

- Die einfache Variante kommt für Schäden an der Bauleistung auf, die bei **Wartungs- und kleineren Nacharbeiten an der Bauleistung** verursacht wurden.

- Die zweite Variante, auch **Extended Maintenance** genannt, deckt zusätzlich Schäden, die in dieser Periode auftreten, deren Ursache aber in der Bauzeit zu suchen sind.

Die Versicherungssumme wird zunächst mit dem geplanten Projektwert angesetzt.

Um bei langen Bauzeiten Inflationseinflüsse zu berücksichtigen und eine Unterversicherung zu vermeiden, werden auf diese Summe ca. 20% als Vorsorgekosten aufgeschlagen; sie wird überdies nach der Fertigstellung angepasst.

Wenn schon während der Bauzeit abzusehen ist, dass die Kosten überschritten werden, sollte die Versicherungssumme in der Police angeglichen werden.

Die Bauleistungsversicherung, die für Auftraggeber und Auftragnehmer kombiniert sein sollte, sollte alle Beteiligten unter dem Punkt „Versicherungsnehmer" namentlich nennen, die während der Bauzeit am Projekt beteiligt sind. Dies vereinfacht die Schadenregulierung beträchtlich.

Die Bauhaftpflichtversicherung

Während die deutschen Standardbedingungen vorsehen, dass eine Bauhaftpflichtversicherung separat abgeschlossen werden muss, ist diese als „Third Party Liability Insurance, Section II" integraler Bestandteil der CAR-Police (contractor's all risk).

Exkurs: Folgende Deckungen sind für Großprojekte grundsätzlich möglich:

- **Bauleistungsversicherung (contractor's all risk, CAR)** für alle Arten von Bauvorhaben einschließlich umfangreicher Infrastruktur- und Tiefbauprojekte wie Straßen, Brücken, Tunnel, Flughäfen, Seehäfen, Wasserkraftwerke, Staudämme und Bergwerke. Je nach Risiko und Markt **können** eine Haftpflichtversicherung und eine Montage-Betriebsunterbrechungsversicherung (Principal's Advance Loss of Profits) integriert werden.

- **Montageversicherung (erection all risk, EAR)** für alle Arten von Montagearbeiten einschließlich petrochemischer und chemischer Anlagen, Kraftwerke, Produktionsanlagen, Wind- und Solarparks und Pipelines.
  Je nach Risiko und Markt **können** auch hier eine Haftpflichtversicherung und eine Montage-Betriebsunterbrechungsversicherung integriert werden.

- **All-Risk-Betriebsdeckungen (operational all risk Insurance)** einschließlich Betriebsunterbrechung für Energieerzeugungsanlagen, Heizkraftwerke, Wasserkraftanlagen und Windparks.

- **Bestandsrisikoversicherung (civil engineering completed risk, CECR)** einschließlich Betriebsunterbrechungsdeckung für Brücken, Straßen, Tunnel und Staudämme.

Im Rahmen einer CAR-Deckung besteht für die Schädigung Dritter durch die Bautätigkeit, für welche die am Bau Beteiligten gesetzlich haftbar gemacht werden, entsprechender Versicherungsschutz.

Eine Deckungserweiterung empfiehlt sich für eine Nachbarbebauung, indem hierfür eine Erstrisikosumme oder ggf. ein Haftungslimit vereinbart wird.

Das Gleiche gilt für Schäden am Eigentum Dritter infolge einer Grundwasserabsenkung.

Wichtig ist auch die Versicherung gegen Schäden an Untergrundeinrichtungen wie Telefon- und Stromkabeln oder Wasser-, Gas- und Abwasserleitungen.

Die Ersatzpflicht ist hier in der Regel auf die Reparatur des beschädigten Objektes limitiert und kommt nicht für eventuelle Folgeschäden auf.

Sachschaden bedingte verzögerte Inbetriebnahme

Im Gegensatz zur Bauleistungsversicherung **sollte bei einer Deckungserweiterung nur der Auftraggeber als Versicherungsnehmer eingetragen sein.**

Grundlage der Versicherungssumme ist der Bruttogewinn, der durch die schadenbedingte verzögerte Fertigstellung ausfällt.

Bei Verkehrstunneln ergibt sich dieser etwa aus den entgangenen Mauteinnahmen.

Der Bruttogewinn setzt sich zusammen aus

- dem Nettogewinn, also dem eigentlichen Gewinn aus dem Betrieb eines Tunnels

- sowie den fixen Kosten, d.h. allen Aufwendungen, die auch anfallen, wenn der Tunnel nicht für den Verkehr geöffnet ist (z.B. Personalkosten).

Die **vereinbarte Haftzeit** regelt die Haftungsgrenze der Police, d.h. beispielsweise, dass bei einer zweijährigen Haftzeit die maximale Policen-Haftung das Doppelte der jährlichen Versicherungssumme beträgt.

Da diese Summe für das PML relevant ist, kann es bei Großprojekten zu Kapazitätsengpässen der Versicherer kommen. Deshalb wird die Gesamthaftung oft durch ein Limit begrenzt.

In den deutschen Konditionen, die auf den MBU-Bedingungen beruhen und mit entsprechenden Klauseln angepasst werden, gilt der Selbstbehalt pro Schadenereignis. Auch Aggregatlimits (Höchsthaftungssummen) können vereinbart werden.

Da die Schadenverläufe von Tunnelbauten in den letzten Jahren in Hinblick auf die Schadenhöhe und die lange Reparaturdauer sehr negativ waren, **wird mittlerweile jedoch dringend von dieser erweiterten Deckung abgeraten.**

Baumaschinen

Die Baumaschinenversicherung kann wahlweise nur die Kaskodeckung – also die von außen einwirkenden und schadenverursachenden Ereignisse – einschließen oder zusätzlich innere Maschinenschäden, die man früher als Maschinenbruch bezeichnet hat.

In der Regel wird auf Letzteres verzichtet.

Dies liegt nicht nur an den hohen Versicherungsprämien, sondern auch daran, dass die meisten Schäden bei nicht ersatzpflichtigen Verschleißteilen auftreten, was auf den Betrieb in extrem schroffer Umgebung zurückzuführen ist.

Exkurs: **GDV-Bedingung ABMG §1,3**

Nur als Folge eines dem Grunde nach versicherten Sachschadens an anderen Teilen der versicherten Sache versichert sind Schäden an

a) Transportbändern, Raupen, Kabeln, Stein- und Betonkübeln, Ketten, Seilen, Gurten, Riemen, Bürsten, Kardenbelägen und Bereifungen;

Im Tunnelbau werden diese genannten Teile allerdings aufgrund der extremen Beanspruchung direkt beschädigt bzw. müssen überdurchschnittlich oft (Verschleiß) ausgetauscht werden. Die Definition eines versicherten Schadens greift daher nicht.

Ausschlüsse wie eben der reine Maschinenbruchschaden werden explizit genannt.

Exkurs: **GDV-Bedingung ABMG §2,3**

Zusätzlich versicherbare Gefahren und Schäden

Sofern vereinbart, wird Entschädigung geleistet für Schäden

a) bei Abhandenkommen versicherter Sachen durch Diebstahl, Einbruchdiebstahl oder Raub; Nr. 4 bleibt unberührt. Begriffsbestimmungen sind Nr. 5 zu entnehmen;

b) bei Tunnelarbeiten oder Arbeiten unter Tage;

c) durch Versaufen oder Verschlammen infolge der besonderen Gefahren des Einsatzes auf Wasserbaustellen.

Empfohlene Deckungserweiterungen sind daher u.a. der Schutz gegen Diebstahl, Einbruchdiebstahl und Raub !

In deutschen wie auch in internationalen Bedingungen muss die Deckung von Maschinen (z.B. TBM, Tunnel-Boring-Machine) gesondert vereinbart werden.

Wegen der besonderen Exponierung sollte es vermieden werden, eine TBM isoliert, also ohne den restlichen Maschinenpark, zu versichern.

Versicherungssumme ist der Neuwert der Maschinen, d.h. der letztgültige Listenpreis im Neuzustand. Die Versicherung hat eine Laufzeit von einem Jahr.

Für Tunnelbauten als langfristige Projekte ergibt sich hieraus, dass die Prämienberechnung auf Pro-rata-temporis-Basis (p.r.t.) erfolgt.

Im Schadenfall wird bei Teilschäden die notwendige Reparatur ohne Abzüge erstattet, bei einem Totalschaden wird der tatsächliche Wert der Maschine unmittelbar vor Schadeneintritt (Zeitwert) angesetzt; **für eine TBM sollte ein spezieller Abschreibungssatz vereinbart werden, der von der Vortriebslänge abhängt.**

Betriebsphase

Hier werden die Policen aufgeführt, die während des Betriebes empfehlenswert bzw. erforderlich sind (ohne Anspruch auf Vollständigkeit):

- Feuer-Police (F/FBU), Civil Engineering Completed Risk (CECR)/CECR-BU

- Inherent Defects Insurance = 10 jährige Haftung für Bauleistungen (sollte nur in bestimmten Ländern gewährt werden)

- Rolling-Stock-Police: Versicherung für fahrbares Gerät adaptiert nach ABMG-, CPM- oder Transportbedingungen/Rolling-Stock-BU

- Betreiberhaftpflicht

International üblich ist die Feuerversicherung mit Deckungserweiterungen oder die CECR-Versicherung für die Bestandsdeckung von Tunnelbauten.

Bei der CECR-Versicherung handelt es sich im Prinzip um eine deckungserweiterte Feuerpolice.

Deckung besteht nur für genannte Gefahren (keine Allgefahrendeckung).

Dazu gehören Feuer, Explosion, Naturgefahren, Erdrutsch, Felssturz, Erdsenkung oder Vandalismus von Einzelpersonen.

Bei der Versicherung von aufwendiger Steuerungselektronik und Überwachungsanlagen sollten evtl. Deckungen aus der Elektronikversicherung einbezogen werden. Die Police wird auf Jahresbasis abgeschlossen, Versicherter ist der Eigentümer oder der Betreiber.

Die Versicherungssumme entspricht den ursprünglichen Herstellkosten des Tunnels und wird jährlich angepasst, um die Teuerungsrate auszugleichen; alternativ können auch die Kosten einer vollständigen Wiederherstellung als Versicherungssumme angesetzt werden.

Für die Bestandsdeckung von Tunnelbauten gibt es teilweise keine speziellen Bedingungen, da Tunnel häufig versichertes Staatseigentum sind. Die zu versichernden Gefahren sind meist technischen Ursprungs, so dass **Tunnel oft auch über Technikversicherungen abgesichert werden.**

Die vorhandenen Deckungen sind normalerweise **frei formulierte Bedingungswerke.**

Die Privatwirtschaft interessiert sich jedoch zunehmend für die genannten Versicherungsprodukte.

Es gibt kaum Tunnel in privater Hand (Straßen-, Eisen-, U- und S-Bahn-Tunnel), für die nicht zumindest eine Feuer- oder CECR-Versicherung abgeschlossen wurde.

Gleiches gilt für die Rolling-Stock-Versicherung, sofern Tunnel mit Privatbahnen betrieben werden.

Ob die dazugehörigen **Betriebsunterbrechungsversicherungen** gezeichnet werden, ist letztendlich eine Frage der Kapitalstärke des Betreibers und der Einschätzung, wie lange er eine Betriebsunterbrechung verkraften kann.

Nach den jüngsten Großschäden denken die Betreiber immer mehr um. Die Schadenszenarien und Projektierungsdaten, die bei der Planung von Straßentunneln zugrunde gelegt wurden, entsprechen in der Regel nicht mehr dem heutigen Verkehrsaufkommen.

Sowohl der **Privatreiseverkehr als auch der Güterverkehr durch einige Tunnel haben sich in den letzten 20 Jahren fast verfünffacht.**

Dadurch hat sich nicht nur die Unfallwahrscheinlichkeit dramatisch erhöht, sondern auch die Brandlasten, die sich gleichzeitig im Tunnel befinden, haben ebenso zugenommen.

Die 23 LKWs, die 1999 in den Montblanc-Tunnelbrand verwickelt waren, hatten mehr als 10.000 Liter Diesel in ihren Tanks. Die Reifen und die Ladung haben zusätzlich zu diesem Großfeuer beigetragen.

Die Temperaturen, die bei einem Feuer solchen Ausmaßes entstehen, richten verheerende Schäden an der Konstruktion an.

Kein Beton kann über Stunden Temperaturen von 1.200 °C widerstehen. Bei besagtem Schaden herrschten nach 50 Stunden immer noch Temperaturen von 700 °C.

Aus dieser Schadenerfahrung zog die Versicherungsindustrie die Konsequenz, die Konditionen neu zu verhandeln.

Die Großschäden machten den Versicherern bewusst, dass sie ihre Prämienkalkulation der aktuellen Risikolage des jeweiligen Tunnels anpassen müssen.

Haftung bei Tunnelunglücken

In Deutschland, Österreich und der Schweiz sind Tunnel – auch die gebührenpflichtigen – meist in öffentlicher Hand (Ausnahme z.B. Großer-St.-Bernhard-Tunnel).

Im Folgenden wird erläutert, woran die Haftung der Betreiber für Unglücke im Tunnel anknüpft und wie der Versicherungsschutz ausgestaltet ist.

1) Verschuldens- und Gefährdungshaftung in Deutschland

1 a) Verschuldenshaftung:

Tunnel sind Teile des Straßenbaukörpers. Dies legt für Tunnel an Bundesfernstraßen das Bundesfernstraßengesetz (§ 1 Abs. 4 Nr. 1 FStrG) fest.

Die Verkehrssicherungspflicht für Straßen ist privatrechtlicher Natur, sie kann aber durch eine entsprechende Regelung zu einer öffentlich rechtlichen Amtspflicht werden (dann Haftung nach § 839 BGB, Amtshaftung).

Handelt es sich jedoch um eine privatrechtliche Verkehrssicherungspflicht, so richtet sich die Haftung nach den §§ 823 ff. BGB. Der Inhalt der Verkehrssicherungspflicht ist jedoch für private wie staatliche Träger weitgehend deckungsgleich.

Der Inhalt einer Verkehrssicherungspflicht bestimmt sich nach dem allgemeinen Grundsatz des Deliktrechts, wonach der Inhaber einer Gefahrenquelle alle nach Lage der Dinge erforderlichen Maßnahmen zu treffen hat, damit keine Dritten geschädigt werden.

Es sind die Vorkehrungen zu treffen, die nach den Sicherheitserwartungen des jeweiligen Verkehrskreises im Rahmen des wirtschaftlich Zumutbaren geeignet sind, Gefahren von Dritten abzuwenden, die bei bestimmungsgemäßer oder nicht ganz fern liegender bestimmungswidriger Nutzung drohen.

Erforderlich ist ein Verschulden, also Vorsatz oder Fahrlässigkeit. Die Träger der Straßenbaulast sind somit gehalten, die Sicherheit im Tunnel zu gewährleisten. Übertriebene Anforderungen an diese Pflicht dürfen jedoch nicht gestellt werden.

Auch die Nichtbeachtung technischer Regeln kann einen Verstoß gegen eine Verkehrssicherungspflicht darstellen. Das Bundesfernstraßengesetz bestimmt für Bundesstraßen, dass die Träger der Straßenbaulast sicherstellen müssen, dass ihre Bauten allen Anforderungen der Sicherheit und Ordnung genügen.

In Deutschland gibt es zahlreiche technische Regeln; zu den bekanntesten zählen die DIN-Normen. Diese technischen Regeln sind keine förmlichen Gesetze, sondern unverbindliche, private normative Regelungen mit Empfehlungscharakter.

Trotzdem spielen sie eine erhebliche Rolle, wenn festgestellt werden muss, ob eine Verkehrssicherungspflicht verletzt wurde.

Im Gegensatz zu den dem Stand der Technik entsprechenden Regelungen kommt es bei den Regeln der Technik (z.B. DIN-Norm) nicht darauf an, dass ihr Regelungsinhalt technisch und wissenschaftlich auf den neuesten Stand ist, sondern dass sie von der Wissenschaft anerkannt werden. Es darf über den Regelungsinhalt kein wissenschaftlicher Streit mehr bestehen.

Nicht jede technische Vorgabe zielt speziell auf die Sicherheit des Einzelnen ab. Es gibt auch technische Regeln, die keine unmittelbare Auswirkung auf Dritte haben, sondern beispielsweise der Qualitätssicherung und der Vereinheitlichung dienen.

Kommt es zu einem Unfall im Tunnel, der auf die Nichteinhaltung einer technischen Regel durch den Träger der Straßenbaulast zurückzuführen ist, und handelt es sich bei der verletzten DIN-Norm um eine, die gerade Schäden von Dritten abhalten soll, dann ist bei Erfüllung der sonstigen Tatbestandsmerkmale der Verletzung einer Verkehrssicherungspflicht von einer Haftung des Trägers der Straßenbaulast auszugehen.

Unfälle durch sich lösende Teile oder Einsturz des Tunnels:

Ein weiterer Unterfall der Verschuldenshaftung ist die Haftung bei Einsturz eines Gebäudes oder eines anderen mit einem Grundstück verbundenen Werkes (§ 836 BGB), wozu auch ein Tunnel zählt.

Die Haftung aus § 836 erstreckt sich auf durch herabfallende Teile des Gebäudes oder Werkes verursachte Schäden. Haften muss der Besitzer des Grundstückes, sofern er seine Unterhaltspflicht verletzt oder das Gebäude fehlerhaft errichtet hat.

Das Verschulden wird vermutet, aber der Besitzer bzw. derjenige, der die Haftung vertraglich übernommen hat (§ 838 BGB), kann sich von der Haftung befreien, wenn er nachweist, dass er die im Verkehr erforderliche Sorgfalt zur Abwendung der Gefahr beachtet hat.

Die Straßenbaulast für Bundesfernstraßen und Landstraßen trägt der Bund bzw. das Land. Eine Versicherung existiert nicht.

Anders hingegen bei Gemeindestraßen:
Die Gemeinden schließen in der Regel eine Haftpflichtversicherung für ihr Straßensystem ab, das natürlich auch die Tunnel umfasst.

---

1 b) Gefährdungshaftung

Für die Träger der Straßenbaulast gibt es in Deutschland keine Gefährdungshaftung.

Die Träger der Straßenbaulast müssen nur bei verschuldeter Verletzung (Vorsatz und Fahrlässigkeit) einer Verkehrssicherungspflicht beim Betrieb des Tunnels haften.

Beim Thema Gefährdungshaftung interessiert daher in diesem Zusammenhang nur die **Gefährdungshaftung des Bahnbetreibers. Sie würde bei Tunnelunglücken greifen, die durch Züge in Bahntunneln verursacht werden.**

Für diese Gefährdungshaftung bestimmt das Haftpflichtgesetz (HPflG) für den Bahnbetreiber Haftungshöchstgrenzen.

Zum 1. August 2002 wurden die Haftungshöchstgrenzen nach dem Haftpflichtgesetz angehoben.

Sie liegen für den Kapitalbetrag bei bis zu 600.000 € pro Person und für den Rentenbetrag bei bis zu 36.000 € jährlich pro Person. Eine Gesamthöchsthaftungsbeschränkung für Personen existiert nicht.

Für Sachschäden haftet der Bahnbetriebsunternehmer bis zum Betrag von 300.000 € pro Ereignis. Sollte diese Summe nicht ausreichen, um die Ansprüche zu befriedigen, dann werden die Einzelansprüche entsprechend ihrem Verhältnis zum Gesamtbetrag gekürzt.

2) Verschuldens- und Gefährdungshaftung in Österreich

2 a) Verschuldenshaftung

Die österreichischen Tunnel sind staatlich und die öffentliche Hand haftet über die Wegehaftung des ABGB für Tunnelunfälle.

Die Wegehaftung ist im Allgemeinen Bürgerlichen Gesetzbuch (ABGB) in § 1319 a geregelt. Dieser besagt, dass der Halter des Weges zum Ersatz des Schadens verpflichtet ist, der jemandem infolge der Mangelhaftigkeit des Weges entsteht. Tunnel fallen unter die Definition für Verkehrsflächen, für welche die Wegehaftung des § 1319 a ABGB gilt. Die Haftung für Wege ist keine Gefährdungshaftung, vielmehr handelt es sich um die Haftung für die Verletzung einer Verkehrssicherungspflicht.

Nach § 1319 a ABGB haftet der Halter nur für Vorsatz und grobe Fahrlässigkeit. Die Haftung für Verschulden ist in Österreich unbegrenzt.

Hinweis: Für den Inhalt und die Festlegung einer Verkehrssicherungspflicht sind in Österreich auch die „Ö-Normen" relevant (entsprechen den DIN-Normen). Diese haben ebenfalls **keine** normative Kraft.

Nach den Unglücken im Tauerntunnel und am Kitzsteinhorn wurden verschiedene Tunnelkommissionen gebildet. Die Ergebnisse ihrer Arbeit liegen mittlerweile vor. Sie haben jedoch allenfalls den Charakter einer Empfehlung und somit keine normative Kraft.

Eine Verschuldenshaftung ist auch dann gegeben, wenn ein Schutzgesetz verletzt wird. Ob ein Schutzgesetz vorliegt, ergibt sich aus der Auslegung der Norm.

Zu beachten ist, dass auch „Ö-Normen" – obwohl keine förmlichen Gesetze – in der gerichtlichen Praxis in diesem Zusammenhang geprüft werden können.

Jedoch muss jede einzelne „Ö-Norm", die möglicherweise verletzt wurde, darauf geprüft werden, welche Zielrichtung sie verfolgt und ob sie auch Dritte schützen will.

Unfälle durch sich lösende Teile oder Einsturz des Tunnels:

Diese Haftungslage ist in § 1319 ABGB geregelt. Diese Vorschrift besagt, dass der Besitzer eines Bauwerkes zum Ersatz der Schäden verpflichtet ist, die durch die mangelhafte Beschaffenheit des Werkes verursacht wurden, wenn er weiter nicht beweisen kann, dass er die nötige Sorgfalt hat walten lassen, um die Gefahr abzuwenden. Dabei handelt es sich um Haftung für vermutetes Verschulden, die strenger ist als die Wegehalterhaftung.

Gebührenpflichtige Tunnel:

In Österreich gibt es im Gegensatz zu Deutschland auch gebührenpflichtige Tunnel, z.B. den Tauerntunnel. Neben der schon dargestellten Delikthaftung kommt bei gebührenpflichtigen Tunneln auch noch eine vertragliche Haftung in Betracht.

Weiterhin gilt es zu beachten, dass Tunnel an Autobahnen nunmehr über die Vignettenpflicht in die Vertragshaftung zwischen Autobahnhalter und Straßenbenutzer einbezogen sind.

Dies hat der **OGH auf der Basis des folgenden Falls entschieden (OGH vom 22.2.2001):**

Der Kläger fuhr mit seinem Pkw im Tunnel auf eine Leitplanke, die mitten auf der Fahrbahn lag und mit der sonst die Tunnelgehsteige abgesichert werden. Ein rechtzeitiges Ausweichen oder Abbremsen war nicht möglich. Der Kläger verklagte die Autobahn- und Schnellstraßen-Finanzierungs-AG auf Schadensersatz aus Vertragshaftung.

Bei der Entscheidung führte der OGH aus, dass der Autobahnhalter im Rahmen der Vertragshaftung auch für leichte Fahrlässigkeit haftet. Zudem trifft ihn ebenfalls die Beweislastumkehr des § 1298 ABGB und er haftet für Verschulden des Erfüllungsgehilfen (§ 1313 a ABGB).

Da in Österreich für die Autobahnen und viele andere Straßen Gebührenpflicht besteht, sind die Auswirkungen dieses Urteils nicht zu unterschätzen.

2 b) Gefährdungshaftung

Straßen und Tunnel unterliegen keiner Gefährdungshaftung.

Erwähnenswert im Zusammenhang mit Eisenbahntunneln ist jedoch die Gefährdungshaftung des Betriebsunternehmers einer Schienenbahn gemäß dem Eisenbahn- und Kraftfahrzeughaftpflichtgesetz (EKHG).

Diese greift nur dann nicht, wenn die Schadenursache durch ein Ereignis hervorgerufen wurde, das unabwendbar war. Das EKHG legt fest, dass die Haftungssummen aus Gefährdungshaftung für die Betreiber von Eisenbahnen auf folgende Summen beschränkt sind:

- Kapitalbetrag bei Tötung pro Person: 292.000 €
- Jährlicher Rentenbetrag bei Verletzung: 17.500 €

Anders als bei der Gefährdungshaftung eines Kfz-Halters unterliegt die Haftung eines Bahnbetriebunternehmers nach EKHG keiner Begrenzung hinsichtlich der Zahl der getöteten und verletzten Personen.

3) Verschuldens- und Gefährdungshaftung in der Schweiz

3 a) Verschuldenshaftung

In der Schweiz greift zunächst die Verschuldenshaftung des Art. 41 Obligationenrecht (OR). Diese Vorschrift ist die deliktsrechtliche Grundnorm. Daran ändert auch der Umstand nichts, dass Tunnel fast immer von den Kantonen, also hoheitlich, betrieben werden. Eine Ausnahme hiervon stellt der Große-St.-Bernhard-Tunnel dar, der zur einen Hälfte von einer schweizerischen und zur anderen Hälfte von einer italienischen Gesellschaft betrieben wird.

Die Verschuldenshaftung ist auch gegeben, wenn Verkehrssicherungspflichten schuldhaft verletzt werden (in der Schweiz Gefahrensatz genannt), die mit der erhöhten Gefahr zusammenhängen, die durch die Betreibung eines Tunnels entsteht.

3 b) Gefährdungshaftung

Den wichtigsten hier interessierenden Fall einer Gefährdungshaftung stellt die Werkeigentümerhaftung gemäß Art. 58 Abs. 1 OR dar. Danach muss der Eigentümer eines Gebäudes oder eines anderen Werkes den Schaden ersetzen, der infolge fehlerhafter Anlage oder Herstellung oder mangelhafter Unterhaltung verursacht wird. Der Eigentümer haftet nicht nur für ein Fehlverhalten, sondern auch für den mangelhaften Zustand. Dem Werkeigentümer steht kein Entlastungsbeweis offen, so dass er ohne Befreiungsmöglichkeit für jeden durch einen Werkmangel verursachten Schaden einstehen muss.

Bei Tunnel ist z.B. eine ungenügende Beleuchtung, auch bei Tage, ein Werkmangel. Das gilt auch für die Belüftung. Setzt die an und für sich ausreichende Beleuchtung oder Belüftung aus, so ist der Werkmangel unter dem Gesichtspunkt des Unterhaltes zu beurteilen.

Grundsätzlich sind Straßen bzw. Tunnel Werke im Sinne von Art. 58 OR. Die privatrechtliche Haftung greift auch dann, wenn die Bauten – was für die meisten Straßen und Tunnel zutrifft – einem Gemeinwesen gehören.

Gemäß höchstrichterlicher Rechtsprechung stellt Art. 58 OR eine spezialgesetzliche Ausgestaltung der Staatshaftung dar, die in Art. 3 Verantwortlichkeitsgesetz geregelt ist.

Somit ist der Eigentümer der Straße/des Tunnels, die/der zu einer Schädigung Anlass gegeben hat, haftbar, also das Gemeinwesen, das die Straße gebaut hat und unterhält (für den Unterhalt und Bau von Nationalstraßen sind die Kantone verantwortlich, die in der Regel auch Eigentümer sind).

Anders ist es mit der gesetzlichen Haftpflicht bei konzessionspflichtigen Seilbahnen und der Eisenbahn sowie Zahnradbahnen, Skiliften, Schmalspurbahnen, Straßenbahnen und Standseilbahnen: Hier greift die Gefährdungshaftung des EHG (Bundesgesetz über die Haftpflicht der Eisenbahn- und Dampfschifffahrtsunternehmungen und der schweizerischen Post), wobei sich dies jedoch praktisch nicht auf die haftpflichtrechtliche Verantwortung auswirkt.

Produkthaftpflicht

Produkthaftpflicht ist die rechtliche Einstandspflicht für durch fehlerhafte Produkte verursachte Schäden.

Denkbar sind fehlerhafte Materialien oder Techniken bei der Ausstattung von Tunneln oder Mängel an Kfz (z.B. schadhafte Kühlung), die zu einem Tunnelunglück führen können.

Folglich ist auch der Hersteller dieser Produkte und Techniken exponiert. Um abzuschätzen, was auf den Produkthaftpflichtversicherer des Herstellers zukommen kann, soll ein kurzer Überblick über die gesetzliche Ausgestaltung der Produkthaftung und die daran anknüpfenden Höchsthaftungen gegeben werden.

Versicherungspflicht bei Produkthaftpflicht

Deutschland:	Eine Versicherungspflicht ergibt sich weder aus dem ProdHG noch aus anderen Gesetzen.
Österreich:	Das Produkthaftungsgesetz verlangt von Herstellern, eine Police abzuschließen. Es gibt aber keine Mindestversicherungssummen.
	Das Produkthaftungsgesetz bestimmt in § 16: „Hersteller und Importeure von Produkten sind verpflichtet, in einer Art und in einem Ausmaß, wie sie im redlichen Geschäftsverkehr üblich sind, durch das Eingehen einer Versicherung oder in anderer geeigneter Weise dafür Vorsorge zu treffen, dass Schadensersatzpflichten nach diesem Bundesgesetz befriedigt werden können." In den ergänzenden Ausführungen des Justizausschusses zu diesem Gesetz wird jedoch klargestellt, dass die Formulierung keine Versicherungspflicht begründet. Die Pflicht zur sich in § 16 manifestierenden Deckungsvorsorge kann auch anders als durch das Eingehen einer Versicherung erfüllt werden, z.B. durch hinreichende bilanzielle Rückstellung.
Schweiz:	In diesem Zusammenhang besteht keine Versicherungspflicht für Produkthaftpflichtfälle.

Kumulrisiko Betriebs- und Produkthaftpflicht

Das Unglück am Kitzsteinhorn verdeutlicht – vor dem Hintergrund der Gerichtsentscheidungen –, dass bei einem Unglück im Tunnel sowohl Betriebshaftpflichtdeckungen (Betreiber des Tunnels) als auch Produkthaftpflichtdeckungen (z.B. Hersteller des Heizlüfters) exponiert sein können.

Eine weitere Erhöhung der Exponierung kann durch das sog. Forum-Shopping auftreten. Angesichts der Höhe der Schmerzensgelder sowie der begrenzten Haftung für Gefährdungshaftungstatbestände in Europa ist zu beobachten, dass die Geschädigten und Hinterbliebenen teilweise versuchen, ihre Forderungen dort einzuklagen, wo die Durchsetzung höherer Klagesummen wahrscheinlich ist.

Bei Niederlassungen eines möglichen Haftpflichtigen in den USA besteht mittlerweile in diesem Zusammenhang ein erhöhtes Haftungsrisiko, da Anwälte gerade bei spektakulären Unglücken versuchen, die Ansprüche der Geschädigten vor amerikanischen Gerichten einzuklagen, da diese für ihre „Geschädigten-freundliche" Rechtsprechung bekannt sind.

So haben beispielsweise Prozessvertreter der deutschen und österreichischen Geschädigten des Kaprun-Unglücks auch vor US-amerikanischen Gerichten Klagen eingereicht, um verschiedene im Zusammenhang mit dem Seilbahnunglück genannte Hersteller zur Zahlung von – an europäischen Maßstäben gemessen – hohen Schmerzensgeldsummen und Bußzahlungen zu zwingen.

Um das Risiko für die Versicherer weiter kalkulierbar zu gestalten, sollten in europäischen Haftpflichtverträgen Ausschlüsse für Forderungen nach US-Recht vereinbart werden.

Deckungskonkurs

Bei Tunnelunglücken, die bekanntlich zu erheblichen Schäden führen können, ist auch an das Problem des Deckungskonkurses zu denken.

Beispiel:

Unfall eines Lkw in einem Straßentunnel.

Versicherungssumme des unfallverursachenden Lkw: 6 Mio. €

Denkbare Forderungen gegenüber dem Haftpflichtversicherer des Lkw: 25 Mio. €

Die Versicherungssumme von 6 Mio. € wird überschritten, im vorliegenden Fall um ein Vielfaches. Der Fall eines Deckungskonkurses liegt vor.

Es gilt jeweils in

- Deutschland § 156 III VVG,
- Österreich § 156 III OVVG (wortlautgleich),
- der Schweiz Art. 69 VVG.

Das Gesetz verlangt in allen drei Ländern, dass der Versicherer, wenn mehrere Direktansprüche vorliegen, die zusammen die Versicherungssumme überschreiten, diese verhältnismäßig aufzuteilen sind. Hierzu muss der Versicherer einen Kürzungs- und Verteilungsplan erstellen.

Welche Ansprüche gilt es vorab zu befriedigen ?

In Deutschland hat der Geschädigte ein Befriedigungsvorrecht, wenn die Versicherungssumme unzureichend ist.

Nach der Rechtsprechung des BGH kann der Übergang auf den Sozialversicherungsträger nicht stattfinden, soweit die Ansprüche des Geschädigten innerhalb der Versicherungssumme bei der Verteilung nicht berücksichtigt wurden.

Wie in Deutschland stellt sich die Situation auch in der Schweiz dar.

In Österreich werden die Ansprüche in Bezug auf Schmerzensgeld und Verunstaltung vorab aus der Versicherungssumme befriedigt. Bezüglich der verbleibenden Summe werden die Ansprüche der Anspruchsberechtigten dann verhältnismäßig gekürzt, wie es § 156 Abs. 3 ÖVVG vorschreibt.

Abwicklung des Deckungskonkurses in der Praxis

Im Falle eines Deckungskonkurses wird das Verteilungsverfahren in der Praxis gerne vermieden. Grund ist die sehr komplexe Situation, die bei der Berücksichtigung aller Forderungen (vor allem der noch nicht bekannten) entsteht.

Eine Vermeidung des Verteilungsverfahrens ist insbesondere dann möglich, wenn andere Versicherer zugunsten der direkt Geschädigten auf einen Teil ihrer Forderungen verzichten und ein Vergleich mit dem Hauptgläubiger erzielt werden kann.

Regressmöglichkeiten am Beispiel „Tauerntunnel-Unglück"

Am 29. Mai 1999 stoppte der Verkehr 600 m vor der nördlichen Tunnelausfahrt vor einer roten Baustellenampel.

Darunter war auch ein Lkw, der Spraylacke geladen hatte. Dann folgten noch 4 weitere Fahrzeuge. Ein Lkw fuhr mit überhöhter Geschwindigkeit auf und Benzin floss aus, das sich entzündete und den mit Lacken beladenen Lkw zur Explosion brachte. Es entstand ein verheerender Brand.

8 Personen starben infolge des Auffahrunfalls, 4 weitere wegen menschlichen Fehlverhaltens; 49 Verletzte wurden gezählt.

Die österreichische Versicherungswirtschaft (Lenkungsausschuss) hat beschlossen, dass im Fall Tauerntunnel alle Ansprüche zentral beim Versicherer des Lkw erhoben werden sollen, der den Auffahrunfall verschuldet hat.

Welche Ansprüche können auf den Haftpflichtversicherer des unfallverursachenden Lkw zukommen?

- Regress des Feuerversicherers: Dieser hat den Sachschaden am Tunnel und den Schaden aus der Betriebsunterbrechung an die Betreibergesellschaft bezahlt.

- Regress der Berufsgenossenschaften, der Krankenversicherer und Arbeitgeber für Leistungen, die für verletzte Personen erbracht wurden

- Regress des Kaskoversicherers

- Regress des Unfallversicherers

- Ersatz für Sach- und Vermögensschädigen der Personen, die sich zum Zeitpunkt des Unglücks im Tunnel befanden, z.B. Unterhaltsleistungen, die aufgrund von Tod oder Erwerbsunfähigkeit des Opfers wegfallen, z.B. Umbaukosten des Hauses, Verdienstausfall, Begräbniskosten

Als Adressaten derartiger Ansprüche in Betracht kommen z.B. auch Straßenbaubehörden, wenn diese eine Verkehrssicherungspflicht verletzt haben (Sicherheitsmängel im Tunnel oder Vertragsverletzung des Tunnelbenutzungsvertrags), sowie der Staat aus Staatshaftung, wenn z.B. Bauarbeiten im Tunnel rechtswidrig genehmigt wurden.

Zusammenfassung Haftpflichtaspekte

Es lässt sich festhalten: Tunnelkatastrophen, die von Haftpflichtversicherten verursacht werden, sind ein für Versicherer hohes Risiko – insbesondere bei unbeschränkten Haftungen, wie sie bei Verschuldenshaftung stets und auch bei Gefährdungstatbeständen häufig vorliegen.

Das Beispiel einer Tunnelkatastrophe ist sicher geeignet, die Unwägbarkeiten einer Illimitée-Deckung bzw. die Gefahr der Grüne-Karte-Deckungen in Ländern mit noch relativ niedrigem Anspruchsniveau aufzuzeigen:

So kann – wie dargestellt – ein ausländischer Schädiger, dessen Prämienkalkulation vom vergleichsweise niedrigen Anspruchsniveau des Heimatlandes ausgeht, über das Grüne-Karte-Abkommen zu extrem hohen Schadensersatzforderungen herangezogen werden, für welche die Höchsthaftungssummen ausgeschöpft werden müssen oder für die evtl. sogar Illimitée-Deckungen vorliegen.

Diese Szenarien dürften vor allem dafür verantwortlich sein, dass die Kfz.-Haftpflichtversicherer mittlerweile europaweit die Illimitée-Deckung zurückdrängen.

Ein weiterer Faktor, der bei Tunnelkatastrophen für Haftpflichtige zu unkalkulierbaren Kosten führen kann, ist das sog. Forum-Shopping.

Hier kann jedoch zumindest den Haftpflichtversicherern das Mittel des Ausschlusses der Geltendmachung der Forderung nach einem anderen Recht als dem Tatortrecht empfohlen werden.

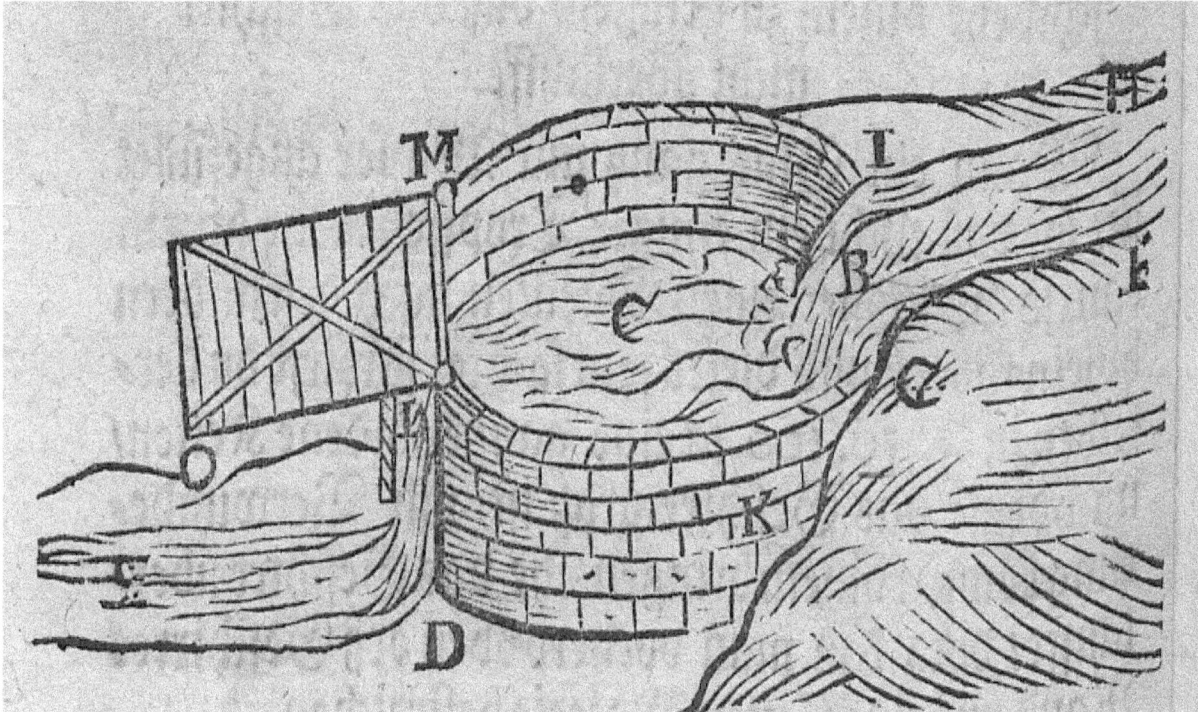

Kapitel 7
Wasserbau

Alles fängt mit einer Baugrube an

Beim innerstädtischen Tiefbau wird zunehmend die Herstellung von tiefen, oft großflächigen Baugruben erforderlich.

Diese dienen der Tiefgründung von Hochbauten mit Untergeschossen, dem Bau von Tiefgaragen sowie der Ausführung von unterirdischen Verkehrswegen wie Straßentunnels und U-Bahnen in offener Bauweise.

Eine Absenkung des Grundwasserspiegels wird in der heutigen Zeit aus umweltrechtlichen Gründen zumeist nicht genehmigt.

Die immer dichtere Bebauung in den Städten lässt eine Grundwasserabsenkung wegen des damit verbundenen Setzungsrisikos nicht zu. Daher kommt der Herstellung von wasserdichten Baugruben eine immer größere Bedeutung zu.

Baugrubenwände

Für die Herstellung und Abdichtung von Baugrubenwänden stehen zuverlässige und leistungsfähige Verfahren zur Verfügung.

Zur Anwendung kommen in erster Linie Schlitzwände, überschnittene Bohrpfahlwände und Stahlspundwände.

Welches Verfahren angewandt wird, ist abhängig von der Baugrubentiefe, der Höhe des Grundwasserspiegels, der Belastung der Wand durch anstehende Randbebauung und Verkehrslasten sowie von der Baustellenlogistik.

Grundwasserabsenkung

Eine Absenkung des Grundwasserspiegels erfordert die Installierung einer Brunnenanlage außerhalb der Baugrubenwandung.

Die Baugrubenwandung kann als Böschung ausgeführt werden oder – aus Platzgründen – aus einer wasserdurchlässigen Verbauwand bestehen.

Die Tiefe der Baugrube und die Wasserdurchlässigkeit der anstehenden Bodenschichten bestimmen Art und Anzahl der erforderlichen Filterbrunnen.

Nach Inbetriebnahme der Brunnenanlage stellt sich durch das hydraulische Gefälle ein „Absenktrichter" ein, dessen Scheitelpunkt gezielt bis knapp unterhalb der geplanten Baugrubensohle eingerichtet werden kann.

Der Wasserstand innerhalb und außerhalb der Baugrube muss sorgfältig mit Pegelrohren gemessen werden, um ein Ansteigen des Wasserspiegels in der Baugrube durch geeignete Maßnahmen, etwa das Zuschalten zusätzlicher Filterbrunnen, zu verhindern.

Sind die Wände des Bauwerks fertiggestellt und abgedichtet, wird die Brunnenanlage außer Betrieb gesetzt und rückgebaut. Der Grundwasserspiegel steigt dann auf seine ursprüngliche Höhe an.

Die beschriebene Grundwasserabsenkung bewirkt eine weitreichende Beeinträchtigung der anstehenden Bodenschichten.

Große Sicherheitsrisiken bestehen bei der Entwässerung durch das Setzungsverhalten des Baugrundes und die damit verbundenen Verformungen der benachbarten Bebauung.

Der Grundwasserabsenkung im herkömmlichen Sinn kommt somit immer geringere Bedeutung zu.

Versicherungstechnische Aspekte: Grundwasserabsenkung

Wird trotz aller Vorbehalte eine Grundwasserabsenkung projektiert, so ist von Seiten des Versicherers in erster Linie die Setzungsgefahr zu beachten, die durch die Beschaffenheit des Baugrundes bedingt ist.

Die Setzung des Baugrundes kann zur Rissbildung in angrenzenden Gebäuden oder sogar zu deren Einsturz führen; in der Regel hat dies große Haftpflichtansprüche zur Folge.

Die Transparenz des Risikos sicherstellen sollen Bestandsaufnahmen von Gebäuden vor Beginn der Baumaßnahmen, angemessene Haftungslimits und prozentuale Selbstbehalte.

Baugrubensohlen

Für die Ausführung dichter Baugrubensohlen hat man in den letzten Jahren neue Techniken entwickelt, die auch in schwierigen Fällen die Herstellung eines wasserdichten Troges ohne Absenkung des außerhalb anstehenden Grundwassers ermöglichen.

Natürliche Sohlenabdichtung

Eine kostensparende und grundwasserschonende Art der Sohlenabdichtung ist bei günstigen geologischen Formationen möglich.

Voraussetzung ist, dass unterhalb der geplanten Baugrubensohle eine wasserdichte, bindige Bodenschicht (Schluff oder Mergel) ansteht, die als natürlicher Grundwasserstauer dient.

Nach dem Abteufen der Baugrubenwände wird das im Inneren der Baugrube anstehende Grundwasser mit den zuvor erstellten Brunnen abgepumpt.

Danach beginnt der Aushub des Erdreiches. Wenn der Aushub die Endtiefe erreicht hat, muss für eine „offene Wasserhaltung" gesorgt werden:

Mit einer Ringdrainage und Pumpensümpfen am Rand der Baugrubensohle wird Tagwasser oder Wasser, das durch kleinere Leckagen der Verbauwand eindringt, aus der Baugrube abgepumpt.

Bei diesem Verfahren kommt es darauf an, dass die Einbindung der Baugrubenwände in den Grundwasserstauer wasserdicht ist.

Eine fehlerhafte Ausführung hätte wegen des hydrostatischen Druckgefälles zwischen dem außerhalb der Baugrube anstehenden natürlichen Grundwasserspiegel und dem abgesenkten Wasserspiegel im Inneren der Baugrube eine Unterspülung der Verbauwand zur Folge.

Die durch die Unterspülung verursachte Erosion des Korngerüsts im Boden würde schließlich zum „hydraulischen Grundbruch" führen, dem dann – im schlimmsten Fall – der Einsturz der Baugrube folgte.

Deshalb ist beim Abteufen von Stahlspundwänden im „Rüttelspülverfahren" während des Eindringens der Bohlen in die bindige Bodenschicht besondere Sorgfalt nötig.

Versicherungstechnische Aspekte: **Natürliche Sohlenabdichtung**

Bei der Risikoeinschätzung einer natürlichen Sohlenabdichtung sollte dem Typ der Baugrubenwand ein besonderes Augenmerk gelten.

Vibrationsarme Verfahren wie Schlitz- oder Bohrpfahlwände mindern das Risiko einer gestörten Verbindung zwischen Baugrubenwand und natürlicher Dichtungssohle und die damit verbundene Grundbruchgefahr, die im schlimmsten Fall den Einsturz der Baugrube bewirken kann.

Vor Beginn der Baumaßnahme sollte eine hinreichend große Anzahl von Aufschlussbohrungen abgeteuft werden.

Damit wird sichergestellt, dass die abdichtende Bodenschicht im gesamten Bereich der Baugrube ausreichend mächtig ist. Somit können Undichtigkeiten der Sohle ausgeschlossen werden, die sonst zum hydraulischen Grundbruch führen könnten.

Unterwasserbetonsohlen

Wenn der anstehende Baugrund keine bindigen Bodenschichten enthält, die als natürliche Dichtungssohle dienen können, muss die Dichtungssohle mit technischen Mitteln erzeugt werden.

Das Einbringen von Unterwasserbetonsohlen hat sich vor allem beim U-Bahn-Bau bewährt, wo schmale, langgestreckte Baugruben in offener Bauweise erstellt werden. Zunächst wird die Baugrube durch einen wasserundurchlässigen Verbau umschlossen.

Danach erfolgt ein Teilaushub bis knapp über dem Grundwasserspiegel.

Anschließend wird die erste Baugrubenaussteifung oder eine Rückverankerung eingebaut.

Von einem Ponton aus beginnt nun der Unterwasseraushub.

Je nach Tiefe der Baugrube, Baugrundbeschaffenheit und Höhe des anstehenden Grundwasserspiegels muss die Betonsohle gegen die Auftriebskräfte nach unten verankert werden. Die Anker werden ebenfalls vom Ponton aus eingeführt. Dann bringt man den Unterwasserbeton ein.

Entsprechend den statischen Erfordernissen werden Bewehrungslagen oder – neuerdings – Stahlfasern eingebaut. Wenn die Unterwasserbetonsohle fertiggestellt ist, pumpt man die Baugrube leer und beginnt mit den eigentlichen Arbeiten an dem Bauwerk.

Die Betonierarbeiten unter Wasser erfordern große Genauigkeit, sorgfältige Überwachung und eine strenge Kontrolle der erreichten Betongüte.

Während des Einbaus der Unterwasserbetonsohle müssen Taucher die planmäßige Ausführung folgender Arbeiten überwachen:

- Einhaltung der vorgesehenen Sohlenstärke,

- ordnungsgemäße Durchführung des Anschlusses zwischen der Unterwasserbetonsohle und der vertikalen Baugrubenwand.

Versicherungstechnische Aspekte: Unterwasserbetonsohlen

Die korrekte Ausführung der Betonsohle in großer Wassertiefe ist – bautechnisch gesehen – eine große Herausforderung an den Auftragnehmer. Seine Erfahrung bei der Ausführung solcher Arbeiten sollte daher maßgebend für die Risikobeurteilung sein.

Bei der Herstellung einer Baugrube mit Unterwasserbetonsohle ist eine große, offene Wasserfläche innerhalb des Baustellengeländes unvermeidlich.

Dem muss durch geeignete Schutzmaßnahmen sowohl für das Baustellenpersonal als auch für Dritte Rechnung getragen werden. Inspektionen auch durch den Versicherer können wesentlich zur Einhaltung dieser Schutzmaßnahmen beitragen.

Injektionssohlen

Müssen sehr große, geometrisch unregelmäßige Baugruben erstellt werden und ist eine natürlich anstehende wasserdichte Bodenschicht nicht vorhanden und kommen Unterwasserbetonsohlen nicht in Frage, dann bringt man sogenannte Injektionssohlen als horizontales Dichtungselement ein.

Die Wahl des Injektionsverfahrens erfolgt nach Erkundung der Baugrundbeschaffenheit. Steht gut injizierbares Lockergestein an, können herkömmliche Injektionstechniken zur Anwendung kommen. Diese scheiden jedoch bei inhomogenen Böden aus.

Eine spezielle Methode bei inhomogenen Böden ist beispielsweise das Düsenstrahlverfahren (Jet grouting). Dabei werden keine Porenräume verpresst – wie beim konventionellen Injizieren –, man nimmt vielmehr einen kompletten Bodenaustausch vor im Sinne der Herstellung einer wasserdichten Membran.

Im baubetrieblichen Ablauf erfolgt zunächst das Abteufen der vertikalen Verbauwände, an das sich das Erstellen der Dichtungssohle vor Beginn des Bodenaushubs anschließt.

Zwei unterschiedliche Konzepte kommen zur Ausführung:

- Bei der tiefliegenden Injektionssohle genügt das Eigengewicht der darüber liegenden Boden- und Wasserauflast, um der Auftriebskraft entgegenzuwirken. Die tiefliegende Sohle wirkt hierbei wie eine dichte Membran.

- Die hochliegende Injektionssohle, die der endgültigen Aushubtiefe entspricht, muss ähnlich einer Unterwasserbetonsohle mit Zugankern gegen die Auftriebskräfte gesichert werden.

Versicherungstechnische Aspekte: Injektionssohlen

Bei der Ausführung von Injektionssohlen handelt es sich um Spezialtiefbaumaßnahmen, die sowohl an die Gerätetechnik als auch an die persönliche Erfahrung des Bedienungspersonals besonders hohe Ansprüche stellen.

Der Qualifikation der ausführenden Unternehmen muss daher bei der Risikobeurteilung besondere Aufmerksamkeit geschenkt werden.

Es gelten die für alle Injektionsmaßnahmen üblichen Zeichnungsrichtlinien und Klauseln, z. B. der Ausschluss von Entschädigungen für unplanmäßige Bentonit*-Verluste.

Bei chemischen Injektionen sollten in jedem Fall Umweltschäden wie Grundwasserverunreinigungen und dergleichen von der Deckung ausgeschlossen werden.

---

*Bentonit entsteht durch die Verwitterung von vulkanischer Asche und ist benannt nach den Benton-Formationen in Montana, USA.

Herkömmliche Injektionssohlen

Ziel der herkömmlichen Injektionstechnik ist stets die vollständige Füllung des im Boden vorhandenen Porenraums mit geeignetem Injektionsgut.

Das Injektionsgut muss leicht in das Korngerüst des Bodens eindringen und nach einer gewissen Zeit die erforderliche Festigkeit und Undurchlässigkeit annehmen.

Als Injektionsmittel kommen natürliche Suspensionen wie Bentonit-Zement-Mischungen und chemische Lösungen sowie Kunstharze in Frage.

Für die Herstellung herkömmlicher Injektionssohlen werden Bohrlöcher rasterförmig im Abstand von 1,3 m abgeteuft. In diese Bohrlöcher stellt man Injektionsrohre aus Kunststoff und umgibt sie zur Stabilisierung mit einer plastischen Flüssigkeit.

Die Rohre sind im Bereich der zu erstellenden Injektionssohle perforiert. Aus den entsprechend der Sohlenstärke angeordneten Löchern dringt das Injektionsgut in den umgebenden Boden ein.

Die so erstellten Injektionssohlen haben in der Regel je nach hydrostatischen Erfordernissen eine Stärke von 1,0 bis 1,5 m.

Bei diesem Verfahren ist die Qualitätssicherung besonders wichtig. Sie umfasst neben der sorgfältigen Ausführung der einzelnen Arbeitsschritte das Überwachen und Dokumentieren der Bohrtiefen, der Materialzusammensetzung und des Injektionsdruckes.

Ob eine Dichtungssohle im herkömmlichen Injektionsverfahren hergestellt werden kann, hängt von der Korngröße des anstehenden Bodens ab. Feinsandige Böden und Schluffe, die nicht die erforderliche Wasserdichtheit aufweisen, können mit dieser Methode nicht versiegelt werden, da der vorhandene Porenraum die Aufnahme von Injektionsgut nicht zulässt.

In solchen Fällen ist das Düsenstrahlverfahren eine echte Alternative.

Dichtungssohlen im Düsenstrahlverfahren

Beim Düsenstrahlverfahren wird mit einem rotierenden Wasserstrahl unter sehr hohem Druck die Struktur des Bodens gezielt zerstört.

Anschließend vermischt man die Bestandteile des Bodens mit einer für Dichtungszwecke geeigneten Suspension.

Endprodukt ist ein „Bodenmörtel", der eine für die Abdichtungsfunktion notwendige Durchlässigkeit von ca. 10–8 m/s aufweist.

Die erreichte Durchlässigkeit entspricht der einer natürlich anstehenden wasserdichten Bodenschicht.

Zunächst wird ein mit seitlichen Düsen ausgestattetes Bohrrohr bis auf die erforderliche Tiefe abgeteuft. Beim anschließenden Ziehen versetzt man das Rohr in Rotation und presst gleichzeitig eine Zementsuspension unter sehr hohem Druck in den umgebenden Boden ein.

Das so entstandene Bodensuspensionsgemisch erhärtet säulenförmig und verfügt schließlich über die notwendige Dichtigkeit.

Die Herstellung dieser sich überschneidenden Säulen, die je nach Bodenbeschaffenheit einen maximalen Durchmesser von 1,5 m erreichen, erfolgt wiederum rasterförmig über die gesamte Fläche der Baugrube.

Auftriebssichere Baugrubensohlen, die im Düsenstrahlverfahren hergestellt sind, haben in der Regel eine Stärke von 0,5 bis 1,0 m.

Das strikte Einhalten aller Kriterien bezüglich der Qualitätskontrolle ist beim Düsenstrahlverfahren äußerst wichtig, da dieses Verfahren weitaus anspruchsvoller ist als die herkömmlichen Injektionsverfahren und auch von maschinentechnischer Seite größte Aufmerksamkeit erfordert.

Exkurs: **Haftpflichtrisiko von Tauchunternehmen im Bereich Wasserbau**

„Bau-Taucher" sind vielseitig einsetzbar, was die Absicherung des Haftpflichtrisikos nicht einfach macht.

Wesentliche Taucherleistungen können sein:

- Begleitung bei der Herstellung der Verpresspfähle

- Spülen der Ankerköpfe und Aufsetzen der Ankerplatten

- Entfernung von Restsedimenträumung auf der gesamten Baugrubensohle mittels Pumpen

- Beseitigung von überschüssigem Dichtflächenmaterial mit speziellen Hydraulikgeräten

- Reinigung der Dichtflächen

- Einbau von Unterwasserbeton mit speziellem Glättern und „knickbarer" Betonförderleitung

- Schweißarbeiten:
  Die Taucher (Facharbeiter) können sowohl Über- als auch Unterwasserschweißnähte herstellen. Hierbei handelt es sich i.d.R. um zugelassene Schweißfachbetriebe. Die Taucher verfügen über gültige Unterwasser-Schweiß-Zertifikate.

- Stahlwasserbauarbeiten

- Einsatz in Klärwerken oder kontaminiertem Wasser (Speziell für Einsätze in Faultürmen). Der Einsatz von Tauchern in diesem Bereich ist häufig eine günstige Alternative zum Leerpumpen von Becken oder Faulturm. Mit einer Hochdruckwasserstrahlanlage bis 1.000 bar, können die Spezialisten unter Wasser spezielle Reinigungsarbeiten vornehmen.

- Beseitigung von Undichtigkeiten und Schadstellen in Bohrpfahlwänden, Schlitzwänden und Spundwänden sowie in Betonsohlen

- Abdichtungen gegen drückendes Wasser, Unterwasserbesichtigungen bzw. das Erstellen von Gutachten und Kostenschätzungen

- Feststellen von Restwanddicken, beispielsweise an Spundwänden

- Spreng- und Bergungsarbeiten sowie Bohr- oder Stemmarbeiten

- Einbau von Unterwasserbeton

Nicht immer kann für Bauarbeiten - wie hier in einem Stausee - das Wasser abgelassen werden. In diesen Fällen kommen „Bau-Taucher" zum Einsatz.

Eingesetzte Geräte können z.B. sein:

- Spülpumpen bis 14 bar

- Hochdruckwasserstrahlanlage bis 850 bar

- Saugpumpen

- Taucherplattformen mit hydraulischen Kran

- Speziell für Unterwassereinsätze konzipierte Stemm- und Bohrhämmer, Kettensägen und Spreizer

- Für Tauchereinsätze in größeren Tiefen: Druckkammer mit Schleuse

- Unterwasser-Videoanlagen inkl. spezielle Anwendersoftware zur Bearbeitung des Bildmaterials

Gute Deckungskonzepte sollten daher

- **mind. 10 Mio. € als Versicherungssumme sowie**

- **mind. 1 Mio. € für Offshore-Arbeiten und**

- **keine Sublimits für Tätigkeitsschäden (die Deklaration von Schiffen als unbewegliche Sachen kann daher i.d.R. entfallen !)**

beinhalten.

Qualitativ gut aufgestellte Tauchfirmen sind vom Germanischen Lloyd (GL) geprüft und zugelassen.

Exkurs: Germanischer Lloyd

Der **Germanische Lloyd SE** (als Teil der GL-Group) ist als international tätige Klassifikationsgesellschaft ein technisches Dienstleistungsunternehmen mit Sitz in Hamburg.

Der Konzern hat die Rechtsform einer Societas Europaea (SE) und setzte mit rund 6.900 Mitarbeitern an über 200 Standorten in über 80 Ländern zuletzt rund 740 Millionen € um (Stand 31. Dezember 2010).

Das 1867 gegründete Unternehmen blickt auf eine lange Tradition als Schiffsklassifikationsgesellschaft zurück, hat aber in den vergangenen Jahren insbesondere durch Zukäufe sein Industriegeschäft stark ausgebaut.

1977 erfolgte ein weiterer Ausbau des Tätigkeitsbereiches mit dem Gebiet Wasserbau (zum Beispiel der Bau von Schleusen) und durch den Einstieg in die Windenergie.

Kapitel 8
Umwelthaftpflichtversicherung

Umwelthaftpflichtversicherung

Im Grunde gibt es „die UHV" nicht, da in dieser Sparte mittlerweile recht umfangreiche Deckungen bzw. Deckungsbausteine absicherbar sind.

Zusammenspiel BHV und UHV

Die UHV-Basisversicherung verfügt über eigene Versicherungssummen und besteht neben der BHV.

Aufgrund der engen Verzahnung der Risiken kann die UHV immer nur in Verbindung mit einer BHV abgeschlossen werden.

Zur möglichst klaren Abgrenzung der unterschiedlichen Anwendungsbereiche der verschiedenen Versicherungsbedingungen wurde ein Regelungswerk aus mehreren Komponenten geschaffen, dessen Kernpunkt das Umwelthaftpflicht-Modell (UHV-Modell) mit seinem Baustein-Prinzip ist.

Das dabei erarbeitete Regelungswerk setzt sich aus folgenden Komponenten zusammen:

- Einfügung eines Deckungsausschlusstatbestandes in den **AHB** (sog. **Umweltschaden-Nullstellung)** einschließlich der Erläuterung dessen Anwendungsbereichs,

- Gewährung eigenständigen Versicherungsschutzes durch sog. Besondere Bedingungen und Risikobeschreibungen für die Versicherung der Haftpflicht wegen Schäden durch Umwelteinwirkung **(Umwelthaftpflicht-Modell).**

Grundlage dazu ist ein genereller Ausschluss von Umweltschäden in Ziffer 7.10 AHB (ab 2004 – in älteren AHB-Versionen als § 4 I 8 AHB) mit Erläuterungen dessen Anwendungsbereiches (der früher in § 4 I 8 AHB keine Erwähnung fand und dafür durch geschäftsplanmäßige Erklärungen der VR geregelt wurde).

Die Aufnahme von Umweltrisiken kann je nach Betriebsart des Versicherungsnehmers recht umfangreich werden.

Eine Umwelthaftpflichtversicherung beinhaltet als **Grunddeckung** eine Absicherung gegen Haftpflichtansprüche aufgrund von Personen-, Sach- und Vermögensschäden, die durch Umwelteinwirkungen auf die Umweltmedien

- Boden
- Wasser
- und Luft

entstehen.

Eine erweiterte Deckung kann in Abhängigkeit vom individuellen Risiko für verschiedene Bausteine (Umwelthaftpflicht-Modell) abgeschlossen werden, über die Anlagentypen, das Regress- und das allgemeine Umweltrisiko absichert sind.

Umwelthaftpflicht-Modell

Eine Ausnahme von dem Erfordernis eines separaten Vertrages für die Versicherung von Umwelthaftungsrisiken gibt es dann, wenn beim VN lediglich die Umwelthaftpflicht-Basisversicherung erforderlich ist.

In diesem Fall wird die Basisversicherung automatisch (!) zur BHV vereinbart und darin integriert.

Verfügt der Betrieb jedoch über besondere **umweltrelevante Anlagen**, sind diese über das sog. UHV-Modell zu versichern.

Die wesentlichen Teile des eigentlichen Umweltdeckungskonzeptes sind in den Besonderen Bedingungen und Risikobeschreibungen für die Versicherung der Haftpflicht wegen Schäden durch Umwelteinwirkung (Umwelthaftpflicht-Modell) festgelegt.

Das UHV-Modell beinhaltet nach einem Bausteinprinzip in einem Vertrag umfassend den Versicherungsschutz für das

- **Umweltanlagen-Risiko,**
- **das Umweltregress-Risiko**
- **sowie für das Umweltbasis-Risiko.**

Vorteil: Die Versicherung dieser Risiken erfolgt dann in einem gesonderten Vertrag mit eigenen Versicherungssummen neben der BHV.

Gegenstand der Versicherung

Nach Ziff. 1 UHV-Modell wird Versicherungsschutz für durch Umwelteinwirkungen entstandene Schäden auf der Grundlage der AHB geboten.

Diese werden durch zahlreiche Modifikationen den speziellen Bedürfnissen der Deckung von Umweltschäden angepasst.

Gedeckt sind

- **Personen-, Sachschäden**
- und die ausdrücklich aufgeführten reinen **Vermögensschäden**

aufgrund gesetzlicher Haftpflicht privatrechtlichen Inhalts **durch Umwelteinwirkung auf**

- **Boden,**
- **Luft**
- **oder Wasser.**

Ausdrücklich mitversichert sind Allmählichkeitsschäden.

Unter den Begriff der gesetzlichen Haftpflicht **privatrechtlichen** Inhalts fallen alle Schadensersatznormen des Zivilrechts, nach denen ein geschädigter Dritter vom Schadenverursacher Ersatz für erlittene Einbußen verlangen kann.

In der Hauptsache sind dies für den Umweltbereich § 823 BGB, § 22 WHG und § 1 UmweltHG.

Öffentlich-rechtliche Ansprüche (z.B. nach Polizei- und Ordnungsrecht) sind davon dagegen ausgenommen.

Eine Ausnahme wird beim UHV-Modell jedoch unter bestimmten Voraussetzungen für den Ersatz von Aufwendungen vor Eintritt des Versicherungsfalls gemacht.

Was unter dem Begriff der Umwelteinwirkung zu verstehen ist, definiert das UHV-Modell ebenso wenig wie Ziffer 7.10 AHB. Hierzu wird vielmehr auf die gesetzliche Definition in § 3 Umwelthaftungsgesetz (UmweltHG) zurückgegriffen.

Ein Schaden entsteht danach durch eine **Umwelteinwirkung**, wenn er

- durch Stoffe, Erschütterungen, Geräusche, Druck, Strahlen, Gase, Dämpfe, Wärme und sonstige Erscheinungen verursacht wird,
- die sich in Boden, Luft oder Wasser
- ausgebreitet haben.

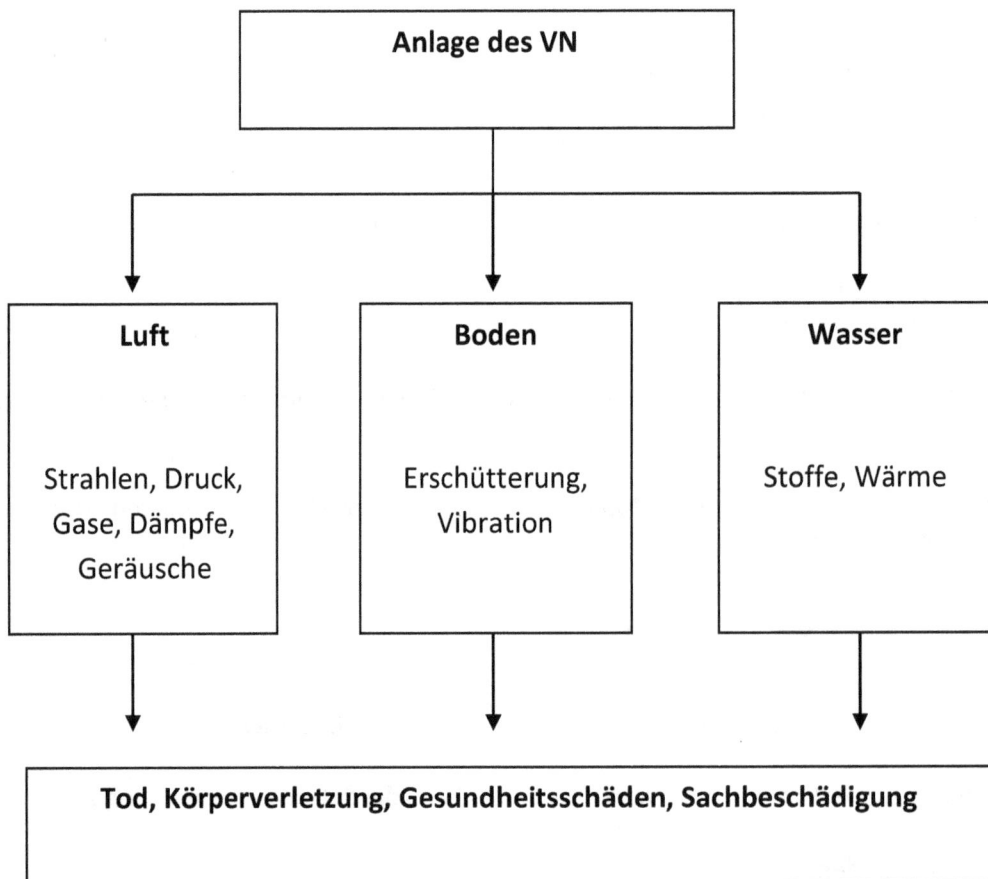

```
                    ┌─────────────────────────────────┐
                    │         Anlage des VN           │
                    └─────────────────────────────────┘
                                    │
           ┌────────────────────────┼────────────────────────┐
           ▼                        ▼                        ▼
    ┌─────────────┐          ┌─────────────┐          ┌─────────────┐
    │    Luft     │          │    Boden    │          │   Wasser    │
    │             │          │             │          │             │
    │  Strahlen,  │          │Erschütterung,│         │Stoffe, Wärme│
    │   Druck,    │          │  Vibration  │          │             │
    │Gase, Dämpfe,│          │             │          │             │
    │  Geräusche  │          │             │          │             │
    └─────────────┘          └─────────────┘          └─────────────┘
           │                        │                        │
           └────────────────────────┼────────────────────────┘
                                    ▼
    ┌───────────────────────────────────────────────────────────┐
    │ Tod, Körperverletzung, Gesundheitsschäden, Sachbeschädigung│
    └───────────────────────────────────────────────────────────┘
```

Entscheidend ist also, dass die Umwelteinwirkung von einer Stelle ausgehend ihren Weg über einen der Umweltpfade (Luft, Boden, Wasser) genommen und sich an einem anderen Ort niedergeschlagen hat, ohne dass es dabei jedoch auf eine Veränderung der Umweltpfade selbst ankommt (Transportfunktion).

Keine Umwelteinwirkung liegt vor, wenn z.B. der Dachdecker einen Ziegel vom Dach fallen lässt und dort einen Passanten trifft oder ein Mitarbeiter in das Imprägnierbecken für Holz fällt.

Für die Abgrenzung der Schadenzuordnung zur BHV oder zur UHV gibt es nach wie vor unterschiedliche Auffassungen, besonders zu den Fällen der **übergreifenden Feuerschäden.**

Je nachdem welcher Auffassung man zur Definition der Umwelteinwirkung folgt, fehlt es an einem Ausbreiten von Funken oder brandverursachender Hitze oder nicht. Danach richtet sich dann die Zuordnung zu den beiden in Frage kommenden Deckungsbereichen.

Einige Versicherer haben diese Probleme gelöst, indem sie eine Zuordnung des Feuerschadens an sich immer als Umweltschaden treffen und so der UHV zuordnen.

Umfang der Versicherung

Das UHV-Modell ist als Einheitsmodell konzipiert, d.h. Personen- Sach- und die aufgeführten echten Vermögensschäden durch Umwelteinwirkung auf alle drei Arten der Umweltmedien (also Boden, Luft, Wasser) aus den betrieblichen Anlagen und dem sonstigen Umweltrisiko werden in einem Vertrag erfasst.

Gleichzeitig ist es auch ein Bausteinmodell, denn Voraussetzung für diesen umfassenden Versicherungsschutz ist die genaue Erfassung und Deklarierung der bausteinartig zu versichernden Risiken des Betriebes im Versicherungsschein (Enumerations- und Deklarationsprinzip).

Zur Erläuterung: **Enumerations- und Deklarationsprinzip**

Der Versicherungsschutz bezieht sich ausschließlich auf die im Versicherungsschein aufgeführten Risiken. Der Versicherungsschutz ist dabei innerhalb der dort aufgeführten Risikobausteine jeweils ausdrücklich zu vereinbaren. Die Gründe für dieses Deklarationsprinzip liegen zum einen in dem erheblichen Risikopotenzial und zum anderen darin, dass es für die Zeichnungsentscheidung des Versicherers notwendig ist, die übernommenen Risiken zu kennen und damit tarifieren zu können. In der Praxis werden Unternehmen zum Teil vom Deklarationsprinzip abweichende Pauschaldeckungen zur Verfügung gestellt.

Vorteil für den VR ist, dass er eine genaue Risikoanalyse für den um Versicherungsschutz nachfragenden Betrieb durchführen und nach dem sich daraus ergebenden Schadenpotential entscheiden kann, welche Risiken er zu welchem Beitrag in Deckung nehmen will.

Auf der anderen Seite ist diese Vorgehensweise für den VN als Betriebsinhaber ebenso vorteilhaft, denn er kann entscheiden, welche Risiken er in Versicherung geben möchte und welche nicht.

Der VN erlangt damit auch einen klaren Überblick über den Umfang seines Versicherungsschutzes.

Folgende Deckungs-/Risikobausteine gibt es:

- Ziffer 2.1: WHG-Anlagen
- Ziffer 2.2: UmweltHG-Anlagen gemäß Anhang 1
- Ziffer 2.3: Sonstige deklarierungspflichtige Anlagen
- Ziffer 2.4: Abwasseranlagen, Einwirkungsrisiko
- Ziffer 2.5: UmweltHG-Anlagen gemäß Anhang 2 (Deckungsvorsorge)
- Ziffer 2.6: Umwelt-Regreßrisiko
- Ziffer 2.7: Umwelt-Basisdeckung

Baustein 2.1: WHG-Anlagen

Hinweis: Versicherungsumfang gemäß Enumerations- und Deklarationsprinzip

---

Anlagen zur Herstellung, Verarbeitung, Lagerung, Ablagerung, Beförderung oder Wegleitung von gewässerschädlichen Stoffen, ausgenommen UmweltHG-Anlagen und Abwasseranlagen.

Unter diesen Deckungsbaustein der Ziffer 2.1 UHV-Modell werden alle Anlagen des VN zusammengefasst, die dazu bestimmt sind, gewässerschädliche Stoffe herzustellen, zu verarbeiten, zu lagern, abzulagern, zu befördern oder wegzuleiten.

Beispiele für Lageranlagen:	Heizöltanks, Tankstellen, Ölfässer, Farbenlager, Pflanzenschutzmittel- und Düngemittellager, Säure- und Laugentanks, Abfalllager, Getreidesilo
Beispiele für HBV-Anlagen:	Imprägnierbecken, Galvanikbecken, Lackieranlage, Metallbearbeitungsmaschinen, Klimaanlagen.

HBV-Anlagen   =   Anlagen zum Herstellen, Behandeln und Verwenden wassergefährdender Stoffe.

Nicht darunter fallen: Kunststoffe, Holz oder nicht gewässerschädliche Gase.

Aufgrund des sehr weiten Anlagenbegriffs des § 22 II WHG macht das UHV-Modell hierfür eine Ausnahme vom Prinzip der exakten Deklarierung und führt eine **Kleingebinderegelung** ein.

Damit werden kleine WHG-Anlagen im Sinne des Ziffer 2.1 bis zu einem gewissen Fassungsvermögen der Umwelt-Basisdeckung gemäß Ziffer 2.7 UHV-Modell zugeordnet.

Von dem Deckungsbereich der Ziffer 2.1 UHV-Modell werden auch solche Anlagen ausgenommen, die in Anhang 1 oder 2 des UmweltHG aufgeführt sind.

Beispiel: Pflanzenschutzmittellager ab einer Lagerkapazität von 5 t fallen unter Anhang 1 des UmweltHG Nr. 86. Sie werden ausschließlich vom Deckungsbereich des Bausteins Ziffer 2.2 erfasst.

Gleiches gilt für Abwasseranlagen (Betriebskläranlagen, Leichtstoffabscheider u.ä.), Einwirkungen auf Gewässer sowie Schäden durch Abwässer und für WHG-Anlagen, die gemäß § 3 III UmweltHG in einem räumlichen oder betriebstechnischen Zusammenhang mit Anlagen gemäß Anhang 1 zum UmweltHG stehen, z.B. für einen Heizöltank, der zum Betreiben einer Anlage zum Erschmelzen von Rohstahl (Nr. 30 der Anlage 1 zum UmweltHG) dient.

Diese Risiken müssen über den jeweils passenden separaten Deckungsbaustein versichert werden.

Schadenbeispiel: Die Betriebstankstelle wird mit dem Gabelstapler gerammt und eine Zapfsäule verliert danach erhebliche Mengen Dieselkraftstoff.
Der Kraftstoff läuft in einen nahe gelegenen Bach, ein Fischsterben ist die Folge. Zudem kontaminiert der Kraftstoff das Grundwasser, welches von einer benachbarten Brauerei genutzt wird. Die Brauerei muss ihre Produktion so lange einstellen, bis ihre Anlagen von dem verdreckten Grundwasser wieder gereinigt sind.

Baustein 2.2:   UmweltHG-Anlagen

Hinweis: Versicherungsumfang gemäß Enumerations- und Deklarationsprinzip

Der Risikobaustein Ziff. 2.2 erfasst alle Anlagen, die in Anhang 1 zum UmweltHG aufgeführt sind.

Ausgenommen die in Satz 2 genannten Anlagen bzw. Tätigkeiten, die dem Risikobaustein Ziff. 2.4 (Abwasseranlagen- und Einwirkungsrisiko) zugewiesen sind.

Sofern die Anlagen i.S.v. Anhang 1 zum UmweltHG zugleich auch solche nach Anhang 2 darstellen (z.B. je nach Mengenschwelle UmweltHG Anhang 2 Ziff.1), unterfallen sie dem Risikobaustein Ziff. 2.5. Anlagen, die in Anhang 1 zum UmweltHG aufgeführt sind, unterliegen einer verschärften Gefährdungshaftung.

Bei ihnen greift insbesondere die Verursachervermutung des § 6 UmweltHG, der Auskunftsanspruch gemäß § 8 UmweltHG und die Ersatzpflicht für Wiederherstellungsmaßnahmen gemäß § 16 UmweltHG.

Die in Anhang 1 zum UmweltHG genannten Anlagen unterliegen im Wesentlichen alle einer öffentlich-rechtlichen Genehmigungspflicht. Beim Inkrafttreten des UmweltHG im Jahre 1990 bestand eine sehr weitgehende Übereinstimmung zwischen dessen Anhang 1 und dem Anhang 1 der Anlagenliste zur 4. BImSchV.

Das UmweltHG ist heute noch in der damaligen Fassung gültig, die 4. BImSchV wurde jedoch seitdem mehr als zehnmal angepasst. Die anfänglich bestehende weitgehende Übereinstimmung zwischen Anhang 1 UmweltHG und Anhang 1 4. BImSchV ist dadurch nur teilweise gegeben.

Über Risikobaustein Ziff. 2.2 zu versichern sind allerdings nicht nur die in Anhang 1 zum UmweltHG genannten Anlagen. Gemäß § 3 Abs. 3 UmweltHG werden bestimmtes Zubehör und Nebeneinrichtungen von der Haftung des UmweltHG erfasst, und zwar dann, wenn mit den in Anhang 1 zum UmweltHG genannten Anlagen oder einem Anlagenteil ein räumlicher oder betriebstechnischer Zusammenhang besteht. Insoweit reicht es nicht, dass die Nebeneinrichtung dem Anlagenzweck lediglich dient (vgl. hierzu auch § 1 Abs. 3 und 4 BImSchV).

Voraussetzung dürfte vielmehr sein, wie unter Ziff. 2.1 bereits ausgeführt, dass das Zubehör bzw. die Nebeneinrichtung zum Betrieb der Anlage gemäß Anhang 1 zum UmweltHG notwendig ist.

Bei der Risikobeurteilung ist es deshalb notwendig, den Kreis der Nebeneinrichtungen bzw. des Zubehörs zu bestimmen, der dem Anlagenbegriff des § 3 UmweltHG zuzurechnen ist. Im Grundsatz bietet sich eine Orientierung am Genehmigungsumfang des BImSchG an, um ihn darauf folgend über das Kriterium der Eignung zur Umweltbeeinträchtigung einzugrenzen.

Bei der Prüfung, ob auf Seiten des Versicherungsnehmers Anlagen im Sinne des Anhangs 1 zum UmweltHG vorhanden sind, ist im übrigen Ziff. 3 des Anhangs 1 zum UmweltHG zu beachten. Danach sind im Rahmen einer Gesamtschau mehrere Anlagen eines Betreibers, die die maßgebenden Leistungsgrenzen, Anlagengrößen oder Stoffmengen im Sinne des Anhangs 1 zum UmweltHG jeweils allein nicht erreichen, dennoch als Anlagen im Sinne des Anhangs 1 zum UmweltHG anzusehen, wenn sie in einem engen räumlichen und betriebstechnischen Zusammenhang stehen und zusammen die Grenzwerte überschreiten.

Schadenbeispiel: In der Erdölraffinerie wird eine weitere Anlage eröffnet. Beim Probedurchlauf kommt es zu einer Explosion und einem Brand. Durch die entstehenden Druckwellen werden Fensterscheiben benachbarter Betriebe eingedrückt, der entstehende Ruß schlägt sich auf Gebäuden und Grundstücken nieder, die daraufhin gereinigt werden müssen.

Baustein 2.3:   Sonstige deklarierungspflichtige Anlagen

Hinweis: Versicherungsumfang gemäß Enumerations- und Deklarationsprinzip

---

Anlagen, die nach dem Umweltschutz dienenden Bestimmungen (z.B. 1., 2. oder 4. BImSchV) einer Genehmigungs- oder Anzeigepflicht unterliegen, soweit es sich nicht um WHG-Anlagen (Risikobaustein 1) oder UmweltHG-Anlagen (Risikobausteine 2 oder 5) handelt.

Unter den Risikobaustein Ziff. 2.3 (sonstige deklarierungspflichtige Anlagen) fallen insbesondere alle Anlagen, die in der 4. BImSchV aufgeführt sind, soweit es sich nicht um gemäß Risikobaustein Ziff. 2.1 zu versichernde WHG-Anlagen, gemäß Risikobaustein Ziff. 2.2 und 2.5 zu versichernde UmweltHG-Anlagen oder um Abwasseranlagen- und Einwirkungsrisiken gemäß Risikobaustein Ziff. 2.4 handelt.

Daneben kommen in Betracht anzeige- und genehmigungspflichtige Anlagen z. B. nach

- dem Kreislaufwirtschaftsgesetz,

- dem WHG (soweit nicht Anlagen nach § 89 Abs. 2 WHG),

- den Wassergesetzen der Länder,

- der Betriebssicherheitsverordnung

- sowie sonstigen Rechtsvorschriften.

Ebenso fallen hierunter solche Anlagen, die vor Inkrafttreten des BImSchG nach den Vorschriften der Gewerbeordnung genehmigt wurden.

Eine Einsichtnahme des Versicherers in die Anzeige- und Genehmigungsunterlagen erleichtert die Zuordnung zu den in Frage kommenden Risikobausteinen.

Schadenbeispiel: Eine Sprengung im Steinbruch wird fehlerhaft ausgeführt. Dadurch werden Steine auf die Straße geschleudert, es kommt zu einem Verkehrsunfall mit Personen- und Sachschäden.

Baustein 2.4: **Abwasseranlagen und Einwirkungen auf Gewässer**

Hinweis: Versicherungsumfang gemäß Enumerations- und Deklarationsprinzip

---

Abwasseranlagen bzw. das Einbringen oder Einleiten von Stoffen in ein Gewässer oder Einwirken auf ein Gewässer.

Im Risikobaustein Ziff. 2.4 werden die Versicherung von Abwasseranlagen- und Einwirkungsrisiken deklariert.

Unter den Begriff der Abwasseranlagen fallen in erster Linie Kläranlagen, Leicht- und Schwerstoffabscheider (z.B. Ölabscheider) und hierzu gehörende Rohrleitungsanlagen sowie sonstige Anlagen, die entweder Abwässer lagern (z. B. Absetzbecken), behandeln oder einleiten.

Risikobaustein Ziff. 2.4 ist bei Einwirkungsrisiken (z.B. die erlaubte Entnahme von Oberflächenwasser zu Kühlzwecken) zu vereinbaren, unabhängig davon, ob die Einleitung direkt in das Gewässer oder indirekt über öffentliche Abwasserbeseitigungsanlagen erfolgt.

Zur Klarstellung:

Bei der Versicherung von Schäden durch Umwelteinwirkungen durch Abwasser- und Einwirkungsrisiken kommt der entsprechende AHB-Ausschluss Ziff. 7.14 nicht zur Anwendung.

Ziff.7.10 (b) AHB betrifft nur den Fall der Umwelteinwirkung durch Abwässer.

Sonstige Schäden durch Abwässer (z.B. durch Bruch eines Abwasserrohres kommt es zu Schäden am Parkett eines Dritten) bleiben im Bereich der Betriebshaftpflichtversicherung, soweit dort Abwasserschäden gedeckt sind.

Schadenbeispiel: Der Ölabscheider der Tankstelle ist unbemerkt defekt. Dadurch gelangen erhebliche Mengen ölhaltiger Abwässer über die Kanalisation in die Kläranlage. Dort wird die Kontamination festgestellt, was zu Betriebsunterbrechung und erheblichen Reinigungsmaßnahmen führt.

Baustein 2.5:   Deckungsvorsorgepflichtige UmweltHG-Anlagen

Hinweis: Versicherungsumfang gemäß Enumerations- und Deklarationsprinzip

---

Anlagen nach Anhang 2 des UmweltHG, für die gemäß UmweltHG eine Deckungsvorsorgepflicht besteht.

Über Risikobaustein Ziff. 2.5 (UmweltHG-Anlage / Pflichtversicherung) werden die Anlagen erfasst, die Anhang 2 zum UmweltHG und damit dem Deckungsvorsorgegedanken des § 19 UmweltHG unterliegen.

Die aus § 20 UmweltHG herrührende Rechtsverordnung zur Deckungsvorsorge ist bisher nicht erfolgt, so dass es faktisch keine Pflichtversicherung für derartige Anlagen gibt.

Es handelt sich hierbei um Anlagen, nach der 12. BImSchV (sogenannte Störfallverordnung).

Hinweis: Die Störfallverordnung (StöV oder 12. BImSchV in Deutschland, StFV in der Schweiz) oder Industrieunfallverordnung (IUV, Österreich) ist eine Verordnung, die den Schutz von Mensch und Umwelt vor den Folgen von plötzlich auftretenden Störfällen bei technischen Anlagen mit Austritt gefährlicher Stoffe regeln soll. Nicht darin geregelt sind entsprechend Allmählichkeitsschäden durch zu hohe Emissionen.
Die Betreiber der betroffenen Betriebsbereiche sind durch die Störfallverordnung verpflichtet, Sicherheitsvorkehrungen zu treffen, um Störfälle von vornherein zu vermeiden, auftretende Störfalle sofort zu erkennen und entsprechend zu handeln sowie deren Auswirkungen auf den Menschen und die Umwelt so weit wie möglich zu minimieren.

Anders als im Risikobaustein Ziff. 2.2 findet sich im Risikobaustein Ziff. 2.5 kein Ausschluss zugunsten der über Risikobaustein Ziff. 2.4 zu deckenden Abwasseranlagen- und Einwirkungsrisiken.

Abwasseranlagen- und Einwirkungsrisiken werden, soweit sie entweder selbst deckungsvorsorgepflichtig sind oder aber Nebeneinrichtungen zu anderen deckungsvorsorgepflichtigen Anlagen darstellen, über Risikobaustein 2.5 versichert.

Grund hierfür ist, dass anderenfalls eine gesonderte Erfassung der deckungsvorsorgepflichtigen Anlagen nicht möglich wäre.

Somit sind für Risikobaustein Ziff. 2.5 auch die in Risikobaustein Ziff. 2.2 ausgeschlossenen Risiken zu deklarieren, wenn ein Abwasseranlagen- oder Einwirkungsrisiko als eine Anlagenkomponente oder Nebeneinrichtung einer Anlage im Sinne des Anhangs 2 zum UmweltHG zu betrachten ist.

Schadenbeispiel: Im Lagerhaus für Pflanzenschutz- und Schädlingsbekämpfungsmittel, das über eine Sicherheitsanalyse entsprechend der Störfallverordnung verfügt, kommt es zu einem Brand.
Dabei entstehen giftige Gase, die sich rasch ausbreiten und zu Atemwegsverletzungen bei Anwohnern und Nachbarbetrieben führen. Außerdem werden benachbarte Produktionsanlagen und Kleingärten mit giftigen Niederschlägen beaufschlagt und müssen aufwändig gereinigt werden.

Baustein 2.6:   Anlagen-Produktrisiko

Hinweis: Versicherungsumfang gemäß Enumerations- und Deklarationsprinzip

Risiken, die aus der Planung, Herstellung, Lieferung, Montage, Demontage, Instandhaltung und Wartung von Anlagen oder Teilen für solche nicht selbst betriebene Anlagen gemäß den Risikobausteinen 1 bis 5 entstehen.

Im Risikobaustein Ziff. 2.6 wird das anlagenspezifische Umwelt-Produktrisiko aus Planung, Herstellung, Lieferung, Montage, Demontage, Instandhaltung und Wartung von Anlagen im Sinne der Risikobausteine Ziff. 2.1 – 2.5 erfasst.

Risikobaustein 2.6 ist notwendig, weil der AHB-Ausschluss Ziff. 7.10 (b) Haftpflichtansprüche wegen Schäden durch Umwelteinwirkung durch die in Ziff. 2.6 benannten Risiken aus dem Versicherungsschutz der Betriebshaftpflichtversicherung ausschließt.

Beim Produktrisiko ist der Versicherungsschutz deshalb zweigeteilt. Neben dem anlagenspezifischen Umwelt-Produktrisiko in der UHV verbleibt das übrige Produktrisiko in der Betriebs- und Produkthaftpflichtversicherung, wie z. B der Schaden an der Wohnungseinrichtung durch den Brand eines gelieferten mangelhaften Fernsehgerätes.

Der Risikobaustein 2.6 hat drei Deckungsinhalte:

- Erstens das Risiko, dass der Versicherungsnehmer Lieferant von Umweltanlagen oder - teilen ist. Wenn durch diese fehlerhaften Produkte beim Betreiber der Anlagen Schäden durch Umwelteinwirkungen bei einem Dritten (z. B. Nachbar) hervorgerufen werden, kann dieser Dritte möglicherweise Schadensersatz vom Anlagenbetreiber fordern. Der Regress des Anlagenbetreibers gegen den Versicherungsnehmer für derartige Schadensersatzansprüche ist im Baustein 2.6 versichert.

- Zweitens besteht Versicherungsschutz für den Fall, dass der Anlagenbetreiber durch die fehlerhaften Produkte des Versicherungsnehmers selbst einen Schaden erleidet.

- Drittens ist auch der Fall erfasst, dass ein Dritter den Versicherungsnehmer als Anlagenhersteller unmittelbar wegen des ihm aus der mangelhaften Leistung entstandenen Schadens infolge einer Umwelteinwirkung direkt in Anspruch nimmt.

Der Versicherungsschutz des Risikobausteins Ziff. 2.6 korrespondiert im Hinblick auf das Merkmal „ersichtlich" der Luftfahrzeugklausel der Betriebshaftpflichtversicherung (vgl. die entsprechende Regelung in Ziff. 7.4.4.3 Muster-Tarifstruktur AT).

Auch Risikobaustein Ziff. 2.6 bezieht sich auf Planung, Herstellung etc. von Anlagenteilen, die ersichtlich für Anlagen gemäß Risikobausteine Ziff. 2.1 – 2.5 bestimmt sind.

Ersichtlich heißt, dass der Planer, Hersteller etc. entweder positiv weiß, dass sein Produkt in den genannten Anlagen Verwendung findet, oder diesen ersichtlich vorhandenen Verwendungszweck infolge Sorglosigkeit nicht bemerkt.

Es müssen also im Betrieb konkrete Anhaltspunkte verfügbar sein. Wenn nur die abstrakte Möglichkeit besteht, dass sie dort Verwendung finden können, ist Risikobaustein Ziff. 2.6 nicht einschlägig.

Für Teile, die nicht ersichtlich für Umweltanlagen bestimmt sind, besteht Versicherungsschutz weiterhin über die Betriebs- und Produkthaftpflichtversicherung.

<u>Ziff. 2.6 stellt klar, dass dieser Risikobaustein nur dann Anwendung findet, wenn der Versicherungsnehmer nicht selbst Inhaber der Anlage ist.</u>

Soweit aber der Versicherungsnehmer hinsichtlich der von ihm hergestellten, gewarteten, montierten usw. Anlagen während dieser Tätigkeit vorübergehend als Inhaber der Anlagen anzusehen ist (z. B. Probebetrieb), besteht ein über Ziff. 2.6 hinausgehendes Bedürfnis nach Versicherungsschutz. Dem kann durch Vereinbarung der Ziff. 2.1 – 2.5 Rechnung getragen werden.

Satz 3 des Risikobausteins Ziff. 2.6 stellt ferner klar, dass die Regelung über die Erstattung von Aufwendungen vor Eintritt des Versicherungsfalls gemäß Ziff. 5 Umwelthaftpflicht-Modell sowohl für den Fall gilt, dass der Versicherungsnehmer ausnahmsweise selbst die Rettungsmaßnahmen durchführt, als auch für den Fall, dass der Versicherungsnehmer vom Anlagenbetreiber wegen solcher Aufwendungen in Regress genommen wird.

Sofern der Versicherungsnehmer die Rettungsmaßnahmen selbst durchführt, besteht allerdings nur dann Deckung, wenn der Versicherungsnehmer vom Anlagenbetreiber für ihn entstandene Aufwendungen hätte in Regress genommen werden können.

Schadenbeispiel: Bei Wartungsarbeiten an der Zapfanlage der Tankstelle seines Kunden schraubt der Installateur die Verbindung zum Tank nicht fest genug an. Beim anschließenden Betrieb platzt der Anschluss weg und erhebliche Mengen Dieselöl treten aus und gelangen auch auf das Nachbargrundstück.

Baustein 2.7:   Umwelt-Basisdeckung

Hinweis: Versicherungsumfang gemäß Betriebsbeschreibung

Das UHV-Modell beruht nur bei den Bausteinen 2.1 – 2.6 auf dem Deklarations- und Enumerationsprinzip.

Aufgrund der Komplexität des Betriebsgeschehens kann allerdings **keine lückenlose** Deklaration aller Risiken erfolgen.

Zur **Ergänzung der in den Ziffern 2.1-2.6** UHV-Modell auf der Basis des Deklarationsprinzips gebotenen Deckung, ist mit Ziffer 2.7 UHV-Modell im Interesse des VN an einem möglichst lückenlosen Versicherungsschutz, sein nicht deklarierungsfähiges allgemeines Umweltrisiko erfasst.

In der deutschen Umwelthaftpflichtversicherung sind neben den unfallmäßigen und plötzlichen Umweltschäden auch Allmählichkeitsschäden gedeckt, also Schäden aus dem Normalbetrieb. Dies jedoch nur, wenn die Anlagen rechtskonform und nach dem Stand der Technik betrieben wurden.

Die wichtigsten Tatbestände, für die dagegen grundsätzlich **kein** Versicherungsschutz besteht, sind:

- bewusste Verstöße gegen Schutzgesetze oder behördliche Vorgaben

- Kleckerschäden

- Schäden, die bei Vertragsbeginn bereits eingetreten waren

- Schäden aus dem nachträglichen Erwerb von kontaminierten Grundstücken (Altlasten)

Unter **Risikobaustein Ziff. 2.7** fallen **als allgemeines Umweltrisiko** das nicht **deklarierungsfähige Umweltrisiko** sowie **alle umweltrelevanten, nicht deklarierungspflichtigen Anlagen**.

Nicht deklarierungspflichtig sind alle Tätigkeiten und Anlagen, soweit sie nicht einem der Risikobausteine Ziff. 2.1 – 2.6 zugeordnet werden können.

Das allgemeine Umweltrisiko wird also in Form einer Negativabgrenzung durch die Risikobausteine Ziff. 2.1 – 2.6 definiert.

Umwelt-Anlagenrisiko

Neben nicht deklarierungsfähigen Umweltrisiken gibt es auch noch Umwelt-Anlagenrisiken, die zwar an sich deklarierungs**fähig** aber nicht deklarierungs**pflichtig** sind, weil die Anlagen keinem der Deckungsbausteine 2.1-2.6 UHV-Modell unterfallen (z.B. weil sie keiner Genehmigungspflicht unterliegen).

Aufgrund ihrer meist geringen Größe ist das Umweltgefährdungspotential dieser Anlagen sehr gering.

Eine Nennung all dieser Anlagen im Versicherungsschein wäre mit einem unverhältnismäßigen administrativen Aufwand verbunden.

Beispiele: - Mühlenbetrieb mit einer Produktionsleistung unter 100 t
    - Heizkraftwerk für den Einsatz von Koks mit einer Wärmeleistung unter 50 Megawatt
    - Steinbruch in dem keine Sprengungen stattfinden
    - Geflügelzucht mit 10.000 Legeplätzen
    - Flüssiggaslagerung in Behältnissen unter 3 t

Diese Anlagen, die dem Anwendungsbereich des Deckungsbausteins 2.7 UHV-Modell zuzuordnen sind, müssen nicht ausdrücklich aufgeführt werden. Notwendig ist allerdings der Bezug der Anlagen zur Betriebsbeschreibung des Unternehmens.

Zu den nicht deklarierungs**pflichtigen** Anlagen gehören alle Anlagen mit Umweltrelevanz, die **keiner** Genehmigungs- oder Anzeigepflicht nach dem Umweltschutz dienenden Bestimmungen unterliegen.

Es handelt sich hierbei insbesondere um solche Anlagen, die nach der 4. BImSchV erst **ab einer bestimmten Leistungsgröße oder einer bestimmten Lagerkapazität der Genehmigungspflicht unterliegen.**

Beispiele: Nicht deklarierungsfähiges **Umweltrisiko:**

1. Ein Arbeitnehmer des Versicherungsnehmers überquert in Ausführung einer dienstlichen Verrichtung unachtsam die Straße.
Ein Tankfahrzeug, das hochexplosive Stoffe geladen hat, muss ausweichen und prallt dadurch gegen ein Gebäude. Dies führt zu einer Explosion des Tankfahrzeugs, was Personen- und Sachschäden zur Folge hat.

2. Dämmstoffe in einem Gebäude verursachen infolge eines Brandes Verrußungsschäden in der Nachbarschaft.

3. Ein auf dem Betriebsgrundstück des Versicherungsnehmers betriebener Kran stürzt um und beschädigt dadurch auf dem Nachbargrundstück einen Öltank. Dies führt zu einer Gewässerkontamination.

Beispiele: Nicht deklarierungspflichtige **Anlagen:**
(nach jeweils gültigen Schwellenwerten der 4. BImSchV)

1. Anlagen zum Lagern von brennbaren Gasen in Behältern mit einem Fassungsvermögen von weniger als 3 Tonnen.

2. Feuerungsanlagen für den Einsatz von Heizöl EL mit einer Feuerungswärmeleistung von weniger als 50 Megawatt.

Der Baustein 2.7 beinhaltet eine Vielzahl umweltrelevanter Anlagen sowie das gesamte nicht deklarierungsfähige Umweltrisiko und bezieht sich auf **Umwelteinwirkungen, die im Zusammenhang mit der betrieblichen Tätigkeit des Versicherungsnehmers stehen** !

Dies bedeutet, dass im Rahmen des Umwelthaftpflicht-Modells auch eine Deklarierung dieser betrieblichen Tätigkeiten erfolgen sollte.

Es bietet sich an, die Betriebsbeschreibung der Betriebshaftpflichtversicherung im Versicherungsschein des Umwelthaftpflicht-Modells zu übernehmen.

Allerdings:	Unter **Risikobaustein Ziff. 2.7 fallen keine Umwelteinwirkungen** durch Risiken, **die aus Anlagen oder Tätigkeiten gemäß den Risikobausteinen Ziff. 2.1 – 2.6 resultieren**, unabhängig davon, ob diese Risikobausteine vereinbart wurden oder nicht.

Risikobaustein Ziff. 2.7 ist also keine Auffangdeckung für deklarierungspflichtige, aber „versehentlich" nicht versicherte Risiken.

Insoweit muss durch die Policierung deutlich gemacht werden, welche Risikobausteine vereinbart sind und welche nicht.

Sind beim Versicherungsnehmer keine Risiken vorhanden, die unter den Anwendungsbereich der Risikobausteine Ziff. 2.1 – 2.6 fallen, kann die Deckung des Basisrisikos in Form der Umwelthaftpflicht-Basisversicherung als Annex zur Betriebshaftpflichtversicherung erfolgen.

Schadenbeispiel:	Im Bürobetrieb vergisst die Mitarbeiterin die Kerzen des Adventskranzes zu löschen. Es kommt zu einem Brand, der neben den eigenen Räumen auch das Nachbarhaus beschädigt.

Hinweis:	**Kleingebinderegelung**

Der Anlagenbegriff des § 22 II WHG ist sehr weitgehend formuliert.

Eine entsprechende Dokumentierung wäre aufgrund der massenhaften Informationen schlichtweg nicht möglich bzw. kaufmännisch sinnvoll.

Für den Bereich der WHG-Anlagen wurde daher eine sog. Kleingebinderegelung als Pauschaldeckung eingeführt, die kleine Behältnisse bis zu einem gewissen Fassungsvermögen grundsätzlich unabhängig von ihrem Inhalt und ihrer Wassergefährdungsklasse dem Baustein 2.7 zuordnet.

Eine entsprechende Formulierung könnte z.B. „100 l/kg in Einzelgebinden bis zu einem Gesamtfassungsvermögen von 1.000 l/kg" lauten.

Diese müssen also nicht besonders deklariert werden. Erst wenn die in der Kleingebinderegelung genannten Mengen überschritten werden, muss die ausdrückliche Deklaration der Anlage und die Vereinbarung des Deckungsbausteins 2.1 UHV-Modell erfolgen.

Allgemeine Hinweise

Transport

Das Umwelthaftpflicht-Modell erweitert den Versicherungsschutz um das **Verwendungsrisiko**.

Diese Deckung ist jedoch auf den räumlichen und gegenständlichen Zusammenhang mit der versicherten Anlage beschränkt !

Versichert ist neben dem Risiko aus der Lagerung von Stoffen **auch die Beschickung der Anlage mit dem Stoff oder die Entnahme des Stoffes aus der Anlage.**

Erfolgt die Verwendung des gelagerten Stoffes in einer anderen versicherten Anlage, **so ist der Transport des Stoffes zwischen den beiden versicherten Anlagen gedeckt, soweit der Transport nicht in deklarierungsfähigen Anlagen gemäß Risikobausteinen Ziff. 2.1 – 2.5 erfolgt und ein räumliches Näheverhältnis zwischen beiden Anlagen besteht.**

Ist dagegen nur eine Lageranlage versichert, **beschränkt sich die Deckung des Verwendungsrisikos auf das Umfeld dieser Lageranlage.** Versichert sind nur die in unmittelbarer Nähe zur Lageranlage (räumlicher Bereich) vorgenommenen Handlungen, die einen Bezug zur Lageranlage (gegenständlicher Bereich) aufweisen müssen. Das mitversicherte Verwendungsrisiko einer Lageranlage endet also jedenfalls dann, wenn sich in der Verwendung das Risiko einer anderen Anlage (z. B. Herstellungs-, Behandlungs- oder Verwendungsanlage) verwirklicht.

Einleitungsrisiko

Gemäß Ziff. 2 Abs. 3 UHV besteht Versicherungsschutz auch dann, wenn im Rahmen der Risikobausteine Ziff. 2.1 – 2.7 Stoffe in Abwässer und mit diesen in Gewässer gelangen.

Beispiel:

Aus einer versicherten WHG-Anlage tritt ein gewässerschädlicher Stoff aus. Dieser kontaminiert jedoch nicht unmittelbar das Gewässer. Vielmehr vermischt er sich im betrieblichen Abwassersystem mit industriellen Abwässern und gelangt damit in das Oberflächengewässer. Dafür besteht Versicherungsschutz. Der Versicherer kann sich insoweit nicht auf den Ausschluss für Abwässer gemäß Ziff. 7.14 AHB berufen.

Schäden vor Vertragsbeginn

Ziff. 6.3 UHV schließt Ansprüche wegen Schäden aus, die vor Beginn des Versicherungsvertrages eingetreten sind („**Vorbelastungsausschluss**"; gelegentlich auch – nicht ganz präzise – als Altlastenausschluss bezeichnet).

Damit soll verhindert werden, dass Versicherungsschutz für Schäden besteht, die zu diesem Zeitpunkt bereits eingetreten sind, aber noch nicht im Sinne der Ziff. 4 festgestellt wurden.

Der Ausschluss gemäß Ziff. 6.3 löst die Altlasten-Problematik jedoch nicht umfassend !

Zum einen **trägt der Versicherer die Beweislast** für die Tatsache, dass der Schaden bereits vor Vertragsbeginn eingetreten ist.

Zum anderen verbleibt dem Versicherungsnehmer Versicherungsschutz für Vorbelastungen im Sinne von Schadenpotentialen, die sich erst langsam aufbauen und bei Vertragsbeginn noch nicht zu einem Schaden im zivilrechtlichen Sinne geführt haben.

Beispiel:

Ein Versicherungsnehmer beantragt eine Umwelthaftpflichtversicherung. Der Versicherer gewährt Versicherungsschutz auf Grundlage der vorgelegten Informationen.

Nach Abschluss des Versicherungsvertrages kommt es nach einer Leckage einer Rohrleitung zu einer Kontamination des Bodens, welche zu einer Belastung des Grundwassers führt. Infolgedessen muss ein Brunnen einer nahegelegenen Brauerei geschlossen werden.

Bei der Begutachtung des Schadens wird festgestellt, dass bereits zum Zeitpunkt des Vertragsschlusses eine unerkannte Vorbelastung des Bodens vorlag, durch die jedoch das natürliche Rückhaltevermögen des Bodens noch nicht überschritten war.

Erst die zusätzliche Belastung durch die Leckage der Rohrleitung führt zur Überschreitung des Rückhaltevermögens und damit zum Schaden.

Der Ausschluss **Ziff. 6.3** ist hier **nicht anwendbar**.

Hieraus wird deutlich, dass bei vorhandenen Vorbelastungen selbst kleine Ursachen zu beträchtlichen Schäden führen können. Dem Gesichtspunkt der genauen Risikoanalyse kommt daher überragende Bedeutung zu.

Der Beispielsfall zeigt wie wichtig es sein kann das Risiko vor Ort zu besichtigen, technische Untersuchungen durchzuführen und dabei neben dem Alter und Zustand der Anlagen z. B. die geologischen Besonderheiten, eventuelle Vorbelastungen, die Qualität der Betriebsführung etc. in seine Betrachtung mit einzubeziehen.

Letztlich hängen Umfang und Schwerpunkt der Risikoanalyse jeweils von den Gegebenheiten des konkreten Einzelfalles ab.

Folgende Zeitstrahle sollen den Regelungsgehalt der Ziff. 6.3 beispielhaft näher erläutern:

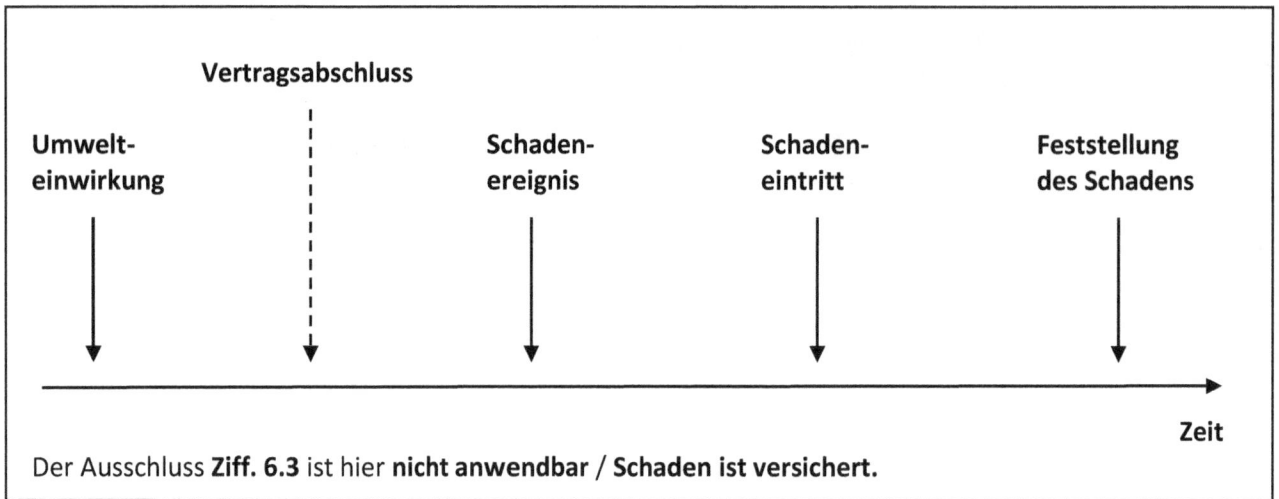

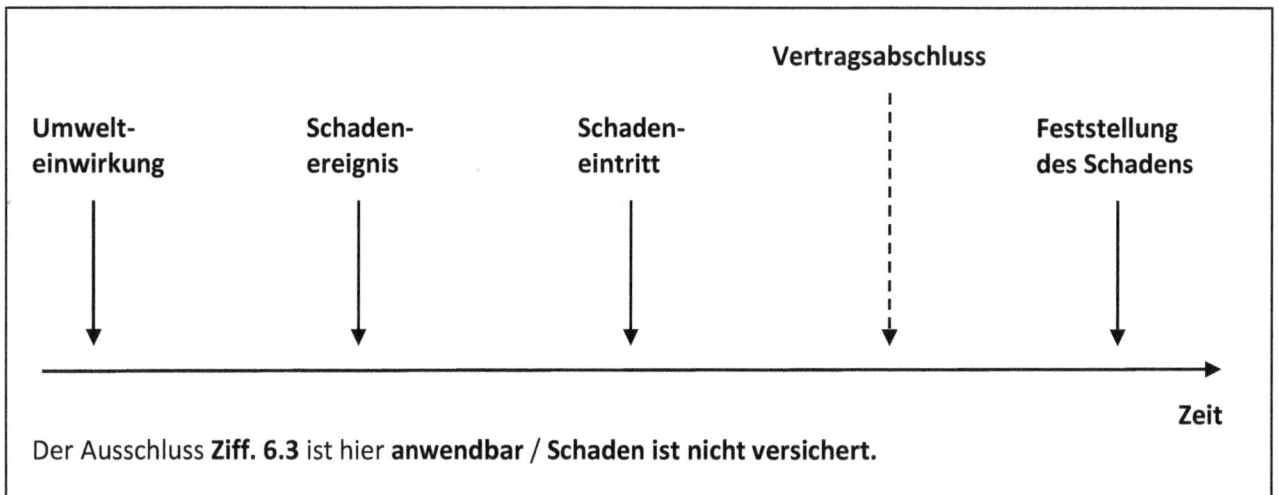

Vertragsabschluss

| Umwelt-einwirkung | | Schaden-ereignis | Schaden-eintritt | Feststellung des Schadens |

→ Zeit

Der Ausschluss **Ziff. 6.3** ist hier **nicht anwendbar / Schaden ist versichert.**

Vertragsabschluss

| Umwelt-einwirkung | Schaden-ereignis | Schaden-eintritt | | Feststellung des Schadens |

→ Zeit

Der Ausschluss **Ziff. 6.3** ist hier **anwendbar / Schaden ist nicht versichert.**

Verfüllung und Rekultivierung von Erdaushubdeponien, Kiesgruben, Steinbrüchen und sonstigen Tagebau-Abbaugruben

Das Umweltrisiko bei bzw. nach einer Verfüllung der genannten Steinbrüche / Gruben ist nicht unproblematisch.

Sollte der VN ggf. die Grube mit kontaminiertem Massen (z.B. Erdaushub von Baustellen) verfüllen, kann es sich sehr schnell um einen Großschaden handeln.

Grund: I.d.R. sind diese Gruben (Tagebau-Abbaugruben etc.) aufgrund ihrer Tiefe fast immer direkt im Grundwasserbereich (= Drittschadenrisiko!).

Ferner sind die Obliegenheiten des VN recht umfangreich:

- Äußerst genaue „Buchführung" über die eingehenden Erdmassen

- Eigenkontrollen (durch Bodenproben messen von Schadstoffen und Radioaktivität)

- Genehmigung / Plangenehmigung nach Abfallrecht (wodurch es sich um eine Anlage nach Baustein 2.3 handelt !)

Serienschaden

Für den Umfang der Leistung des Versicherers bildet die vereinbarte Versicherungssumme die Höchstleistung bei jedem Versicherungsfall.

Die Versicherer benötigen neben der Festlegung der Versicherungssumme aus Kapazitätsgründen einerseits eine Versicherungssummen-Maximierung und andererseits eine Begrenzung für Serienschäden (Ziff. 7.2).

Ziff. 7.1 sieht eine **pauschale Versicherungssumme** vor. Das hat u. a. den **Vorteil**, dass bei eng zusammenhängenden Schadenszenarien, die sowohl Personen-, als auch Sach- und Vermögensschäden betreffen können, **keine aufwändige Zuordnung zu verschiedenen Versicherungssummen notwendig wird.** Das Gleiche trifft auch auf das Sublimit für Aufwendungen vor Eintritt des Versicherungsfalls gemäß Ziff. 5.5 zu.

Der in Ziff. 7.2 enthaltenen **Serienschadenklausel** kommt besondere Bedeutung zu.

Durch die **Schadenfeststellungstheorie** wird die Feststellung eines jeden einzelnen Schadens zum Versicherungsfall.

Ein betriebliches Ereignis, z. B. eine Explosion, vermag daher eine Vielzahl von Versicherungsfällen zu bewirken, die zu ganz unterschiedlichen Zeitpunkten festgestellt werden, z. B. Personenschäden mehrerer durch die Druckwelle Geschädigter.

Diese Vervielfachung der Zahl der Versicherungsfälle kann mit der AHB-Serienschadenklausel (Ziff. 6.3 AHB) nicht begrenzt werden, da diese auf das Schadenereignis abstellt.

Die AHB-Serienschadenklausel stellt auf die Ursache, die Serienschadenklausel in der Umwelthaftpflichtversicherung hingegen auf die Umwelteinwirkung ab.

Die Serienschadenklausel in Ziff. 7.2 wird daher der Versicherungsfall-Definition in der Umwelthaftpflichtversicherung gerecht. Die Auswirkungen der Entscheidung des BGH IV ZR 184/89 vom 28.11.1990 zur Serienschadenklausel im Rahmen der Architekten-Berufshaftpflichtversicherungs-Bedingungen (VersR 1991, S. 175-176) wurden berücksichtigt, indem bei unmittelbar auf gleichartigen („gleichen") Ursachen beruhenden Umwelteinwirkungen „ein innerer, insbesondere sachlicher und zeitlicher Zusammenhang" zwischen den gleichen Ursachen verlangt wird.

Gemäß Ziff. 7.2 ist zwischen

- **„derselben Umwelteinwirkung"**

- **mehreren Umwelteinwirkungen aus „derselben Ursache"**

- **und solchen aus „gleichen Ursachen"**

zu unterscheiden.

Beispiel für

– dieselbe Umwelteinwirkung:

Infolge einer Betriebsstörung kommt es zum Austritt einer chemischen Substanz in die Luft, wodurch mehrere Personenschäden verursacht wurden.

– auf derselben Ursache beruhende Umwelteinwirkungen:

Eine Betriebsstörung führt sowohl zu Umwelteinwirkungen auf die Luft als auch auf den Boden.

– auf gleichen Ursachen beruhende Umwelteinwirkungen:

Der Filter einer umweltrelevanten Anlage muss in Intervallen einer Wartung unterzogen werden. Dies wird wiederholt versehentlich nicht fristgemäß durchgeführt, was ab den fälligen Wartungsterminen zu einem erhöhten Schadstoffausstoß in die Luft und zu einer Verschmutzung des Nachbargebäudes führt.

Besonders zu berücksichtigen ist, dass die Serienschadenklausel für Aufwendungen vor Eintritt des Versicherungsfalles (Ziff. 5) nicht gilt, weil noch kein Versicherungsfall eingetreten ist.

Weiterhin ist zu beachten, dass die **Serienschadenklausel nur „während der Wirksamkeit der Versicherung" eintretende Versicherungsfälle umfasst.**

Demnach fallen z. B. Schäden, die erst nach Beendigung des Vertragsverhältnisses eintreten und festgestellt werden, nicht mehr unter den Versicherungsschutz, auch wenn sie Teil einer auf derselben Umwelteinwirkung beruhenden Serie von Schäden sind.

Hinweis: Die **Serienschadenklausel gemäß Ziff. 7.2** des Umwelthaftpflicht-Modells findet auf die **während der Nachhaftungszeit** festgestellten Schäden (= Versicherungsfälle) **keine Anwendung**, da Ziff. 7.2 nur während der Wirksamkeit der Versicherung eingetretene Versicherungsfälle erfasst !

Der Nachhaftungszeitraum gehört nicht zur „Wirksamkeit der Versicherung", wie sich aus der Verwendung dieses Begriffs in Ziff. 8.1 ergibt.

Eine Begrenzung der Leistungspflicht für während der Nachhaftungszeit festgestellte Schäden einer Serie wird im Ergebnis nur dadurch bewirkt, dass die Schadensersatzleistungen insgesamt auf die Versicherungssumme des Versicherungsjahres angerechnet werden, in dem das Versicherungsverhältnis endet.

Bei Versicherungsfällen einer in tatsächlicher Hinsicht einheitlichen Schadenserie, die einerseits in die Wirksamkeit der Versicherung und andererseits in die Nachhaftungszeit fällt, kann daher im Ergebnis die Versicherungssumme zweimal zur Verfügung zu stellen sein:

- Zum einen hinsichtlich der während der Nachhaftungszeit festgestellten Schäden in Höhe des unverbrauchten Teils der Versicherungssumme des Versicherungsjahres, in dem das Versicherungsverhältnis geendet hat.

- Zum anderen hinsichtlich der während der Wirksamkeit der Versicherung festgestellten Schäden in Höhe der Versicherungssumme eines früheren Versicherungsjahres, auf das hin diese Versicherungsfälle gemäß Ziff. 7.2 kontrahiert werden.

Ausland

Gemäß Ziff. 1.1 richtet sich der Versicherungsschutz nach den Allgemeinen Versicherungsbedingungen für die Haftpflichtversicherung (AHB) und der Vereinbarungen des Umwelthaftpflicht-Modells, so dass es für im Ausland eintretende Versicherungsfälle grundsätzlich bei der Anwendbarkeit des Ziff. 7.9 AHB bleibt.

Wegen der zugrunde liegenden Versicherungsfalldefinition und des entsprechenden Hinweises in Ziff. 4 der Bedingungen auf Ziff. 1 AHB, bezieht sich der Versicherungsschutz im Rahmen des Umwelthaftpflicht-Modells **nicht auf Haftpflichtansprüche, die auf im Ausland eintretenden Versicherungsfällen** (Feststellung eines Personen-, Sach- oder gemäß Ziff. 1.2 mitversicherten Vermögensschadens) beruhen.

Das Umwelthaftpflicht-Modell ist in seiner Konzeption eindeutig auf die deutsche Haftungslage zugeschnitten (vgl. z. B. die Einordnung der Anlagen Ziff. 2.1 – 2.5 nach deutschem Haftungsrecht).

Für die Planung, Herstellung oder Lieferung von Anlagen oder Teilen von Anlagen, die ersichtlich für das Ausland bestimmt sind, das direkte Produktrisiko sowie für Montage-, Wartungs- oder Reparaturarbeiten im Ausland **erhält der Versicherungsnehmer nur aufgrund besonderer Vereinbarung Versicherungsschutz für Versicherungsfälle im Ausland** über das Umwelthaftpflicht-Modell (vgl. im Einzelnen die entsprechenden Ausführungen zu Ziff. 9.1).

Ziff. 9 stellt für **im Ausland gelegene Hilfs-, Zweig- und Nebenbetriebe** sowie für im Ausland gelegene **rechtlich selbstständige Niederlassungen** der Tochterunternehmen des Versicherungsnehmers **keinen** Versicherungsschutz zur Verfügung.

Soweit der Versicherungsnehmer für diese Risiken Versicherungsschutz für im Ausland eintretende Versicherungsfälle begehrt, bedarf es **individueller, der Haftungssituation in den jeweiligen Ländern** angepasster Versicherungskonzepte.

Abweichend von Ziff. 7.9 AHB erstreckt das Umwelthaftpflicht-Modell in Ziff. 9.1 den Versicherungsschutz auf bestimmte im Ausland eintretende Versicherungsfälle.

Mitversichert sind nach Ziff. 9.1 im Ausland eintretende Versicherungsfälle, die auf eine im Inland gelegene Anlage oder eine Tätigkeit im Inland im Sinne der Ziff. 2.1 – 2.7 zurück zu führen sind.

Im Ausland eintretende Versicherungsfälle im Sinne der Ziff. 9 sind solche, bei denen die nachprüfbare erste Feststellung des Schadens im Ausland erfolgt.

Beispiele:

- Der Versicherungsnehmer ist Inhaber einer Anlage im Inland, aus der nach einer Betriebsstörung ein giftiges Gas entweicht.
  Dieses gelangt durch die Luft auf das Gebiet eines Nachbarstaates. Dort werden mehrere Personenschäden festgestellt.

- Aufgrund fehlerhafter Wartungsarbeiten des Versicherungsnehmers an einer im Inland gelegenen Anlage gemäß Ziff. 2.1 – 2.5 gelangt eine giftige Flüssigkeit in das Grundwasser.
  Eine auf der anderen Seite der Staatsgrenze gelegene Brauerei stellt fest, dass sie wegen der Verunreinigung des Grundwassers ihren Brunnen nicht mehr nutzen kann.

- Ein Mitarbeiter des Versicherungsnehmers verschuldet auf einem Dienstgang im Inland einen Verkehrsunfall, als er die Straße überqueren will.
  Aus einem an dem Unfall beteiligten LKW entweicht ein geruchloses, giftiges Gas, welches von einigen Personen einer Reisegruppe aus den USA eingeatmet wird.
  Nach der Rückkehr in die USA wird der Personenschaden festgestellt.

Soweit es um im Ausland eintretende Versicherungsfälle geht, die auf Tätigkeiten gemäß Ziff. 2.6 im Inland zurückzuführen sind, besteht Versicherungsschutz nur, wenn die Anlagen und Teile nicht ersichtlich für das Ausland bestimmt waren.

Beispiele:

- Der Versicherungsnehmer stellt im Inland Filterelemente für Heizkraftwerke gemäß Ziff. 2.2 her, die für ihn nicht ersichtlich von einem Abnehmer ins Ausland exportiert wurden.
  Nachdem ein damit ausgerüstetes Heizkraftwerk im Ausland in Betrieb genommen wird, verursacht ein fehlerhaftes Filterelement eine Umwelteinwirkung, die zu Personenschäden führt.

⇨ Da das Filterelement nicht ersichtlich für das Ausland bestimmt war, besteht Versicherungsschutz.

- Der Versicherungsnehmer plant im Inland eine Anlage gemäß Ziff. 2.1 – 2.5. Sein Plan wird von ihm an eine Firma im Ausland verkauft, die die Anlage nach dem Plan des Versicherungsnehmers erstellt.
  Nach der Inbetriebnahme der Anlage entweicht nach einer Betriebsstörung eine giftige Gaswolke, die bei in der Nachbarschaft wohnenden Personen zu Gesundheitsschäden führt.

⇨ Hier besteht kein Versicherungsschutz gemäß Ziff. 9.1, da diese Bedingung auch zur Anwendung kommt, wenn das Ergebnis der planenden Tätigkeit des Versicherungsnehmers ersichtlich für das Ausland bestimmt ist.

War es für den Versicherungsnehmer im Rahmen seiner Tätigkeit gemäß Ziff. 2.6 nicht ersichtlich, dass die Anlagen oder Teile für das Ausland bestimmt waren, so besteht Versicherungsschutz, falls die Anlagen oder Teile im Ausland Versicherungsfälle verursachen.

In der BHV wäre es vergleichbar mit der „direkten / indirekten Export"-Thematik.

Beispiel:

- Der Versicherungsnehmer erstellt für ein Unternehmen im Inland eine Anlage gemäß Ziff. 2.1 – 2.5. Nach einiger Zeit wird das Unternehmen von einem europäischen Konzern übernommen, der die Anlage abbaut und in einem anderen Land wieder in Betrieb nimmt. Dort führt der Betrieb der Anlage durch eine Umwelteinwirkung zu Personenschäden, für die der Versicherungsnehmer aufgrund der Gesetze des Landes in Anspruch genommen wird.

Verursacht der Versicherungsnehmer auf einer **Geschäftsreise oder anlässlich der Teilnahme an einer Ausstellung bzw. Messe** ein Umweltschaden, so besteht Versicherungsschutz für im Ausland eintretende Versicherungsfälle. Diese Regelung gilt analog der „Geschäftsreisen"-Mitversicherung in der BHV, in der i.d.R. ein weltweiter Versicherungsschutz gegeben ist.

Umweltschadenversicherung

Die **Umweltschadenversicherung** (USV) ist eine sinnvolle Ergänzung zur BHV / UHV eines VN.

Zusammenspiel UHV und USV

Die **Umwelthaftpflichtversicherung** bietet Versicherungsschutz für **privatrechtliche** Schadensersatzansprüche Dritter, z. B. Schadensersatzanspruch für einen erlittenen Gesundheitsschaden.

Die **Umweltschadenversicherung** befasst sich dagegen mit **öffentlich-rechtlichen** Ansprüchen, z. B. der Wiederansiedlung einer geschützten Tierart.

Mit dem Umweltschadensgesetzt vom 14. November 2007 haften in Deutschland Verursacher von Umweltschäden nicht nur für Schäden an Einzelpersonen, sondern grundsätzlich für Schäden an Flora, Fauna, Gewässern und Böden, und sind zur Sanierung verpflichtet.

Für Unternehmen bringt diese Haftungssituation eine Vielzahl nicht kalkulierbarer Risiken mit sich.

So haften Unternehmen für Schäden resultierend aus einem Störfall wie auch aus dem genehmigten Normalbetrieb.

Neu ist auch, dass Umweltverbände bei Anzeichen von Schäden eine Untätigkeitsklage gegen die zuständige Fachbehörde, die bei drohendem Schaden eigentlich gegen den Verursacher aktiv werden muss, einreichen können.

Außerdem kann bei der Suche nach dem Verursacher von Umweltschäden die so genannte Durchgriffshaftung angewendet werden. Damit können <u>Geschäftsführer und Vorstände persönlich</u> für die Sanierung verursachter Umweltschäden haftbar gemacht werden.

Deckungskonzepte

Die sich aus dieser neuen Haftungssituation ergebenen Risiken werden <u>nicht</u> durch die Deckungskonzepte der <u>Umwelthaftpflichtversicherung</u> übernommen.

Die Umwelthaftpflichtversicherung bietet lediglich Deckung auf Ersatzansprüche bei Sachschäden oder gesundheitlichen Beeinträchtigungen von Personen – ökologische Schäden sind jedoch nicht Bestandteil.

Die Musterbedingung sieht eine Grunddeckung für Schäden außerhalb des eigenen Betriebsgrundstücks vor und ist auf Schäden an eigenen Grundstücken erweiterbar – sogar für Bodenkontamination im Sinne des Bundesbodenschutzgesetzes, auch bekannt als „Bodenkasko".

Die Erweiterung der Grunddeckung gilt jedoch nur, wenn die Parteien dies ausdrücklich - gegen ein entsprechend höheres Entgelt - vereinbart haben.

Der Versicherungsschutz der Umweltschadenversicherung umfasst also

- die Prüfung der gesetzlichen Verpflichtung

- die Abwehr unberechtigter Inanspruchnahme

- und die Freistellung des Versicherungsnehmers von berechtigten Sanierungs- und Kostentragungsverpflichtungen gegenüber der Behörde oder einem sonstigen Dritten.

Schadenbeispiele: Ein Blitzeinschlag setzt die Lagerhalle des Versicherungsnehmers in Brand. Mit dem Löschwasser gelangen die dort gelagerten Chemikalien und Pflanzenschutzmittel in die Kanalisation und von dort in einen Fluss. Die angesiedelten Lachse werden vernichtet. Die Behörde verlangt vom Versicherungsnehmer eine Wiederansiedlung der Lachspopulation.

Infolge von Schweißarbeiten gerät der Dachstuhl eines alten Gebäudes in Brand. Dadurch wird eine geschützte Fledermausart vertrieben. Die Behörde verlangt vom Versicherungsnehmer die Wiederansiedlung der Fledermausart.

Eine USV besteht aus einer **USV-Grunddeckung**

sowie aus den **Zusatzbausteinen** **1 und 2**

Grunddeckung	Zusatzbaustein 1	Zusatzbaustein 2

2.1.1. WHG-Anlagen
2.1.2. Umwelt-HG-Anlagen
2.1.3. Sonstige deklarierungs-pflichtige Anlagen
2.1.4. Abwasseranlagen / Einwirkungsrisiken
2.1.5. Umwelt-HG-Anlagen / Pflichtverletzungen
2.1.6. Umweltschaden-Regressrisiken
2.1.7. (nicht qualifizierte) Umwelt-Produktrisiken
2.1.8. Umwelt-Basisrisiken:
  - Sonstige Anlagen / Betriebseinrichtungen
  - Tätigkeiten auf eigenen oder fremden Grundstücken
  - landw. Ausbringungsrisiko
	Mitversicherung der Biodiversitätsschäden auf VN-Grundstück.
	
	Schäden auf VN-Grundstück nach USchadG, sofern die menschliche Gesundheit bedroht ist.
	
	Mitversicherung von Oberflächengewässern.
		Schäden auf VN-Grundstück über das USchadG hinaus.

Versicherte Kosten

Über die Umweltschadenversicherung sind die folgenden Sanierungskosten einschließlich notwendiger

- Gutachter-,
- Sachverständigen-,
- Anwalts-,
- Zeugen-,
- Verwaltungsverfahrens-
- und Gerichtskosten

ersatzfähig (Ziff. 5 BB AHB USV).

Bei Schäden an geschützten Arten und natürlichen Lebensräumen (sogenannte Biodiversitätsschäden) sowie bei Gewässerschäden unterscheidet man in drei Sanierungsarten:

Primäre Sanierung

Hierbei werden die geschädigten Ressourcen sowie deren Funktionen in den Ausgangszustand zurückversetzt (Ziff. 5.1.1. BB AHB USV).

Ergänzende Sanierung

Bei der ergänzenden Sanierung wird ggf. an einem anderen Ort, der möglichst geografisch im Zusammenhang mit dem geschädigten Ort stehen soll, der Zustand der natürlichen Ressourcen und / oder deren Funktionen wiederhergestellt (Ziff. 5.1.2. BB AHB USV).

Ausgleichssanierung

Hier erfolgt ein Ausgleich für Verluste von natürlichen Ressourcen und von deren Funktionen, die bis zur Wiederherstellung entstehen (Ziff. 5.1.3. BB AHB USV). Der Ausgleich erfolgt dann durch zusätzliche Verbesserungsmaßnahmen der Lebensräume und Arten bzw. der Gewässer. Dies kann an dem geschädigten Standort oder an einem anderen Ort erfolgen.

Da diese Sanierungskosten gesetzlich nicht klar umrissen sind, ist zur Risikobegrenzung für den Versicherer nach der GDV-Empfehlung ein Sublimit (Höchstersatzleistung unterhalb der Versicherungssumme) empfohlen.

Hinweis: Kosten für o.g. Sanierungsmaßnahmen bei Schäden auf eigenen Grundstücken des Versicherungsnehmers oder am Grundwasser sind nur dann versichert, wenn der entsprechende Baustein 1 vereinbart ist.

Zusammenspiel der einzelnen Bausteine (ohne USV):

ohne Anlagenrisiko

mit Anlagenrisiko

Gewässerschadenhaftpflicht

„unmittelbare- und mittelbare
Folgen von Veränderungen eines
Gewässers"

Sachschadendeckung

Gewässerschadenhaftpflicht

„unmittelbare- und mittelbare
Folgen von Veränderungen eines
Gewässers"

**Personen-, Sach- und
Vermögensschäden aufgrund
Veränderungen eines Gewässers**

**Umwelthaftpflicht – Modell
Bausteine:**   2.1
                2.2
                2.3
                2.4
                2.5
                2.6
                2.7

Umwelthaftpflicht – Basisversicherung

Deckungsinhalt sind Kleingebinde u.ä.
integriert in BHV

Personen-, Sach- und Vermögensschäden

Bei Vereinbarung
des **UHV-Modells
ist das Basisrisiko
dann über 2.7**
abgedeckt !

Anlage

Die Architektendeckung

Mehr Details zum Thema:
„1x1 der Architektenhaftpflicht", Marc Latza / Independent-Verlag Marc Latza

Die Aufgabe einer Berufshaftpflichtversicherung

Die Aufgabe einer Berufshaftpflichtversicherung ist es, den Architekt / Ingenieur vor finanziellen Belastungen zu schützen, die seine Liquidität bzw. seine Existenz gefährden könnten.

Die Berufshaftpflicht schützt im Schadensfall nicht nur das Vermögen des Architekten, sondern soll auch gewährleisten, dass der Schaden des Bauherrn abgesichert ist.

Eine Berufshaftpflichtversicherung kann freiberuflich oder nebenberuflich tätigen Architekten und Ingenieuren angeboten werden und zwar entweder als

durchlaufende Jahresversicherung

oder

objektbezogene Versicherung für ein einzelnes Bauvorhaben.

Anzumerken ist hier allerdings die unterschiedliche Berechnung des entsprechenden Beitrages.

Bei den Jahresverträgen wird i.d.R. die Jahreshonorarsumme (JHS) berücksichtigt und bei den Objektdeckungen die jeweilige Bausumme.

Da diese Summen und somit die Berechnungsgrundlage in ihrer Höhe sehr unterschiedlich sein können, rechnen sich die Jahresverträge schon meistens ab dem 2. oder 3. Planungsobjekt !

Ferner kann es bei der Objektdeckung zu Versicherungslücken kommen ! Hierauf gehe ich im Thema „Das Verstoßprinzip" explizit ein.

Zur freiberuflichen oder nebenberuflichen Tätigkeit des Architekten / Ingenieurs gehören alle Leistungen, die nach den landesrechtlichen Architekten-/Ingenieurgesetzen sowie der einschlägigen Honorarordnung HOAI unter sein Berufsbild fallen.

Leistungspflicht des Versicherers

Die Leistungspflicht des Versicherers umfasst neben der Aufklärung des Sachverhalts in technischer und juristischer Hinsicht folgendes:

- Prüfung der Haftpflichtfrage nach Grund und Höhe

- Abwehr unberechtigter und überhöhter Ansprüche   => Rechtsschutzfunktion

- Befriedigung berechtigter Schadensersatzansprüche
  durch Zahlung einer Entschädigung   => Freistellungsfunktion

Deckungssummen

Regel-Deckungssummen: 3.000.000 EUR   für Personenschäden
500.000 EUR   für sonstige Schäden
(Sach- und Vermögensschäden)

Die Deckungssummen müssen vorausschauend vereinbart werden, um zukünftige Schäden, sogenannte Spätschäden, regulieren zu können: Führen Verstöße erst Jahre später zu Schäden, fallen die dann üblichen Kosten für die Sanierung an, wobei für den Verstoß nur die früheren Deckungssummen zur Verfügung stehen !

Gegen den Architekten oder Ingenieur gerichtete Ansprüche resultieren aus

- Personenschäden

- Sachschäden, insbesondere Vermögensfolgeschäden – üblicherweise in Verbindung mit Bauwerksmängeln/-schäden sowie aus

- reinen Vermögensschäden.

Innerhalb eines Versicherungsjahres könnten mehrere Verstöße begangen werden, deren Schadenvolumen die Deckungssumme erreicht.

Allgemein üblich ist daher eine zwei- bzw. dreifache Begrenzung der Deckungssumme, die sog. Deckungssummenmaximierung.

Konstrukt der am Bau beteiligten Parteien

Um den Versicherungsnehmer vollständig beraten zu können, ist es notwendig sich das Rollenverhältnis der Beteiligten, deren Aufgaben und Pflichten zu verdeutlichen.

Die Baubeteiligten sind der Auftraggeber (Bauherr), der Planer (Architekt / Ingenieur) und das bauausführende Unternehmen (Baufirma, Generalübernehmer, Generalunternehmer, Bauträger).

Für Sonderaufgaben (Baustatik, Baugrund, technische Gebäudeausrüstung etc.) werden Sonderfachleute hinzugezogen.

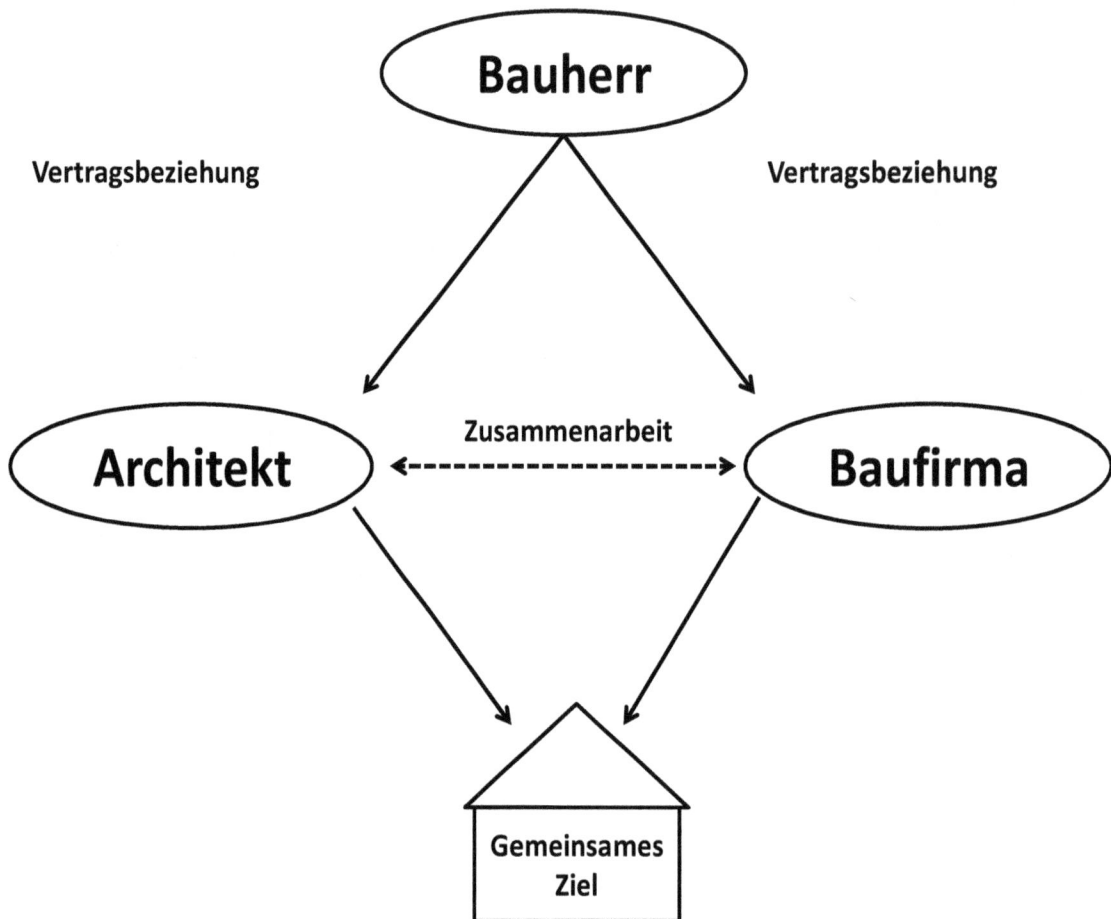

```
                          ┌─────────────┐
                          │   Bauherr   │
                          └─────────────┘
                           ╱           ╲
   Vertragsbeziehung      ╱             ╲     Vertragsbeziehung
                         ↓               ↓
        ┌──────────┐   Zusammenarbeit   ┌──────────┐
        │ Architekt│ <--------------->  │ Baufirma │
        └──────────┘                    └──────────┘
                   ╲                   ╱
                    ↓                 ↓
                      ┌─────────────┐
                      │ Gemeinsames │
                      │    Ziel     │
                      └─────────────┘
```

Der Architekt ist der Sachwalter des Bauherrn

Ureigenste Aufgaben des Architekten sind üblicherweise

- den Bauherrn in technischer-, wirtschaftlicher-, finanzieller- und rechtlicher Hinsicht zu beraten,

- das Bauobjekt zu planen,

- die Vergabe der Bauleistungen vorzubereiten und bei ihr mitzuwirken,

- die Ausführung des Objektes zu überwachen.

Der Architekt steht daher nach seinem Berufsbild <u>nicht</u> auf der Seite der Bauhandwerker, die die Bauleistungen zu erbringen haben !

Der Bauherr ist in der Regel in allen Angelegenheiten des Bauens unerfahren.

Hinweis:

Den Begriff „Bauherr" kennt das allgemeine Baurecht nicht !

Der Bauherr wird in den jeweiligen Rechtsbereichen daher wie folgt unterschiedlichen tituliert:

a) im BGB als Besteller

b) die VOB bezeichnen ihn als Auftraggeber

c) innerhalb der Landesbauordnung wird der Bauherr definiert als derjenige, „der auf seine Verantwortung eine bauliche Anlage vorbereitet oder ausführt oder ausführen oder vorbereiten lässt".

Der Bauherr vertraut daher dem Architekten umfassend:

Der Architekt berät bzgl. Baumethode, Baumaterialien, Sonderfachleuten, Bauunternehmer, Vertragsgestaltung, staatliche Fördermöglichkeiten, Baukosten, Bauzeit etc.

Die technischen- und rechtsgeschäftlichen Entscheidungen des Architekten kosten das Geld des Bauherrn!

Im Rahmen dieses Vertrauensverhältnisses wird der Architekt ganz allgemein zum Sachwalter des Bauherrn, was ihn zu umfassender Beratung, Aufklärung und Offenbarung verpflichtet.

Macht der Architekt einen Fehler, schlägt sich dieser, meist bevor er bemerkt wird, in der körperlichen Bauleistung bzw. in den Kosten nieder.

Die Architektenleistung soll sicherstellen, dass das Bauvorhaben plangerecht und mangelfrei ausgeführt wird, sie besteht u.a. in

- gegenständlichen Planzeichnungen

- mündlichen Verhandlungen mit Behörden

- Einsatz von Fachwissen bei Bauleitung und Koordinierung

Zusammengefasst schuldet der Architekt das „Entstehen lassen" des Bauwerks als im Wesentlichen geistiges Werk.

Die Sachwalterrolle des Architekten erstreckt sich nicht nur auf den Bauherrn, sondern auch auf die Nachbarn und alle Dritte, die durch das Bauvorhaben in irgendeiner Weise berührt sind.

Die anerkannten Regeln der Technik

Ferner sichert der Architekt / Ingenieur i.d.R. zu, bei seinen Planungen die **„allgemein anerkannten Regeln der Technik"** anzuwenden.

Dies ist dann der Fall, wenn die im Bauwesen allgemein bekannten sowie anerkannten wissenschaftlichen-, technischen- und bauhandwerklichen Techniken Anwendung finden.

Diese Formulierung sollte von folgenden Begriffen abgegrenzt werden:

a) Experimentelles Bauen

...ist Bauen ohne ausreichende Abklärung bautechnischer und / oder –technologischer Abläufe und Prozesse, auch mit Inkaufnahme von Gefahren und Schäden des geplanten / gebauten Werkes.

Die Versicherer sprechen in diesen Fällen von einem bewussten Verstoß und schließen Schäden, die dem experimentellen Bauen zuzuordnen sind, von dem Versicherungsschutz aus.

b) Risikoreiches Bauen

...ist hingegen eine bilanzierte, konzeptionell aufbereitete Ausgestaltung eines technischen Freiraumes. Dies schließt eine qualitativ und quantitativ technisch abgeklärte Schädigungsprognose ein.

Das Restrisiko ist i.d.R. prognostizierbar und kann in Abstimmung mit dem Versicherer gegen Zuschlag mitversichert werden.

P.S.: Diese Punkte sind nicht mit **„riskanten Bauen"** aufgrund steigenden wirtschaftlichen Drucks zu verwechseln !

Die Rolle der Baubetriebe

Die Baubetriebe und Bauhandwerker schulden hingegen die körperliche Errichtung des Bauvorhabens.

Auch sie haben - unabhängig vom Wirken des Architekten - die Pflicht, fehlerfrei und normgerecht zu arbeiten.

Der Bauunternehmer ist im Allgemeinen direkter Vertragspartner des Bauherrn und schuldet ihm ein mangelfreies Bauwerk.

Dies schließt ein, dass nicht nur die Regeln der Technik im Allgemeinen, sondern die Verordnungen und Gesetzlichkeiten zur Sicherheit der Mitarbeiter, Maschinen und Geräte, Verkehrssicherungspflichten, zur Sorgfalt gegenüber Nachbargebäuden und -grundstücken, zur Vermeidung von Kanal- und Leitungsschäden, des Wasser- und Umweltrechts einzuhalten sind.

Bei einem Bauunternehmen kann es sich handeln um:

- **Generalunternehmer (Hauptunternehmer)**

- **Generalübernehmer (Totalunternehmer)**

- **Bauträger**

- **Baubetreuer**

Generalunternehmer (Hauptunternehmer)

- sind für die Gesamtherstellung eines Bauvorhabens verantwortlich, die i.d.R. mit Subunternehmereinschaltung realisiert werden.

- übernimmt sämtliche Bauleistungen mit oder ohne Architektenleistungen.

- erbringt selbst Teilleistungen.

- beauftragt von Nachunternehmern für weitere Teilleistungen (mit Genehmigung Auftraggeber).

- übernimmt z.T. weitere Leistungen (Planungsleistungen, Aufgaben der Sonderfachleute, Grundstücksbeschaffung, Finanzierung). Er wird zum "Totalunternehmer". **Generalunternehmervertrag ist Werkvertrag (BGB oder VOB).**

- Hat der Generalunternehmer das Bauwerk schlüsselfertig zu erstellen, so schuldet er auch die Architekten- und Ingenieurleistungen.

Generalübernehmer (Totalunternehmer)

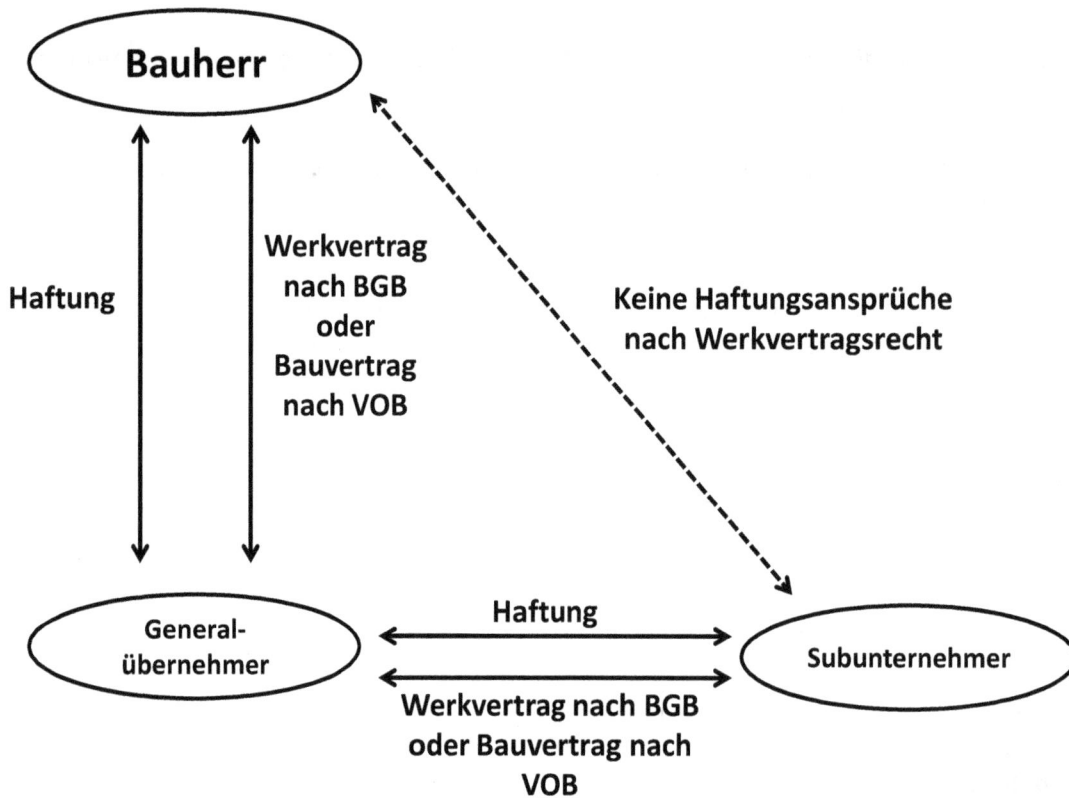

- sind dem Bauherrn oder Auftraggeber für die Gesamtherstellung eines Bauvorhabens inkl. Planungsleistungen, Grundstücksbeschaffung und/oder Finanzierung verantwortlich.

- ist für die Gesamtherstellung eines Bauvorhabens verantwortlich.

- errichtet auf einem fremden Grundstück schlüsselfertig ein Bauobjekt.

- trägt für Auftraggeber Bauherrenrisiko, wird jedoch nicht Bauherr.

- schließt Verträge (Vergabe Bauleistungen) namens und im Auftrag des Bauherrn ab.

- führt selbst keine eigenen Bauleistungen aus.

- übernimmt i.d.R. per Vertrag auch Planungsleistungen, die selbst erbracht oder vergeben werden.

- Hauptaufgaben Generalübernehmer:
    - Feste Terminzusage
    - Festpreisvereinbarung für das Gesamtobjekt
    - Lückenlose Übernahme der Gewährleistung für das Gesamtobjekt
    - Übernahme der Gesamthaftung für Drittschäden
    - Verpflichtung zur alleinigen Gefahrtragung bis zur Übergabe

Bauträger

- errichten auf <u>eigenem Grund und Boden</u> Bauvorhaben (Eigen- oder Vorratsbauten) zum Zwecke der späteren Vermietung oder des späteren Verkaufs im Ganzen oder in Teilen.

- errichtet auf eigenem oder zu beschaffendem Grundstück im eigenen Namen und für eigene Rechnung ein Bauvorhaben.

- trägt Bauherrenrisiko / besitzt Bauherreneigenschaft.

- Grundstück nicht im Besitz des Betreuten, jedoch Übereignung nach Fertigstellung.

- führt selbst keine eigenen Bauleistungen aus.

- schließt Verträge mit den am Bau Beteiligten im eigenen Namen und für eigene Rechnung ab.

- erbringt i.d.R. selbst Planungsleistungen.

Baubetreuer

schließen <u>im Namen und in Vollmacht</u> der Betreuten Verträge mit den Bauhandwerkern, Finanzierungsinstituten usw. bezüglich der Erstellung eines Bauvorhabens auf dem Grundstück des Betreuten (Bauherrn) ab.

Bei der Baubetreuung wird unterschieden in

1. Baubetreuung i.e.S. (im engeren Sinne)

   Wird auf dem Grundstück des Betreuten ein Gebäude errichtet, schließt der Betreuer im Namen und in Vollmacht des Betreuten die Verträge mit den am Bau Beteiligten ab.

   Der Baubetreuer führt das Bauvorhaben für Rechnung des Betreuten durch.
   Der Betreute trägt hier das Bauherrenrisiko und ist Bauherr i.S. des öffentlichen Baurechts.

2. Baubetreuung i.w.S. (im weiteren Sinne)

   ...ist gleichbedeutend mit Bauträgerschaft.

   Der Bauträger errichtet auf einem ihm gehörigen oder von ihm noch zu beschaffenden Grundstück ein Bauvorhaben im eigenen Namen und für eigene Rechnung.

   Der Baubetreuer trägt das Bauherrenrisiko und besitzt Bauherreneigenschaft, er
   schließt die Verträge mit den am Bau Beteiligten im eigenen Namen und für eigene Rechnung ab.

Das Betreuungsverhältnis ist kennzeichnendes Merkmal.

Die Leistungen des Baubetreuers sind gekennzeichnet durch:

- **technische Leistungspflichten**
  Architekten und Ingenieurleistungen gemäß HOAI

- **wirtschaftliche Leistungspflichten**
  Regelung der Rechtsverhältnisse am Grundstück
  Finanzierung
  Abschluss von Versicherungen für das Bauwerk
  Erstellung einer Wirtschaftlichkeitsberechnung
  Abwicklung des Rechnungs- und Zahlungsverkehrs
  Aufstellung einer Schlussrechnung

Technische Leistungspflichten des Baubetreuers i.e.S. sind über eine Berufshaftpflichtversicherung versichert.

Wirtschaftliche und finanzielle Betreuung sind vom Versicherungsschutz ausgeklammert.

Unterschied Baubetreuer ./. Bauträger:

Leistungspflicht des Baubetreuers: Entstehen lassen des Bauwerkes (ähnlich Architekt)

Leistungspflicht des Bauträgers: Schuldet selbst das Bauwerk

Anspruchsgrundlagen

Ein Architekt / Ingenieur kann in folgenden Punkten in Anspruch genommen werden:

Vertragshaftung	**Ansprüche Dritter**	**Gesamtschuld-verhältnis**

Die Anspruchsgrundlagen im Detail:

a) Vertragshaftung

Mögliche „Streitpunkte" können sich in der Praxis bei der Erfüllung des Vertrages in der Bauplanung bzw. Bauphase ergeben:

- **Grundlagenermittlung**
- **Kosten-Nutzen-Analyse**
- **Bebaubarkeit des Grundstückes**
- **Baugrundanalyse**
- **Nachbarrechtliche Ansprüche bzw. Grunddienstbarkeiten gem. Grundbuch (Abteilung II)**
- **Lücken- und Anschlussbebauung**

Apropos „**Vertrag**shaftung": Gemäß den HOAI gibt es keine vorgeschriebene Vertragsform !

Bauherr und Architekt können den Vertrag hinsichtlich der wechselseitigen Leistungen beliebig gestalten, ausweiten oder einschränken.

Einen einheitlichen Architektenvertrag gibt es ebenfalls nicht, selbst die sog. „Einheits-Architektenverträge" sind nicht dass, was der Name im ersten Moment vermitteln möchte.

Der Architektenvertrag ist gem. BGH-Urteil aus 1959 ein Werkvertrag, gleichwohl schuldet der Architekt ausdrücklich nicht das Bauwerk !

Er erbringt als Werkunternehmer „nur" das geistige Architektenwerk, das „Entstehen lassen" des Bauwerkes.

Der Architekt wird damit zum „Sachwalter" des Bauherrn.

Typische Schadensfälle sind „Mängel am Bauwerk", „Planungsfehler" und „Bauaufsichtsfehler".

Bei den Planungsfehlern handelt es sich aktive Leistungstatbestände, also um ein fehlerhaftes Tun. Fehler bei der Erfüllung müssen sich also aus den bisherigen Planungsleistungen (Zeichnungen, Leistungsbeschreibungen) belegen lassen.

Die Beweisführung ist bei vorliegenden Planungsfehlern relativ einfach, spätestens beim Hinzuziehen eines Sachverständigen ist die Beweisführung gesichert.

Bei **Bauaufsichtsfehlern** (oder auch den sog. Bauleitungsfehlern) ist es ungleich schwieriger.
Hier wird ein „Unterlassen" dem Planer vorgeworfen.

Dies begründet sich in den möglichen Abgrenzungsschwierigkeiten, da es zwischen Planung und Bauleitung keine feste Schnittstelle gibt.

Zwar lassen sich hier die Leistungsphasen 5 bis 7 der HOAI zitieren, von Fall zu Fall können jedoch bei weiteren Aufgabenverteilungen schnell andere Schnittstellen „gefunden" werden.

Die Begriffe Objektüberwachung, Bauführung, örtliche Bauleitung und örtliche Bauaufsicht besagen im Wesentlichen dasselbe.

Der Bauleiter in seiner reinen Form überwacht lediglich das Entstehen des Bauwerks auf Übereinstimmung mit den Planungsanweisungen. Dazu gehören alle Leistungen bei der technischen Abwicklung der Bauarbeiten (Koordination, Kontrolle, Materialprüfungen, Abnahmen, Aufmaße, Abrechnungen).

Die reine Bauleitung enthält demnach passive Leistungstatbestände, verbunden mit dem möglichen Vorwurf des Unterlassens.

Es muss also unterschieden werden zwischen

- **Bauleiter-Vertrag (Unternehmer-Bauleiter, Bauführer)**

und

- **Bauleiter im Sinne der Objektüberwachung (z.B. §15 HOAI, LP 8).**

Der Architekt / Ingenieur ersetzt in der örtlichen Bauaufsicht nicht den Bauunternehmer und ist auch nicht dessen Gehilfe.

Er erfüllt vielmehr eine eigenständige Aufgabe und sorgt mit seinen Kontrollen in der örtlichen Bauaufsicht nur für das „Entstehen lassen" des Bauobjektes. Dies verfolgt er im Sinne des Bauherrn und nicht für den Bauunternehmer.

Deshalb können gelegentliche Versuche von Bauunternehmen, sich bei eigener mangelhafter Bauausführung bei dem baubegleitenden Architekten schadlos zu halten, keinen Erfolg haben.

Die mangelhafte Bauausführung durch einen Unternehmer kann erst dann zu einem Anspruch (des Bauherrn) gegen den Architekten führen, wenn er eine fehlerhafte Ausführung nicht erkannt hat, obwohl er sie hätte erkennen können, und wenn er nicht eingeschritten ist, obwohl er hätte einschreiten können.

Ein Ausführungsmangel am Bauobjekt ist also nicht automatisch auch ein Mangel in der Architektenleistung.

Da der Architekt nicht das Bauwerk als körperliche Sache schuldet, kann ihm nach der gesetzlichen Regel bei Mängeln am Bauwerk kein Nachbesserungs**recht** eingeräumt werden.

Im Umkehrschluss kann ihn also auch keine Nachbesserungs**pflicht** treffen !

Somit kann ein möglicher Schadenausgleich immer nur als Geldleistung erfolgen !

b) Ansprüche Dritter

Hier kann kurz und knapp auf den § 823 BGB verwiesen werden.

Sollte es im Verfügungsbereich des Planers zu Personen- und / oder Sachschäden kommen, so wären diese hier anzusiedeln.

In der Praxis sind dies häufig Schäden durch Fahrlässigkeit, insbesondere im Bereich der sog. Verkehrssicherungspflichten.

Ferner zählen hierzu die nicht weniger teuren Bauschäden wie z.B. Schäden an dem Nachbargebäude durch:

- Fehler beim Unterfangen.

- Übertragung der „Erschütterungsenergie" bei Rammarbeiten.

- Fehlerhaft gesetzte Abstützungen, die bei Regen unbrauchbar werden und nachgeben.

c) Gesamtschuldverhältnis

Der Architekt / Ingenieur kann alleine oder mit Anderen in Anspruch genommen werden !

Der Anspruchssteller darf sich laut unserem Rechtssystem (§ 421 BGB) bei einem Verschulden von mehreren Parteien sich beliebig (!) an eine oder auch an alle Parteien halten.

Hierbei ist es unerheblich, ob die Schädiger eine Zweckgemeinschaft (z.B. eine ARGE) gebildet hatten oder nicht !

Die Haftung eines Architekten ist mit Blick auf die vorherigen Seiten in diesem Buch sehr weitreichend, aber ist der Architekt immer der einzig „Schuldige" ?

Grundsatz der Gleichrangigkeit

Die Gewährleistungspflichten des Architekten einerseits und die Mangelbeseitigungs- und Gewährleistungspflicht des Bauunternehmers stehen gleichrangig gegenüber.
Der Bauherr kann wählen, an wen von beiden er sich halten will.

Dabei sollte der Bauherr aber einen Punkt bedenken:

Auch der Bauherr kann nach einem Gerichtsverfahren zur Übernahme einer Quote an dem Gesamtschaden verurteilt werden !

Daher sollte er tunlichst sich nicht nur auf einen Schädiger konzentrieren, da dann ggf. „seine" Quote deutlich höher ausfällt, als wenn er gleich gegen mehrere Schädiger geklagt hätte.

Ferner läuft er Gefahr, dass der eine Schädiger ggf. Zahlungsunfähig ist / wird und seine Forderung somit sprichwörtlich ins Leere läuft !

Eine Veränderung dieser Quote ist dann häufig nur noch in einem weiteren Gerichtsverfahren gegen weitere Schädiger möglich !

Was ist unechte Gesamtschuld ?

Das zeigt sich sehr schön an folgender Konstellation:

1. Liegt ein Planungsfehler des Architekten vor, so wird dessen Haftung gegenüber dem Auftraggeber nicht durch ein Mitverschulden des Unternehmers beschränkt.

2. Der Architekt braucht dem Bauherrn aber insoweit keinen Schadensersatz zu leisten, als endgültig feststeht, dass dieser wegen des Baumangels keinen Werklohn entrichten muss, denn insoweit hat der Bauherr keinen Schaden mehr.

Die Berufung des Architekten auf eine Mithaftung des Unternehmers nützt ihm nichts; die Haftung des Architekten wird nicht durch eine Mitverantwortlichkeit des Unternehmers geschmälert. Dies ist die Konsequenz der in der Rechtsprechung entwickelten (unechten) Gesamtschuld von Architekt und Unternehmer im Verhältnis zum Bauherrn.

Beachte:

Architekt und Bauunternehmen (BU) haften gesamtschuldnerisch, obwohl der Bauunternehmer auf Nachbesserung, der Architekt aber „nur" Planung, Bauleitung etc. schuldet.

Laut BGH arbeiten BU und Architekt jedoch planmäßig und eng zusammen.

Sie bilden somit eine für die Annahme einer Gesamtschuld ausreichende rechtliche Zweckgemeinschaft. (BGH NJW 1965 Bl. 1175)

Mögliche Gesamtschuldner

- zwei oder mehr Unternehmer

- Architekt und Unternehmer

- Architekt und Statiker

- Architekt / Statiker und sonstige Sonderfachleute

- planende und bauleitende Architekten

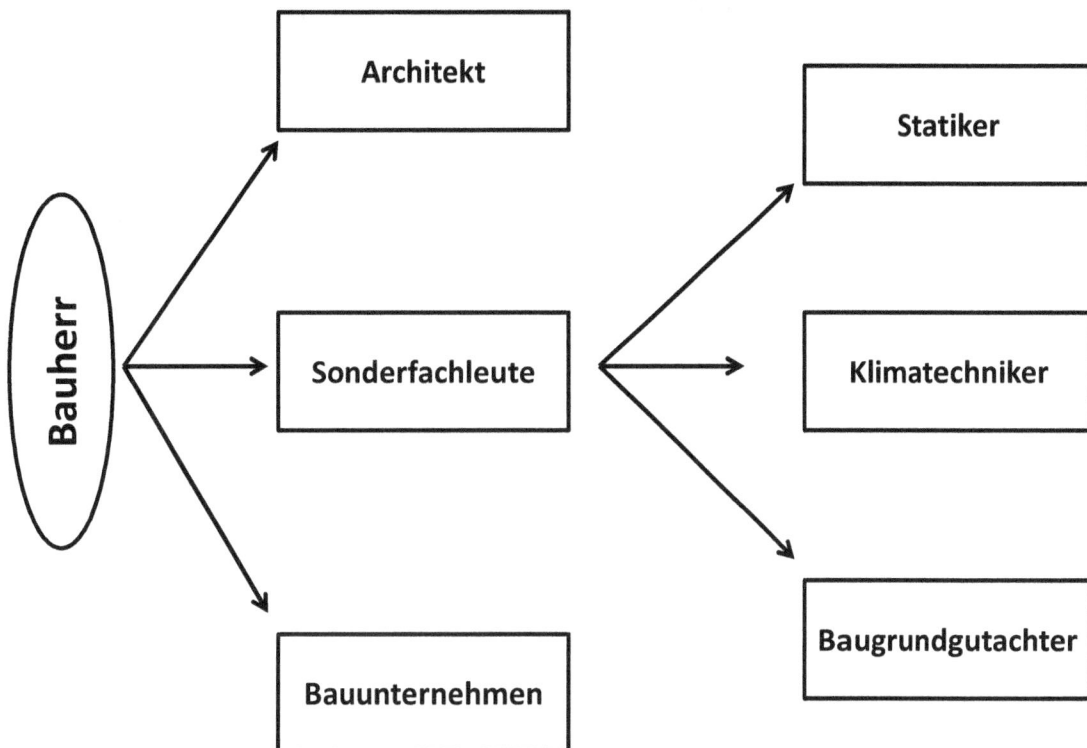

Der Ausgleichsanspruch nach § 426 I BGB ist ein selbstständiger Anspruch und verjährt in drei Jahren gemäß § 195 ff.

Der Ausgleichsanspruch besteht auch, wenn einzelne Ansprüche verjährt sind (aber keine Umgehung durch Abtretung).

Grundsätzlich werden alle Gesamtschuldner zu gleichen Teilen verpflichtet, aber es ist der Maßstab des § 254 BGB (Mitverschulden) zu beachten.

Voraussetzung der Gesamtschuldnerschaft

Bauunternehmer, Architekt und Sonderfachmann verursachen einen Mangel, der jeweils aus ihrem Verantwortungsbereich stammt.

BGH VII ZR 1/01, Baurecht 2002, S. 1536:

Ein Mangel eines Bauwerks liegt vor, wenn die Bauausführung von dem geschuldeten Werkerfolg abweicht und durch diesen Fehler der nach dem Vertrag vorausgesetzte Gebrauch gemindert wird.

Für die Frage, ob ein Mangel vorliegt, ist es unerheblich, dass die Bauausführung möglicherweise wirtschaftlich und technisch besser ist als die vereinbarte Leistung.

Einwand der Unverhältnismäßigkeit der Nachbesserung

Der Einwand der Unverhältnismäßigkeit der Nachbesserung ist gerechtfertigt, wenn an dem objektiv geringen Interesse des Bestellers an einer mangelfreien Vertragsleistung unter Abwägung ein unter Umständen ganz erheblicher und deshalb vergleichsweise unangemessener Aufwand gegenübersteht, so dass die Forderung auf ordnungsgemäße Vertragserfüllung ein Verstoß gegen Treue und Glauben ist.

Der Maßstab für das objektiv berechtigte Interesse des Bestellers an einer ordnungsgemäßen Erfüllung, auch durch deren Nachbesserung ist der vereinbarte oder nach dem Vertrag vorausgesetzte Gebrauch des Werkes (ohne Bedeutung für die Abwägung sind das Preisleistungsverhältnis und das Verhältnis des Nachbesserungsaufwandes zu den zugehörigen Vertragspreisen).

Ausschließlicher Planungsfehler

Ist ein Mangel ausschließlich auf Planungsfehler des Architekten zurückzuführen, die für den Unternehmer nicht erkennbar sind, besteht keine gesamtschuldnerische Haftung des Architekt bzw. des Unternehmers gegenüber dem Bauherrn, d. h. der Unternehmer kann nicht in Anspruch genommen werden.

Hinweis:

Muss sich der Bauherr ein Planungsverschulden des Architekten als seines Erfüllungsgehilfen anrechnen lassen, so haftet der Unternehmer nach Quote (BGH, Baurecht 1971, S. 265).

Hinweis:

Mängel der Bauausführung stammen in erster Linie aus der Sphäre des Bauunternehmers, so dass sie ihn im Verhältnis zum Architekten fast stets allein treffen.

Der Bauunternehmer kann sich nicht darauf berufen, mangelhaft überwacht worden zu sein (BGH NJW 1973, S. 1792).

Der Bauherr kann sich auf eine unzureichende Überwachung bei Erbringung seiner Eigenleistungen durch den Architekten hingegen berufen !! Dies lässt sich auch nicht vertraglich ausschließen.

Gesamtschuld

Das „Zusammenspiel" kann am besten durch ein Beispiel erklärt werden:

Der Architekt plant ein Haus ohne weiße Wanne, obwohl drückendes Wasser drohte.

Der Auftragnehmer führt die Planung aus, <u>obwohl ihm hinsichtlich des Wassers in der Baugrube Bedenken hätten kommen müssen.</u>

Als Feuchtigkeit im Untergeschoß auftritt, nimmt der Auftraggeber den Auftragnehmer auf Schadensersatz in Anspruch.

Dieser haftet, weil ihm Bedenken kommen mussten und er auf diese nicht hingewiesen hat. Er kann jedoch die Planungsverschuldenshaftung mindernd geltend machen.

<u>Eine Quote bis zu 50 % ist denkbar.</u>

Oder: Die vom Architekten vorgesehenen Dehnfugen werden nicht ausgeführt.

Der gleichzeitig als Bauleiter tätige Architekt übersieht das.

Im Innenverhältnis kann der ausführende Unternehmer voll haften.

Diese „Bedenken", die diesen Bauunternehmern hätten kommen müssen, kann man auch als „handwerkliche Selbstverständlichkeiten" fassen.

Zu diesen „handwerklichen Selbstverständlichkeiten" zählen z. B.:

Putzarbeiten	(LG Köln, Versicherungsrecht 1981, S. 1191)
Eindecken eines Daches mit Dachpappe	(BGH, VersR 1969, S. 473)
Säubern von Schleifstaub vor Verlegung von Platten	(BGH, VersR 1966, S. 488)
Malerarbeiten	(NJW RR 2001, S. 1167)

Hingegen als „schwierige- und gefahrenträchtige Arbeiten" werden betrachtet:

Betonierungsarbeiten einschließlich der Bewehrungsarbeiten	(BGH, Baurecht 1973, S. 255)
Ausschachtungsarbeiten	(Baurecht 2001, S. 273)
Drainagearbeiten	(OLG Hamm, Baurecht 1995, S. 269)
Dachdeckerarbeiten	(Wärmedämmung) (KG NJW RR 2000, S. 2756)
Estricharbeiten	(OLG Stuttgart BauR 2001, 697)
Verarbeitung neuer Baustoffe und vorgefertigter Teile	(BGH, Baurecht 1976, S. 66)
Schall- und Wärmeisolierarbeiten	(Baurecht 2001, S. 1362)

Achtung: Schwierig wird es aber z.B. bei Putzarbeiten (eigentlich eine handwerkliche Selbstverständlichkeit), wenn der Putz eine besondere Funktion haben soll. Zum Beispiel als Schutz auf der Wetterseite des Hauses und somit nicht nur eine reine optische Komponente erfüllt. Hier hat der Architekt zumindest darauf zu achten, dass der korrekte Putz verwendet wird. Sollte es ggf. auch auf eine spezielle Art der Putz-Aufbringung ankommen, so wäre auch diese (zumindest am Anfang) zu überwachen.

Regelmäßig kann sich der Architekt bei Planungsfehlern nicht darauf berufen, **dass der Bauherr ebenfalls fachkundig ist. Denn auch er hat gegenüber dem Bauherrn keinen Anspruch auf Überwachung.**

Sofern die „öffentliche Hand" Bauleiter stellt, werden diese regelmäßig "behördenintern" tätig, d. h. ein Mitverschulden ist meistens nur schwer durchsetzbar.

Abgrenzung Sonderfachmann / Architekt

(Nach OLG Stuttgart, Baurecht 1973, S. 64 vgl. auch OLG Köln BauR 1998 S. 585)

Dem Statiker obliegen zwei ineinander greifende Teile, nämlich eine konstruktive und eine rechnerische Aufgabe, d. h. er hat die Standsicherheit rechnerisch nachzuweisen, und die Konstruktion selbst hat den Regeln der Technik zu entsprechen.

Derartige Spezialkenntnisse können von einem Architekten nicht erwartet werden. Bei Fehlern haftet der Statiker.

Hinweis:

Der planende Architekt hat – **wenn der Bauherr Planung und Bauleitung getrennt vergeben hat** – im Innenverhältnis keinen Anspruch auf Überwachung.

Er haftet im Innenverhältnis allein (BGH in BauR 89, S97).

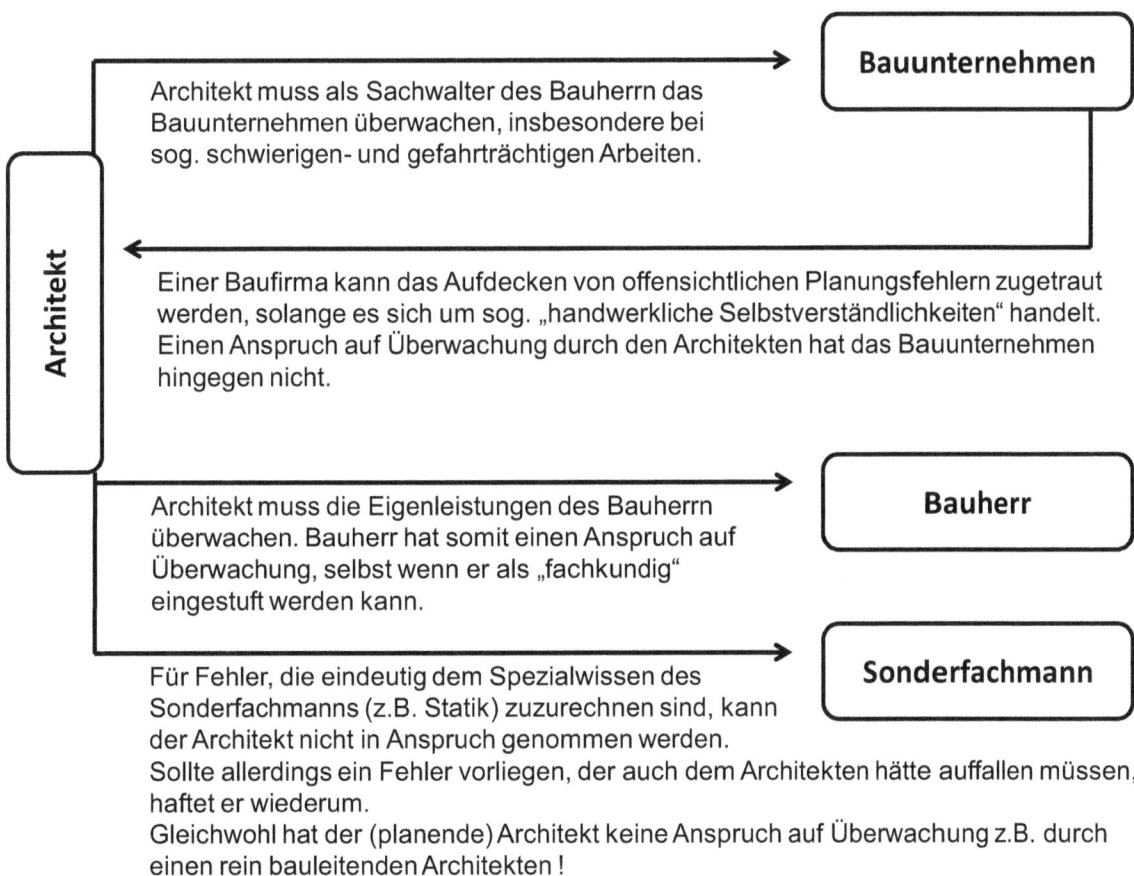

Architekt

Bauunternehmen

Architekt muss als Sachwalter des Bauherrn das Bauunternehmen überwachen, insbesondere bei sog. schwierigen- und gefahrträchtigen Arbeiten.

Einer Baufirma kann das Aufdecken von offensichtlichen Planungsfehlern zugetraut werden, solange es sich um sog. „handwerkliche Selbstverständlichkeiten" handelt. Einen Anspruch auf Überwachung durch den Architekten hat das Bauunternehmen hingegen nicht.

Bauherr

Architekt muss die Eigenleistungen des Bauherrn überwachen. Bauherr hat somit einen Anspruch auf Überwachung, selbst wenn er als „fachkundig" eingestuft werden kann.

Sonderfachmann

Für Fehler, die eindeutig dem Spezialwissen des Sonderfachmanns (z.B. Statik) zuzurechnen sind, kann der Architekt nicht in Anspruch genommen werden.
Sollte allerdings ein Fehler vorliegen, der auch dem Architekten hätte auffallen müssen, haftet er wiederum.
Gleichwohl hat der (planende) Architekt keine Anspruch auf Überwachung z.B. durch einen rein bauleitenden Architekten !

Verkehrssicherungspflicht

Verkehrssicherungspflichtig sind:

- Bauherr
- Architekt
- sonstige Fachleute
- Bauunternehmung
- Sicherheits- und Gesundheitsschutzkoordinator

Verkehrssicherungspflicht und Gesamtschuldnerschaft

- Primär liegt die Verkehrssicherungspflicht beim Bauunternehmer.
- Den Architekten trifft im wesentlichem lediglich die sekundäre Verkehrssicherungspflicht.
- Im Einzelfall kommt jedoch auch eine gesamtschuldnerische Haftung in Betracht, und zwar, wenn sowohl Bauunternehmer wie Bauleiter eigene Pflichtverletzungen zu verantworten haben.

Verkehrssicherungspflicht des Bauherrn

Die Verkehrssicherungspflicht des Bauherrn verkürzt sich soweit er die planerische Durchführung des Bauvorhabens zuverlässigen Fachleuten, Unternehmer, Handwerker und Architekten, überlassen hat.

Allerdings verbleiben eigene Überwachungspflichten (BGH NJW 82, S. 2187).

Beispiel zur Verkehrssicherungspflicht:

1) Verkehrssicherungspflicht des Bauleiters

Eine Gemeinde verkauft ein Grundstück an eine Bauherrengemeinschaft. Die beauftragte Generalunternehmung lässt im Hof einen Baukran aufstellen, der sodann mit dem Fuß einsackt, da sich unter der dort vorhandenen Schwarzbetondecke ein Backsteingewölbe befindet.

Letzteres bildete die Decke einer ehemaligen Abwasser- oder Jauchegrube. Der Bauleiter veranlasst sofort, dass die Grube noch am gleichen Tag leer gepumpt wird.

Tags darauf wird die Grube vom Sub-Unternehmer des GU mit schnell bindendem Beton aufgefüllt.

Eine vorherige Inaugenscheinnahme des Inneren der Grube oder eine Begehung erfolgte nicht. Der Beton floss deshalb durch ein nicht bekanntes Abflussrohr in das öffentliche Kanalnetz.

Das Landgericht Mainz entschied, dass sowohl der Bauunternehmer sowie der Bauleiter der Verbandsgemeinde gemäß § 840 BGB gesamtschuldnerisch haften. Richtig ist sicherlich, dass den Bauleiter zunächst sekundäre Verkehrssicherungspflichten treffen.

Einen Bauleiter können jedoch auch primäre Verkehrssicherungspflichten treffen, sofern der Bauleiter jedoch selbst Maßnahmen an der Baustelle trifft. (vgl. BGH NJW 1984, S. 360).
Hier wurde dem Bauleiter als „primären Verstoß" angelastet, dass er nicht die Standfestigkeit des Bodens überprüft hatte. Diese Pflichtwidrigkeit sei für den eingetretenen Schaden auch kausal geworden.

2) Verkehrssicherungspflicht des Bauunternehmers

Ein Unternehmer deckt auf einer Baustelle befindliche Schachtöffnungen mit lose aufliegenden Holzplatten ab.

Später stürzt ein mit Installationsarbeiten beschäftigter Handwerker in einen Schacht, weil sich die Abdichtung verschoben hat (OLG Hamm, IBR 1997, S. 243).

Gemäß OLG Hamm Verletzung der Verkehrssicherungspflicht gemäß § 12 a der UVV; aber Mitverschulden des Handwerkers.

3) Verkehrssicherungspflicht Bauunternehmen

Eine Schülerin kommt zu Fall, als sie ein ca. knapp 30 cm über den Erdboden hängendes Flatterband übersteigen wollte.

Dabei stürzte sie und schlug auf eine 10 – 15 cm aus dem umgebenden Erdreich hervorragende Pflasterkante.

(OLG Düsseldorf, Urteil vom 31.03.1995, Versicherungsrecht 1996, Seite 1166).

Keine Verletzung der Verkehrssicherungspflicht des Straßenbauunternehmers, auch nicht unter „Kinderschutz-Gesichtspunkten".

Das Eingangs gezeigte Schaubild lässt sich daher nun wie folgt ergänzen:

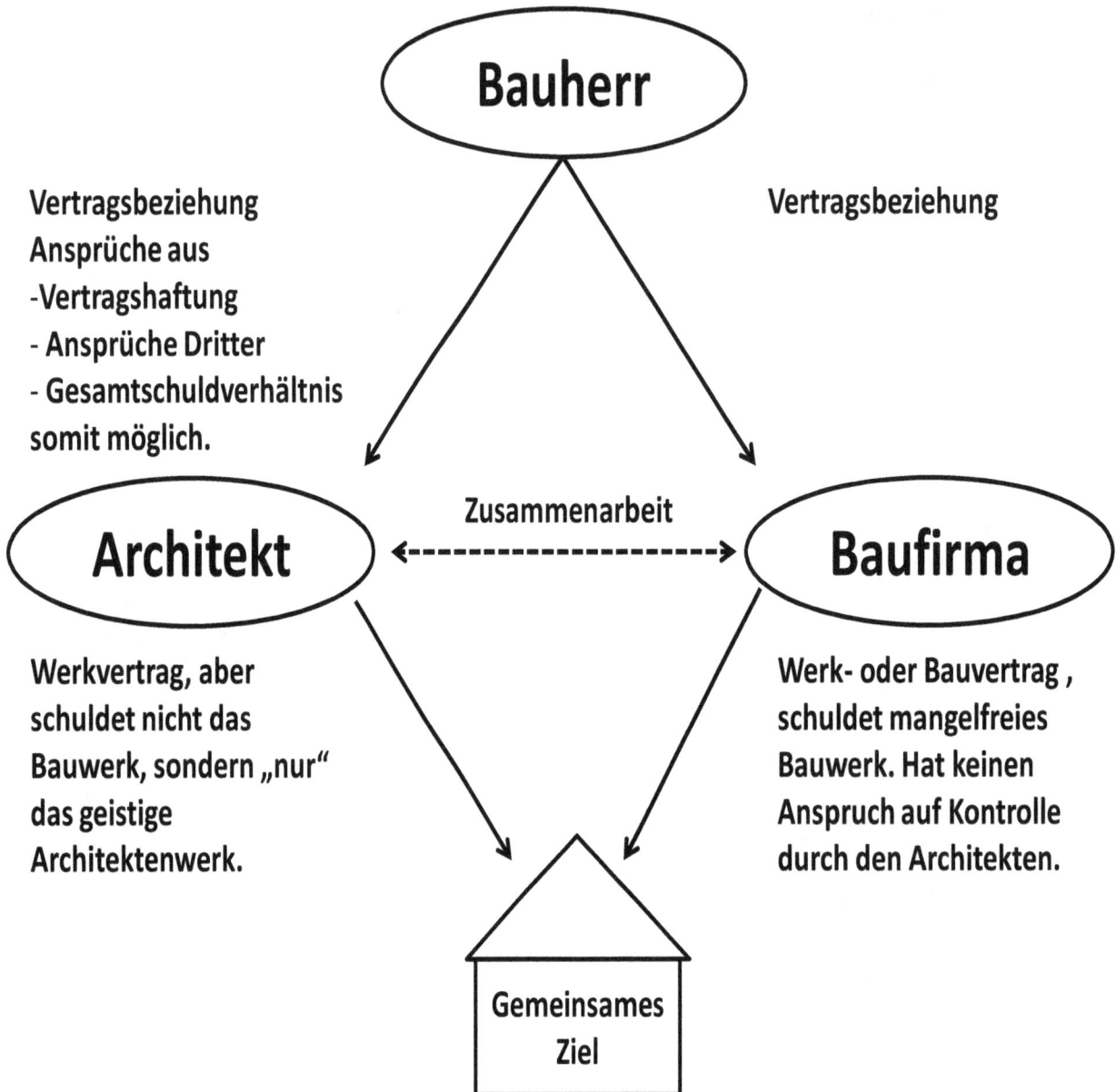

Der Versicherungsfall / Das Verstoß-Prinzip

Versichert wird die gesetzliche Haftpflicht des Versicherungsnehmers für die Folgen von **Verstößen** bei der Ausübung seiner beruflichen Tätigkeiten / Berufsbilder.

In dem Abstellen auf den Verstoß-Zeitpunkt – im Gegensatz zum Zeitpunkt des Schadenereignisses – liegt eine der Besonderheiten der Berufshaftpflichtversicherung.

Der Schadenzeitpunkt ist daher nicht das Einstürzen der Baugrube, sondern der Zeitpunkt des konkreten Planungs- oder Überwachungsfehlers, durch den die Ursache gesetzt wurde.

Wie bereits am Anfang des Kapitels erwähnt, werde ich auf die Besonderheit bzw. auf eine mögliche Deckungslücke bei den Objektdeckungen an dieser Stelle eingehen !

Häufig nehmen Architekturbüros / Ingenieure an Ausschreibungen (Wettbewerben) teil und treten hier im Rahmen dieser (wochenlangen) Ausschreibungen mit Planungen „in Vorleistung". Schnell kann es daher geschehen, dass bei Auftragserteilung direkt mit der konkreten Planung, was meistens „nur" noch eine Abänderung der bereits vorliegenden Unterlagen ist, begonnen wird. Den rechtzeitigen (!!) Abschluss einer Objektdeckung kann der Versicherungsnehmer hier leicht aus den Augen verlieren.

Sollte die Objektdeckung zu spät beantragt werden, kann es sein, dass die Planungsleistung dann nicht mehr in den versicherten Zeitraum fällt ! Wobei ich hier anmerken möchte, dass dieses Verfahren durchaus im individuellen Ermessensspielraum des jeweiligen Versicherers liegt !

Grundsätzlich sollte daher dem Versicherungsnehmer immer zu einem durchlaufenden Jahresvertrag geraten werden, da hier diese Lücke nicht vorkommen kann !

Unter dem Verstoß versteht man ein von einer gebotenen Verhaltensnorm abweichendes Tun oder Unterlassen, das ein Schadenereignis zur Folge haben kann, aber nicht notwendigerweise zur Folge haben muss.

Um **einen** (einheitlichen) Verstoß handelt es sich auch dann, wenn der Architekt z.B. bei der Vorplanung einen Fehler begangen hat und diesen im Zuge weiterer Leistungsphasen nicht bemerkt; das wiederholte Nichterkennen des ersten und für den Versicherungsfall relevanten Verstoßes schafft keinesfalls weitere Verstöße, für die abermals die Deckungssummen zur Verfügung zu stellen wären.

Zu einem anderen Ergebnis führt jedoch der Fall, dass der Planungsfehler eines Architekten von einem anderen, mit der Objektüberwachung beauftragten Architekten hätte erkannt werden müssen; hier haben zwei Versicherungsnehmer unabhängig voneinander jeweils einen Verstoß begangen, für den jeder von ihnen im Rahmen seines Vertrages Versicherungsschutz hat.

Allerdings sind in den Besonderen Bedingungen folgende Klarstellungen formuliert:

- „Übernimmt der Versicherungsnehmer Verpflichtungen, die über die im Versicherungsschein und seinen Nachträgen beschriebenen Tätigkeiten / Berufsbilder hinaus gehen, sind daraus resultierende Ansprüche insgesamt nicht Gegenstand der Versicherung. Insoweit ist die gesamte Berufshaftpflicht nicht versichert."

- Tätigkeiten bzw. Leistungen außerhalb des Berufsbildes eines Architekten oder Ingenieurs gehören nicht zum versicherten Risiko.

- Dies gilt nicht nur für die Grundstücksvermittlung, die Wohnungsverwaltung und die Rechtsberatung außerhalb des Kernbereichs der eigentlichen Bauerrichtung (vgl. § 5 RDG).

Deckungszeitraum / Deckungsbeginn und Rückwärtsdeckung

Der Versicherungsschutz umfasst Verstöße, die zwischen Beginn und Ablauf des Versicherungsvertrages begangen werden, sofern sie dem Versicherer nicht später als 5 Jahre nach Ablauf des Vertrages gemeldet werden.

Diese Frist entspricht der Verjährungsfrist des Werkvertragsrechts.

Im Hinblick auf Berufsanfänger sind bei einigen Versicherern beim erstmaligen Abschluss auch solche Verstöße versichert, die innerhalb eines Jahres vor Beginn des Versicherungsvertrages begangen wurden, jedoch dem Versicherungsnehmer bis zum Vertragsabschluss nicht bekannt waren **(Rückwärtsversicherung).**

Serienschaden

Auch planende Berufe können Serienschäden verursachen !

Die Erbringung von Serienplanungen ist ebenfalls im Vorfeld zu klären. Sollte der VN dies erbringen, ist der Versicherer über die Punkte

- Was wird geplant ?
- Für welchen Auftraggeber wird diese Leistung erbracht ?
- Mögliche Stückzahl ?

zu informieren.

Es wäre nicht das erste Mal, dass ein Elektroingenieur „ein elektronisches Bauteil zur Kontrolle von Umdrehungen" planen soll.

Klingt nicht sonderlich „gefährlich", wenn aber dieses Teil von einem namenhaften Waschmaschinenhersteller in Auftrag gegeben wurde und dies in die nächste Serie seiner Waschmaschinen einbaut und die dann weltweit vertreibt, sieht es schon anders aus.

Die Versicherungssummen stehen (zumindest laut den üblichen Besonderen Bedingungen) nur einmal zur Verfügung, wenn mehrere gleiche oder gleichartige Verstöße, die unmittelbar auf demselben Fehler beruhen, zu Schäden an einem Bauwerk oder mehreren Bauwerken führen, auch wenn diese Bauwerke nicht zum selben Bauvorhaben gehören.

Beispiel:

Der Architekt ist von fünf Bauherren mit der Planung ihrer benachbarten Häusern beauftragt und sieht ohne Einholung eines Bodengutachtens jeweils ein bestimmtes, nicht ausreichendes Abdichtungsverfahren vor (mehrere gleiche Verstöße, die unmittelbar auf demselben Fehler beruhen).

Durch den Planungsfehler kommt es in allen Häusern zum Eindringen von Wasser (Schäden an mehreren Bauwerken).

Also: Bündelung der Verstöße zu einem Verstoß (Versicherungsfall) bei zeitlicher und sachlicher Verknüpfung von Fehlerquelle und den darauf beruhenden Verstößen.

Spätschadenklausel

> **Wichtig bei Versichererwechsel: Vereinbarung einer „Spätschadenklausel" !**

- Der Versicherungsschutz sollte sich ferner auf solche Verstöße erstrecken, die innerhalb der Versicherungsdauer einer unmittelbaren Vorversicherung begangen wurden und die bzw. deren Folgen dem Versicherungsnehmer erst nach Ablauf der 5-jährigen Nachhaftung bekannt geworden und über die Vorversicherung nicht mehr gedeckt sind.

- Es gelten dann in der Regel die Deckungssummen der Vorversicherung, höchstens jedoch die Deckungssummen des Folgevertrages.

Sekundärhaftung

Ein Thema, das im Rahmen der Haftung von Planern immer wieder relevant wird, ist der Bereich der Sekundärhaftung. Diese wurde durch den Bundesgerichtshof insbesondere für den Architekten entwickelt und hat eine weitreichende Untersuchungs- und Beratungspflicht des Architekten zur Folge.

Ein Architekt - oder ein umfassend mit der Planung und Durchführung eines Bauwerkes beauftragter Ingenieur -, der in unverjährter Frist von einem Mangel am Bauwerk erfährt, muss als Sachwalter des Bauherren die Ursachen des Mangels unverzüglich und umfassend aufklären und den Bauherren entsprechend unterrichten und beraten, **auch wenn seine eigene Verantwortung für den Mangel im Raum steht.**

Unterlässt der Architekt dies, verstößt er gegen seine Verpflichtungen als Sachwalter des Bauherrn.

Er kann sich dann nicht auf die darauf folgende Verjährung eines gegen ihn gerichteten Schadensersatzanspruchs auf Grund des Mangels berufen.

Durch die Verletzung der Untersuchungs- und Beratungspflichten wird eine neue Verjährung in Gang gesetzt, die erst mit Ende der eigentlichen Gewährleistungsfrist zu laufen beginnt.

Die Verjährungsfrist betrug nach altem Recht 30 Jahre, bei Anwendung des neuen Rechts gilt eine dreijährige Frist ab Kenntnis (maximal jedoch 10 Jahre ab Entstehung).

Auf diesem Wege wird die Haftung des Planers deutlich ausgeweitet.

Kein Versicherungsschutz

Zu diesem Thema weisen die meisten Besonderen Bedingungen auf folgenden Ausschluss hin:

„Dies ist insbesondere der Fall, wenn der Versicherungsnehmer

> a) *Bauten ganz oder teilweise erstellt oder erstellen lässt (z.B. als Bauherr, Bauträger, Generalübernehmer)*
>
> b) *selbst Bauleistungen erbringt oder erbringen lässt (z.B. als Generalunternehmer, Unternehmer)*
>
> c) *Baustoffe liefert oder liefern lässt (z.B. als Hersteller, Händler)."*

Im Allgemeinen gilt daher:

Versicherungsschutz besteht, solange der Architekt frei von Herstellungs-, Lieferungs- und Montageinteressen ist.

Eine Interessenkollision liegt insbesondere vor, wenn der Architekt auch Bauunternehmerleistungen vertraglich schuldet oder in vergleichbarer Weise wirtschaftlich engagiert ist!

Die Berufshaftpflicht ist auch dann nicht versichert, wenn folgende Voraussetzungen gegeben sind:

> a) in der Person eines Angehörigen des Versicherungsnehmers oder
>
> b) in der Person des Geschäftsführers, Gesellschafters oder Partners i.S.d. PartGG des Versicherungsnehmers oder deren Angehörigen oder
>
> c) bei Unternehmen, die vom Versicherungsnehmer oder den in a) oder b) genannten Personen geleitet werden, die ihnen gehören oder an denen sie beteiligt sind. Das Gleiche gilt, wenn eine Beteiligung an diesen Unternehmen über Dritte besteht oder bestand (indirekte Beteiligung) oder
>
> d) bei juristischen oder natürlichen Personen, die am Versicherungsnehmer beteiligt sind. Eine Beteiligung liegt insbesondere bei wirtschaftlicher, personeller, rechtlicher und/oder finanzieller Verflechtung vor.

Rechtsfolge:

Sind die Voraussetzungen des Ausschlusses erfüllt, besteht grundsätzlich auch für die vom Versicherungsnehmer u.U. mit übernommenen Architekten- und/oder Ingenieurleistungen **kein Versicherungsschutz und zwar weder für Objektschäden noch für Drittschäden!**
(VdS: GDV-Rundschreiben H 14/96).

Es erfolgt also eine "**Null-Stellung**" der Berufshaftpflichtdeckung !

Für Bauten, die der VN oder sein Ehegatte für die dauernde eigene Nutzung etc. (nicht als Bauträger usw.) errichten lässt, **kann** theoretisch durch Sondervereinbarung mit dem Versicherer die Haftpflicht aus der beruflichen Tätigkeit und als Bauherr mitversichert werden. In der Praxis sind jedoch diese Sondervereinbarungen eher seltener zu bekommen.

Beispiele für weitere, nicht gedeckte Konstellationen

- Der Architekt oder seine Ehefrau ist an einer rechtlich selbstständigen Bauträger- oder Generalübernehmergesellschaft (z.B. GbR, GmbH, KG) beteiligt.

- Der Architekt oder seine Ehefrau errichten im eigenen Namen aber für Rechnung bestimmter, schuldrechtlich verpflichteter Bewerber/Käufer Wohnungsbauten (sogenannte Bewerberbauten).

- Die Planung, konstruktive Bearbeitung oder statische Berechnung werden von angestellten Architekten/ Bauingenieuren einer Generalübernehmergesellschaft erbracht.

<u>Versichertes Risiko</u>

Merke: Versichert ist stets die gesetzliche Haftpflicht des Versicherungsnehmers für
die Folgen von Verstößen bei der Ausübung der im Versicherungsschein beschriebenen **Tätigkeiten/Berufsbilder**.
Die korrekte und vollständige Risikoeinstufung ist daher elementar wichtig.

Wie bereits erwähnt sind die AHB die Grundlage für die Architektendeckung. Individuell angepasst wird der Versicherungsschutz durch die Besonderen Bedingungen, Besondere Vereinbarungen usw.

Ist der VN erst einmal korrekt als Bauingenieur o.ä. eingestuft (das höchste Risiko ist also bestimmt worden), sind über die Architektenhaftpflicht in der Regel weitere Tätigkeiten mitversichert:

- die Ausübung einer Tätigkeit als Sicherheits- und Gesundheitsschutzkoordinator im Sinne der Verordnung über Sicherheit und Gesundheitsschutz auf Baustellen (Baustellenverordnung).

- die Ausübung einer Tätigkeit als Sachverständiger und Gutachter, soweit sie dem im Versicherungsschein beschriebenen Berufsbild zuzurechnen ist (da ist der Hinweis wieder !).

- die Ausübung einer Tätigkeit als Projektsteuerer/Projektcontroller für die Erstellung von Bauwerken, insbesondere Beratungs-, Koordinations-, Dokumentations-, Informations- und Kontrollleistungen.

- die gesetzliche Haftpflicht aus der Erbringung von Ingenieurleistungen im Rahmen des Facility Managements.

- die Verwendung von Bausoftware.

- die erlaubte außergerichtliche Rechtsdienstleistung nach Maßgabe des Rechtsdienstleistungsgesetzes (RDG) als Nebenleistung der im Versicherungsschein beschriebenen freiberuflichen Tätigkeit.

- die gesetzliche Haftpflicht aus der Beratung von öffentlichen Auftraggebern bei Vergabeverfahren nach der Verdingungsordnung für freiberufliche Leistungen (VOF).

Wie bereits erwähnt, „steht und fällt" der Versicherungsschutz mit der korrekten Risikoeinstufung.

Somit liegt also eine konkret beschriebene Tätigkeit bzw. ein sogenanntes Berufsbild vor.

Es ist daher nur logisch, dass im Umkehrschluss der Versicherungsschutz versagt wird, sollte der VN sich „außerhalb" dieser Tätigkeiten bewegen.

Der entsprechende Ausschluss liest sich zumeist wie folgt:

- Übernimmt der Versicherungsnehmer Verpflichtungen, die über die im Versicherungsschein und seinen Nachträgen beschriebenen Tätigkeiten/Berufsbilder hinausgehen, sind daraus resultierende Ansprüche insgesamt nicht Gegenstand der Versicherung. *Insoweit ist die gesamte Berufshaftpflicht nicht versichert.*

Der letzte Satz zeigt die Tragweite, die eine nicht versicherte Tätigkeit haben kann.

Dies kann z.B. ausgelöst werden, wenn der VN:

- Bauten ganz oder teilweise erstellt oder erstellen lässt (z. B. als Bauherr, Bauträger, Generalübernehmer).
- selbst Bauleistungen erbringt oder erbringen lässt (z. B. als Generalunternehmer, Unternehmer).
- Baustoffe liefert oder liefern lässt (z. B. als Hersteller, Händler).

Die Berufshaftpflicht ist auch dann nicht versichert, wenn sog. **„finanzielle- oder persönliche Verflechtungen"** auftreten:

a) in der Person eines Angehörigen des Versicherungsnehmers ersten Grades (Eltern, Geschwister, Ehepartner, Kinder).

b) in der Person eines Geschäftsführers, Gesellschafters oder Partners im Sinne des Partnerschaftsgesellschaftsgesetzes (PartGG) des Versicherungsnehmers oder deren Angehörigen.

c) bei Unternehmen, die vom Versicherungsnehmer oder den in a) oder b) genannten Personen geleitet werden, die ihnen gehören oder an denen sie beteiligt sind. Das Gleiche gilt, wenn eine Beteiligung an diesen Unternehmen über Dritte besteht oder bestand (indirekte Beteiligung).

d) bei juristischen oder natürlichen Personen, die am Versicherungsnehmer beteiligt sind.

Eine Beteiligung liegt insbesondere bei wirtschaftlicher-, personeller-, rechtlicher- und/oder finanzieller Verflechtung vor.

Aber die Besonderen Bedingungen regeln noch mehr.

So sind z.B. folgende mitversicherte Positionen häufig aufgeführt:

- Eingeschlossen ist die gesetzliche Haftpflicht wegen Schäden durch Umwelteinwirkung durch vom Versicherungsnehmer erbrachte Arbeiten oder sonstige Leistungen.

- Mitversichert sind rechtlich unselbstständige Niederlassungen und Büros im Inland. Der Versicherungsschutz erstreckt sich im selben Umfang auch auf die in der Risikobeschreibung genannten rechtlich selbstständigen Niederlassungen und Büros im Inland.

- Mitversichert ist die gesetzliche Haftpflicht aus der Einschaltung selbstständiger Büros. Nicht versichert ist die persönliche Haftpflicht dieser Büros, deren Inhaber und Mitarbeiter.

Auch die Versicherungssummen bleiben nicht unberücksichtigt.

So kann z.B. die Maximierung der Summen wie folgt geregelt sein:

Die Deckungssummen

- stehen einmal zur Verfügung,
- wenn mehrere Verstöße zu einem einheitlichen Schaden führen;
- gegenüber mehreren entschädigungpflichtigen Personen, auf die sich der Versicherungsschutz bezieht;

- zweimal zur Verfügung,
- wenn mehrere gleiche oder gleichartige Verstöße in zeitlicher und enger sachlicher Verknüpfung unmittelbar auf demselben Fehler beruhen.
  Dies gilt auch dann, wenn die Verstöße zu Schäden an mehreren Bauwerken führen, auch wenn diese Bauwerke nicht zum selben Bauvorhaben gehören.

Versicherungsfälle im Ausland

Grundsätzlich ist heute die Vereinbarung eines europaweiten Geltungsbereiches kein Problem mehr.

Achtung: VN ist in der Schweiz tätig ?
             Weltweite Deckung notwendig – Schweiz gehört nicht zum definierten Geltungsbereich Europa.

Da die Architektendeckung auch die „Betriebshaftpflicht" des VN ist, ist das Bewegungsrisiko entsprechend geregelt. So sind z.B. aus Anlass von Geschäftsreisen oder aus der Teilnahme an Ausstellungen, Kongressen, Messen und Märkten weltweite Deckungen üblich.

USA, USA-Territorien und Kanada

Allerdings sind in den **USA, USA-Territorien und Kanada** eintretenden Versicherungsfällen oder dort geltend gemachten Ansprüchen gewisse Grenzen gesetzt.

So sind z.B. die Aufwendungen des Versicherers für Kosten als Leistungen auf die Deckungssumme anzurechnen, da diese Kosten als Schadensersatzleistung gelten.

Als Kosten können auftreten:

- Anwalts-, Sachverständigen-, Zeugen- und Gerichtskosten

- Aufwendungen zur Abwendung oder Minderung des Schadens bei oder nach Eintritt des Versicherungsfalles sowie Schadenermittlungskosten

- Reisekosten, die dem Versicherer nicht selbst entstehen. Das gilt auch dann, wenn die Kosten auf Weisung des Versicherers entstanden sind.

Vom Versicherungsschutz ausgeschlossen bleiben Ansprüche auf Entschädigung mit Strafcharakter, insbesondere punitive- oder exemplary damages.

Exkurs: punitive- oder exemplary damages

Im anglo-amerikanischen Recht versteht man unter **punitive damages** Schadensersatz, der im Zivilprozess einem Kläger **über den erlittenen tatsächlichen Schaden hinaus zuerkannt** wird.

In Deutschland hat sich dafür der Begriff **Strafschadensersatz** eingebürgert; im angelsächsischen Rechtsraum spricht man von exemplary damages.

Der Zweck ist

1. den Beklagten für sein Verhalten zu bestrafen;

2. ihn davon abzuhalten, dieses rechtswidrige Verhalten erneut zu setzen (Spezialprävention);

3. auch andere davon abzuhalten (Generalprävention).

Punitive damages werden grundsätzlich nur für außergewöhnlich grob schuldhaftes, vorsätzliches Verhalten zuerkannt, nicht dagegen bei bloßer Fahrlässigkeit.

Im deutschen und österreichischen Recht gibt es kein vergleichbares Rechtsinstitut.

Beispiel: Im Stella-Liebeck-Prozess gegen McDonald's bekam die Klägerin 160.000 US-Dollar Schmerzensgeld und 480.000 US-Dollar Strafschadensersatz zugesprochen (wobei letztlich ein nichtveröffentlichter Vergleich über die tatsächlich ausgezahlte Summe entschied), weil sie sich an zu heißem Kaffee verbrüht hatte.

Diese Art von Rechtsprechung bzw. Vergleichen macht diese Ansprüche für einen Versicherer mehr oder weniger unkalkulierbar.

Es geht hier also im Grunde um zusätzliche Zahlungen, die als „erzieherische Maßnahmen" wirken sollen.

Due Diligence / Technical Due Diligence
Technische Gebäudeanalyse und Bestimmung des Instandhaltungsrückstaus

Die Aufgabe der Technical Due Diligence besteht darin, für den Kunden Entscheidungsgrundlagen zur Kostenrechnung für den Erwerb oder für Investitionen im Immobilienbereich zu liefern.

Weiterhin dient diese Methodik dazu mittel- und langfristige Instandhaltungsszenarien zu erschaffen und die Wertschöpfung nach dem Erwerb oder der Investition zu unterstützen.

Auf Basis dieser Ergebnisse können in einem weiteren Schritt entsprechende mittelfristige Instandhaltungspläne entwickelt werden.

Sofern ein Architekt / Ingenieur diese Tätigkeit ebenfalls seinen Kunden anbietet, sollte dies im Vorfeld mit dem jeweiligen Versicherer besprochen werden !

Grundsätzlich ist diese Ist-Analyse eines Objektes (analog eines Sachverständigen) versicherbar, allerdings sind Immobilien oder technischen Einrichtungen, die Teil eines Fondvermögens sind oder werden sollen, nicht versichert !

Dies ist unbedingt klarzustellen.

Anlage

Deutsch-Englisch „Lexikon"
für Haftpflichtrisiken

Comprehensive Liability:	Betriebs- und Produkthaftpflicht
Schedule:	Versicherungsverzeichnis
Policy Number:	Versicherungsscheinnummer
Type of Insurance:	Art der Versicherung
Third Party Liability Policy:	Haftung gegenüber Dritten
The Broker:	Name des Maklers
The Insurer:	Name des Versicherers
The Policyholder:	Name des Versicherungsnehmers
The Policyholder Adress:	Anschrift des Versicherungsnehmers
Insured Location:	Versicherungsort
Period of Insurance:	Versicherungszeitraum
Business Description:	Tätigkeitsfeld
Currency:	Währung
Insured Risks:	Versicherte Risiken
Employers Liability:	Arbeitgeber-Haftpflicht
Public Liability:	Betriebshaftpflicht
Products Liability:	Produkthaftpflicht
Limit of Indemnity:	Haftungssumme
Each & Every Occurrence Limit:	je Versicherungsfall
Annual Aggregate Limit:	maximiert im Versicherungsjahr

Literaturverzeichnis
Tabellen, Bilder & Skizzen
Stand: 22.01.2015
(außer es werden andere Daten aufgeführt)

Cover / Gestaltung & Foto: Marc Latza

Bilder auf den Kapitel-Deckblättern: Wikipedia   Bilder unterliegen aufgrund ihres Alters nicht mehr
                                                                                              dem Copyright bzw. es sind laut Wikipedia keine
                                                                                              Quelle mehr bekannt.

Sämtliche Fotos, Skizzen, Tabellen: Marc Latza, sofern nicht nachfolgend Ausnahmen genannt werden:

Seite 134:   Wikipedia, Suchbegriff „Weltkarte" vom 20.02.2014

Seite 221:   Stuttgarter Zeitung, 03/2014

Literaturverzeichnis
Texte
Stand: 22.01.2015
(außer es werden andere Daten aufgeführt)

Sämtliche Texte:		Marc Latza, sofern nicht nachfolgend Ausnahmen genannt werden:
Klauseln und Bedingungen:		GDV-Musterbedingungen

Kapitel	Seite	
1 + 2		Basierend auf dem Buch „Handbuch für das Technische Underwriting" von Marc Latza
3	120-125:	GDV-Kommentar zur Produkthaftpflicht, ergänzt von Marc Latza
	135-141, 144-145:	Basierend auf dem Konzept der Deutschen Rückversicherung zu Internationalen Versicherungsprogrammen (2003), ergänzt von Marc Latza
	149-157:	Wikipedia, Suchbegriffe „Décennale" und „Bauen in Frankreich" vom 10.02.2014, zum Teil übersetzt aus dem Französischen, ergänzt von Marc Latza
	163-172:	Basieren auf dem Konzept der Deutschen Rückversicherung zu Produkthaftpflichtrisiken in den USA (2008), ergänzt von Marc Latza
	175-195:	Wikipedia, Suchbegriff „Arbeitsmaschine" bzw. die jeweilige Maschinenbezeichnung vom 09.01.2014, ergänzt von Marc Latza
5	229-231:	Wikipedia, Suchbegriff „Sprengarbeiten" vom 14.01.2014, ergänzt von Marc Latza
	232-258:	Basierend auf dem Konzept der BG Bau zum Thema „Sprengarbeiten", ergänzt von Marc Latza
6	263-268:	Wikipedia, Suchbegriff „Tunnelbau" vom 02.03.2014, ergänzt von Marc Latza
	269-294:	Basierend auf den Konzepten "Schaden und Schadenverhütung" der Munich Re zu Tunnelbaurisiken, ergänzt von Marc Latza
	darin enthalten:	Eckdaten zur „Richtlinie 3502" wurden dem VdS-Merkblatt zu Brandschutz im Tunnelbau (2005) entnommen
	„Exkurse":	Marc Latza
7	296-301:	Wikipedia, Suchbegriff „Wasserbau" vom 13.02.2014, ergänzt von Marc Latza
	„Exkurse":	Marc Latza
8	306-331:	Wikipedia, Suchbegriff „Umwelthaftpflicht" vom 20.03.2014, ergänzt von Marc Latza
Anlage		Architektendeckung – Auszug aus dem Buch „1x1 der Architektenhaftpflicht" von Marc Latza

www.ingramcontent.com/pod-product-compliance
Lightning Source LLC
Chambersburg PA
CBHW082308210326
41598CB00029B/4473